大学生创新实验和智能控制比赛
——基于飞思卡尔 DSP 系列

冬 雷 李玉姣 高志刚 编著

北京航空航天大学出版社

内 容 简 介

大学生的创新实践活动日益受到重视，很多同学尽管有创新思路，但缺乏实现的手段和方法。本书以飞思卡尔DSP56F8013为主介绍DSP的应用方法，特别是在控制系统中应用的基础知识。在此基础上针对大学生的创新实验，同时也为了增加实验的趣味性，提出了智能控制比赛的方法来引导学生学习创新研究的基本方法。为此本书设计了多种比赛任务，并介绍了完成这些比赛任务所需的基础知识和方法，起到抛砖引玉的作用，使学生能够在创新实践活动中不断提高自己的综合能力。

本书适合高等院校学生和科技工作者阅读，也可作为相关课程的教材。

图书在版编目(CIP)数据

大学生创新实验和智能控制比赛 ：基于飞思卡尔DSP系列 / 冬雷，李玉姣，高志刚编著. -- 北京 ：北京航空航天大学出版社，2014.9

ISBN 978-7-5124-1393-1

Ⅰ. ①大… Ⅱ. ①冬… ②李… ③高… Ⅲ. ①智能控制－高等学校－教学参考资料 Ⅳ. ①TP273

中国版本图书馆CIP数据核字(2014)第204074号

大学生创新实验和智能控制比赛

——基于飞思卡尔DSP系列

冬 雷 李玉姣 高志刚 编著

责任编辑 宋淑娟

*

北京航空航天大学出版社出版发行

北京市海淀区学院路37号(邮编100191) http://www.buaapress.com.cn

发行部电话:(010)82317024 传真:(010)82328026

读者信箱:emsbook@gmail.com 邮购电话:(010)82316524

涿州市新华印刷有限公司印装 各地书店经销

*

开本:710×1 000 1/16 印张:13.75 字数:293千字

2014年9月第1版 2014年9月第1次印刷 印数:3 000册

ISBN 978-7-5124-1393-1 定价:36.00元

前 言

进入 21 世纪以来，我国从制造业大国向创造业大国不断迈进，对人才的培养也提出了更高的要求。创新能力的培养是现代高等教育的一个重要环节，然而创新能力不是教出来的，是学生在实践中培养起来的，应让学生去主动解决问题，并在解决问题的过程中创造出新的思维，逐步掌握创新的过程、方法和规律。因此，在创新能力的培养过程中，学生是主体，要强调学生的自主性。同时，创新不是枯燥的重复，而是非常有趣的创造性的过程，兴趣是最好的老师，兴趣也会激发学生的潜能，可以开发出无穷的创造能力。

在大学生创新实践活动中，系统控制占据了较为重要的地位，很多新的思路、新的方法往往需要通过对系统的控制来实现。为了激发学生的创造性，作者以 DSP 课程为依托组织了每年一届的智能控制大赛。大赛没有严格的形式上的规定，只是每年提出一个全新的任务，由学生自己设计并制作机械结构，进行电路设计、软件编程和控制策略设计等。这样可以给学生一个更加广阔的想象空间，完成各种奇妙的设计，从而实现任务目标。本书就是针对零基础的大学生，作为一本参考书来帮助大学生实现其创新实践活动中的各种奇思妙想。

智能控制大赛主要以不同结构的智能车为设计目标，完成各种不同的任务。智能控制大赛涵盖了控制、电子、电气和机械等多个学科，参赛选手需从系统的角度出发，对智能车的车架构、DSP 系统、传感器信号采集处理、控制算法与执行、电机驱动和转向控制等进行设计。

本书以飞思卡尔 DSP56F8013 为例，系统、全面地介绍 DSP 各功能的应用，如定时器、SCI 串行通信、PWM 控制等，并应用此 DSP 实现对智能小车的控制，包括路径识别、巡线控制和目标物识别等。本书既介绍各功能电路的设计与实现，也给出程序的编写流程与代码，较全面地覆盖了智能车制作及其他大学生创新活动中所需的电路与程序编写知识。本书还详细分析了历届的智能控制大赛，给有志投身于智能车制作的学生以参考。

本书共 6 章。第 1 章简要介绍通用 DSP 的结构和应用，以及飞思卡尔 DSP56F8013 的内核特点及引脚定义；第 2 章介绍基于 DSP56F8013 的实验套材及使用方法；第 3 章详细介绍 DSP56F8013 开发平台（CodeWarrior IDE）的安装和配置；第 4 章以实验套材为基础，根据 DSP 的各功能及应用给出创新实验的基本例程，详细介绍各功能实现的原理，最后给出例程代码；第 5 章在第 4 章的基础上以控制智能小车为目标，从硬件和软件两方面详细介绍智能小车各部分功能的实现原理及设计，并给出原理图和例程代码；第6章从比赛规则、比赛任务和比赛攻略三方面详细介绍历届的智能控制大赛。

由于作者水平有限，加之编写时间仓促，书中不足之处，敬请读者批评指正。作者希望通过大家的帮助使本书不断得到完善。如果有任何问题请与 pemc. bit@163. com 联系。

作　者

2014年8月

目　录

目 录

第 1 章

绪　论

数字信号处理器(DSP,Digital Signal Processor)是指用于数字信号处理的可编程微处理器,是微电子学、数字信号处理和计算机技术这三门学科综合研究的成果。为了实现高速的数字信号处理以及进行实时的系统控制,DSP 芯片一般都采用了不同于 CPU 和 MCU 的特殊软、硬件结构。本章以飞思卡尔公司(Freescale)的 DSP 为主要介绍对象,针对后续章节中的应用特点,重点介绍其 56F800E 系列 DSP 的基本结构,以便读者进行下一步的阅读和学习。

1.1　DSP 概述

DSP 通常有两种含义,第一种含义是 Digital Signal Processing,即数字信号处理,描述的是对数字信号的处理方法,也就是说对真实世界中存在的各种连续信号进行测量和处理,例如滤波、衰减、增加、混杂、叠加等。关于数字信号处理的算法,可以参考麻省理工学院奥本海姆编著的 *Discrete Time Signal Processing*。

将现实生活中的模拟信号转变为数字信号,之后再对数字信号进行处理,这种方法与传统的直接处理模拟信号的技术方案相比,具有很大的优越性,具体表现在如下方面:

① 灵活性好。采用 DSP 技术,可以方便地对信号进行各种处理,因此具有极高的灵活性。特别是针对一些对算法和功能要求较高的应用场合,采用 DSP 技术,与采用模拟信号处理技术相比难度要低得多。随着 DSP 算法的不断改进,一些复杂功能的计算量已经得到大幅削减,这更增加了 DSP 的实用性。

② 可靠性高。由于采用了 DSP 技术,信号的处理方法采用软件实现,需要的硬件电路较简单,所用器件较少,而且不存在电压干扰和温度干扰等问题,因此提高了信号处理电路的可靠性。对于各种信号处理电路,均可以采用一段程序加以实现,而不必像传统模拟信号处理电路那样,搭建复杂的由电阻、电感、电容、运放等器件构成的硬件处理电路,因此系统的集成度得到了很大提高。

③ 功能强大。在当前的工业应用中,人们需要对信号进行各种复杂的处理,而 DSP 为上述应用提供了条件。特别是随着计算机和信息技术的飞速发展,数字信号处理技术得到更加迅速的发展,通过将模拟信号转换为数字信号,再通过程序处理和

信息转换,对实际信号进行加工,使得 DSP 成为一种先进的技术方案,并应用于多种高科技产品之中。

DSP 的另一种含义是 Digital Signal Processor,即数字信号处理器,其本质属于一种微处理器,作用是处理数字信号,不仅可以实现数字信号处理功能,还可以结合片上外设实现各种控制功能。目前在世界范围内,德州仪器、飞思卡尔等半导体厂商在这一领域拥有很强的实力。表 1-1 为 2012 年全球二十大半导体芯片生产厂商的排名。

表 1-1　2012 年全球二十大半导体芯片生产厂商排名

排名		公司	所在地	收入/百万美元	2012/2011变化	市场份额
2012	2011					
1	1	英特尔	美国	47 543	−2.4%	15.7%
2	2	三星电子	韩国	30 474	+6.7%	6.7%
3	6	高通	美国	12 976	+27.2%	4.3%
4	3	德州仪器	美国	12 008	−14.0%	4.0%
5	4	东芝半导体	日本	10 996	−13.6%	3.6%
6	5	瑞萨电子	日本	19 430	−11.4%	3.1%
7	8	SK海力士	韩国	8 462	−8.9%	2.8%
8	7	意法半导体	法国 意大利	8 453	−13.2%	2.8%
9	10	博通	美国	7 840	+9.5%	2.6%
10	9	美光科技	美国	6 955	+5.6%	2.3%
11	13	索尼	日本	6 025	+20.1%	2.0%
12	11	AMD	美国	5 300	−17.7%	1.7%
13	12	英飞凌	德国	4 826	−9.1%	1.6%
14	16	恩智浦	荷兰	4 096	+6.9%	1.4%
15	17	nVidia	美国	3 923	+8.7%	1.3%
16	14	飞思卡尔半导体	美国	3 775	−14.4%	1.2%
17	22	联发科技	中国台湾	3 472	+4.9%	1.1%
18	15	尔必达	日本	3 414	−12.2%	1.1%
19	21	罗姆半导体	日本	3 170	−3.0%	1.0%
20	19	美满电子科技	美国	3 113	−8.3%	1.0%

DSP 早期应用于数据通信、语音处理、调制解调器、数据加密设备等领域,之后其应用场合不断扩展,目前 DSP 已经成为众多数字信息产品的核心。DSP 通常的工作过程是接收模拟信号,将其转换为数字信号,再对数字信号进行各种处理,最后利用相关芯片或外设将数字量转换为模拟量进行控制,例如在常用的语音处理中,DSP 的处理过程如图 1-1 所示。

DSP 的数据处理能力强大,运行速度快,为进行快速、实时的信息处理提供了条件,因此其不同于一般的通用处理器(Central Processing Unit,CPU)和微控

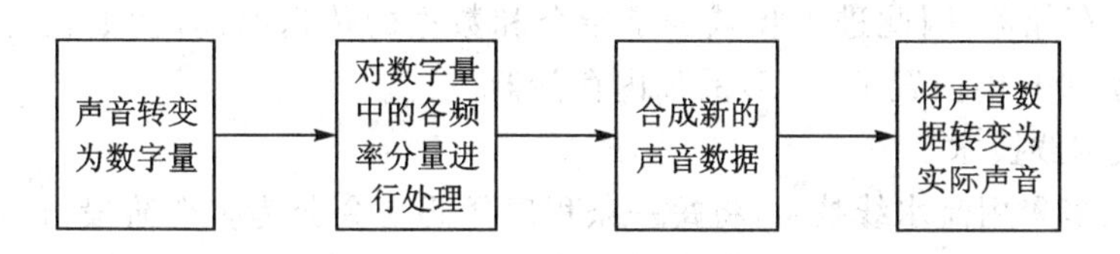

图 1-1 语音应用中 DSP 的处理过程

制器(Micro Control Unit, MCU)。一般而言,DSP 面向高性能、高重复性、大数值运算密度的实时处理;CPU 大量应用于计算机;MCU 适用于以控制为主的处理过程。

由于要针对信息数据进行快速处理,因此 DSP 与传统的计算机芯片或单片机芯片相比,更多的是强调其运算处理的实时性和快速性,DSP 芯片除了需要具备一般微处理器所强调的高速运算和控制功能外,还需要在处理器结构、指令系统、总线结构、指令流程等诸多方面进行优化,其特点包括:

(1) 算数单元

为了提高运算速度,一般的 DSP 都具有硬件乘法器和多功能运算单元。通过使用硬件乘法器,DSP 可以在单个指令周期内完成乘-累加操作,与传统的微处理器相比,DSP 在这一方面具有重要的运算优势。多功能运算单元可以完成加减、逻辑、移位、数据传送等操作,一些 DSP 内部还设计了多个可进行并行计算的运算单元,使芯片的运算能力得到进一步提高。由于 DSP 的算术逻辑单元进行了特殊设计,因此特别适合于进行滤波、乘法、矩阵运算等操作,使其可以在较短的时钟周期内进行复杂的运算操作。

(2) 总线结构

通用处理器一般采用统一的程序和数据空间,程序和数据使用相同的总线,即所谓的冯·诺依曼结构。而在 DSP 中则普遍采用独立的数据总线和程序总线,一般称之为哈佛结构或者改进型哈佛结构。基于这种总线结构,指令和数据的读/写效率更高,因此程序的执行速度得到了提高。很多 DSP 内部还会设计多套总线,以实现同时进行取指令和多个数据的存取操作,为了提高数据的传输速度,一些 DSP 片内嵌有 DMA 控制器,与特有的多总线结构相配合,大大提高了数据块的传送速度和效率。

(3) 专用寻址单元

为了满足频繁访问数据的需要,在 DSP 中一般都配置专用的寻址单元,用于地址的修改和更新。利用专用寻址单元,DSP 可以在寻址访问前或访问后自动修改内容,以指向下一个要访问的地址。这些操作可以与算术单元并行工作,无需额外的操作时间,程序执行速度得到提高。

(4) 片内存储器

为了进行数据保存和读取等频繁操作,DSP 一般配有片内存储器。DSP 可以高速访问片内存储器，因此进一步减少了指令和数据的传送时间，例如在飞思卡尔的 56F8013 型 DSP 中内置了 4 KB 的片内存储器。

(5) 流水线技术

DSP 大多采用流水线技术，将每一条程序代码指令分为多个阶段，包括取指、译码、取数、执行等若干个阶段，每个阶段称为一级流水。每条指令都由片内多个功能单元分别完成取指、译码、取数、执行等操作，从而在不提高时钟频率的条件下减少了每条指令的执行时间。

由于进行了上述多方面的优化设计，一般的 DSP 芯片可以具备如下功能：

① 单周期的乘法、加法综合运算；

② 同时访问指令和数据；

③ 高速的片内 RAM 便于数据存储和读取；

④ 快速、多级中断响应机制；

⑤ 取指令、译码和执行等操作采用流水线运行模式，执行效率高。

基于以上原因，DSP 的代码执行速度和执行效率得到了大幅提高。目前也有一些高性能微处理器借鉴了 DSP 的一些架构，在传统的 CPU、MCU 中已经融入了 DSP 的功能，使得在网络通信、语音图像处理、实时数据分析等方面的效率得到提高。

1.2 DSP 的应用及发展

数字化信息产品的应用越来越广泛，其中 DSP 已成为通信、计算机、消费等类型电子产品中的基础器件。在这些产品中，DSP 执行高速运算，完成不同的数据信息处理功能，如 MP3 格式歌曲的解码，手机通话中语音的加密/解密，这些都有赖于高性能的 DSP。目前世界各半导体芯片公司已经开发出了多种多样的 DSP 芯片，包括不同的封装类型、不同的功耗、不同的运算速度，适用于不同的场合。这些应用包括：

① 用于数字信号处理。相关的应用示例有调制解调器、数据加密、数据压缩、扩频通信、纠错编码、视频传播、语音编码、语音合成、通信电话、图形处理和图像压缩等。

② 在军事国防等领域，对雷达信号的处理、导航、导弹制导等，也都需要采用高性能的 DSP。

③ 在自动控制场合，如汽车引擎的控制、电机运转、电视会议系统和机器人等领域，也都离不开 DSP。

随着科学技术的发展，将会出现许许多多新的 DSP 应用领域。

目前 DSP 正向着高性能、低功耗、多功能的方向发展，DSP 芯片将越来越多地应用于各种电子产品中，成为各种电子产品尤其是通信类电子产品的技术核心，从而进一步增强产品功能、提高产品集成度和改善产品性能。

1.3 飞思卡尔 DSP

飞思卡尔(Freescale)的前身是摩托罗拉公司的半导体部,是世界上设计和生产 DSP 的重要厂家之一。其中的 56F8013 型 DSP 是一款低成本、高性能的 16 位处理器产品,并带有多项功能强大、应用灵活的外围设备,可为需要大量脉宽调制(PWM)的电机控制应用提供高性能的 16 位解决方案。

1.3.1 56F8013 内核特点

56F8013 是基于 56800E 内核的数字信号控制器。图 1-2 给出了基于 56800E 内核的 DSP 的功能结构框图。

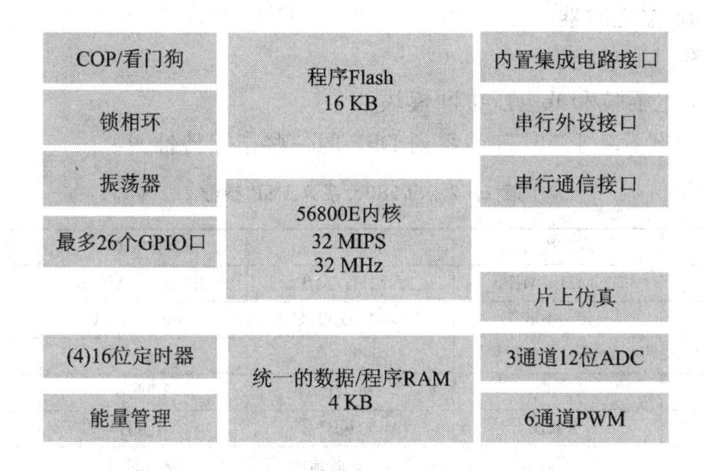

图 1-2 基于 56800E 内核的 DSP 功能结构框图

56F8013 芯片内部集成了多个外设模块,可以完成串口通信、PWM 输出等多项功能,成本低廉、配置灵活、代码执行效率高,十分适合于多种自动控制系统,例如电机控制、家用电器、工业照明电源、LCD 背光电源、UPS 和开关电源等。56F8013 的主要特性包括:

① 内置 16 KB 的 Flash 用以存储程序。

② 内置 4 KB 的 RAM。

③ 内设 6 通道 PWM 模块。

④ 包含 2 个 4 通道 12 位 ADC。

⑤ 带有 1 个串行通信接口(SCI)。

⑥ 带有 1 个串行外设接口(SPI)。

⑦ 带有 1 个内置集成电路(IIC)端口。

⑧ 提供 26 个通用 I/O 口。

⑨ 最大主频为 32 MHz,可以实现 32 MIPS 的操作。

⑩ 内置片内 Flash 代码加密功能,以防止未授权读取存储器的内容。

⑪ 提供 JTAG 和增强型片上仿真模块,可进行非强制性实时调试。

⑫ 内置 4 个 36 位累加器。

⑬ 配置独特寻址模式的并行操作指令集。

⑭ 具备硬件循环操作指令和重复操作指令。

⑮ 内置 3 组内部地址总线。

⑯ 内置 4 组内部数据总线。

⑰ 支持 MCU 类型的软件堆栈操作。

⑱ 支持 MCU 类型的寻址模式和指令。

⑲ 单周期内同步执行 16 位×16 位乘-累加(MAC)和存取操作数的操作。

⑳ 内置 16 位定时器。

㉑ 内置看门狗功能。

㉒ 内置上电复位和低电压中断模块。

表 1-2 列出了基于 56F80X 系列 DSP 的一些指标特性。

表 1-2 56F80X 系列 DSP 参数

特 性	56F8011	56F8013	56F8014	56F802X/3X
性能	32 MHz/MIPS	32 MHz/MIPS	32 MHz/MIPS	32 MHz/MIPS
温度范围	−40～105 ℃	−40～105 ℃	−40～105 ℃	−40～105 ℃
工作电压	3～3.6 V	3～3.6 V	3～3.6 V	3～3.6 V
Flash	12 KB	16 KB	16 KB	32/64 KB
RAM	2 KB	4 KB	4 KB	4/8 KB
PWM	1×6 通道	1×6 通道	1×5 通道	1×6 通道
12 位 ADC	2×3 通道	2×3 通道	2×4 通道	2×3/4/8 通道
12 位 DAC	否	否	否	1/2
模拟比较器	否	否	否	2
16 位定时器	4	4	4	4/8
可编程间隔定时器	否	否	否	1/3
GPIO(最大值)	26	26	26	26/35/39/53
IIC	是	是	是	是
SCI	1 个带有 S.LIN 的 SCI	1 个带有 S.LIN 的 SCI	1 个带有 S.LIN 的 SCI	1/2
SPI	1	1	1	1/2
CAN	否	否	否	是
JTAG/EOnCE	是	是	是	是
封装	32LQFP	32LQFP	32LQFP	32LQFP 44LQFP 48LQFP 64LQFP

1.3.2 56F8013引脚定义

飞思卡尔DSP的引脚配置非常灵活，尤其是GPIO口的设置，既有专用的GPIO口，又有与其他引脚复用的GPIO口，甚至连JTAG接口引脚都可以配置成GPIO口。这样做既可以提高DSP的引脚利用率，也可以减小芯片的尺寸，从而提高了芯片的集成密度，减小了芯片体积，减少了系统干扰，易于实现系统的小型化。

从接口功能上进行分类，56F8013有JTAG接口、SCI接口、SPI接口、外接5 V电源接口、片内外设接口和PWM及通用IO口，图1-3所示为按功能划分的信号接口图。

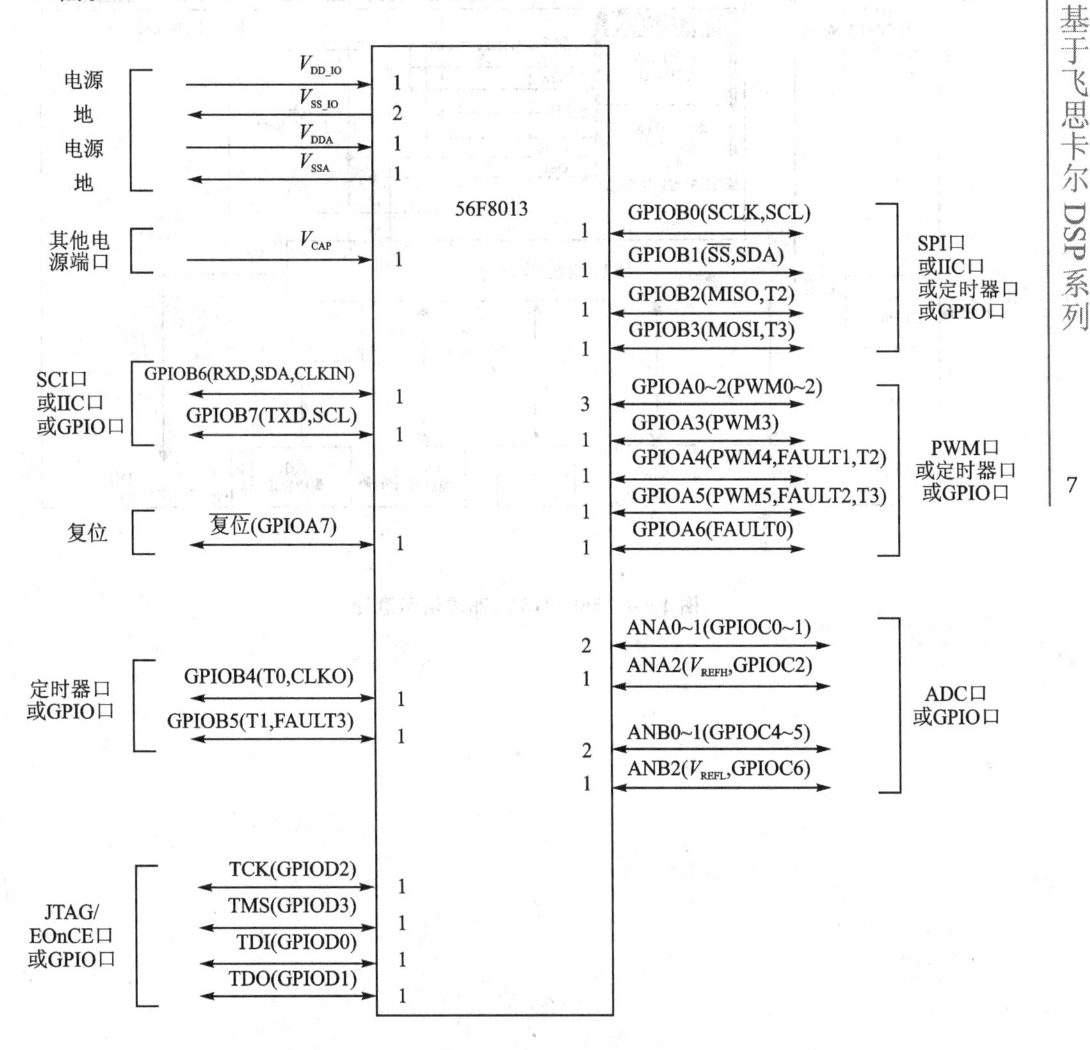

图1-3 56F8013信号接口图

图1-4所示为56F8013的内部逻辑示意图，其中标识了各种功能模块之间的信号连接，以及各模块与总线的连接关系。

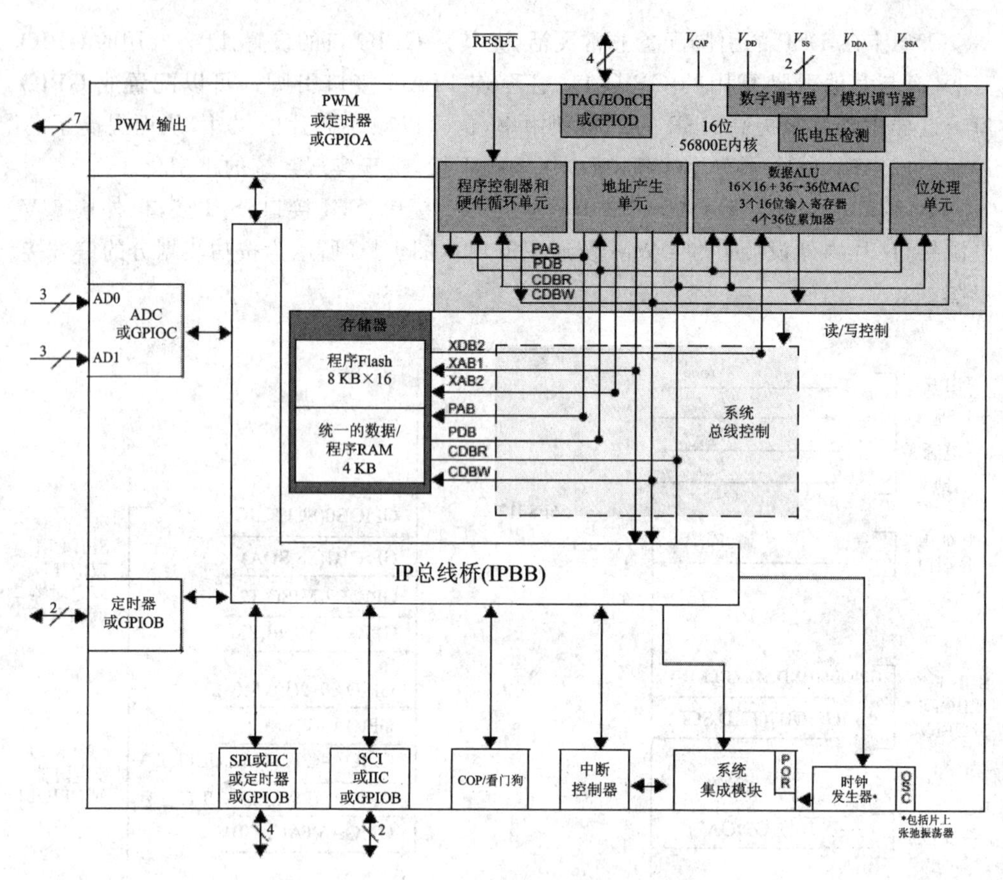

图1-4 56F8013内部逻辑示意图

第2章

DSP实验套材介绍

目前许多院校均开设了DSP原理与应用方面的课程，这是一门技术性和实践性很强的学科；同时DSP应用技术是一项新型的工程应用技术，必须通过一系列的软、硬件实验，理论联系实际，才能取得较好的教学效果，学以致用。

2.1 概 述

本章介绍的实验系统就是为DSP的基础应用而专门设计的。它采用飞思卡尔公司的56F8013芯片为控制核心，通过该实验系统进行DSP内部各模块的基础实验，可以基本掌握DSP的编程及调试方法以及DSP片上外设的特性，具有很强的实用性。

在此基础上开设了DSP创新实验内容，增加了针对DSP应用的智能控制比赛，让学生在对DSP原理有充分认识的基础上，发挥学生的创造性，利用实验装置和必要的元器件设计出完成不同任务模式的自动装置，即智能小车。

2.2 DSP实验板

2.2.1 实验板概述

一般情况下DSP芯片的硬件最小系统由电源、晶振及复位电路构成，根据不同功能需要再加上其他的外围电路(如指示电路)。根据这一思路，本实验板的基本模块由电源电路、复位电路、晶振电路及与下载器相连的JTAG电路和指示电路等构成。

实验板采用飞思卡尔56F8013为控制核心(介绍参考第1章)。56F8013的JTAG接口通过仿真器可与PC机的串口相连，这样可以通过JTAG口把PC机的程序下载到56F8013中。56F8013通过SCI接口可与PC机的串口相连。图2-1所示为56F8013实验系统的组成，图2-2所示为56F8013与各接口线的连接图(此时为3.3 V供电，仅用图2-2所示接法)。可以通过220 V交流电源转5 V直流电源向DSP实验系统供电，如图2-3所示(先用图2-2的接法把程序下载到DSP，然后拔除仿真器，按图2-3

所示连接,程序即可运行)。

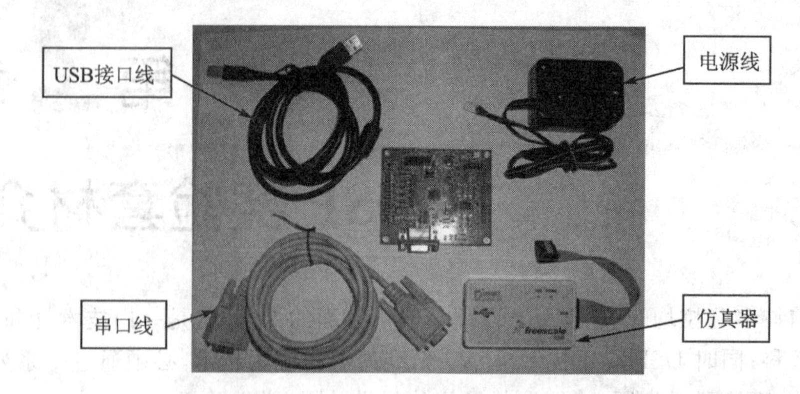

图 2-1　56F8013 实验系统的组成

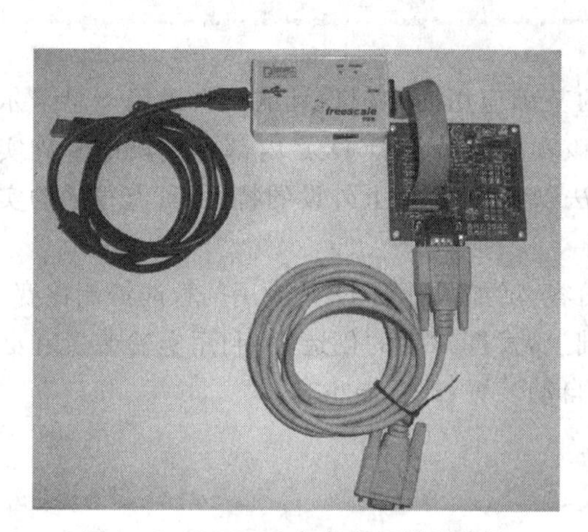

图 2-2　56F8013 与各接口线的连接(3.3 V 供电)

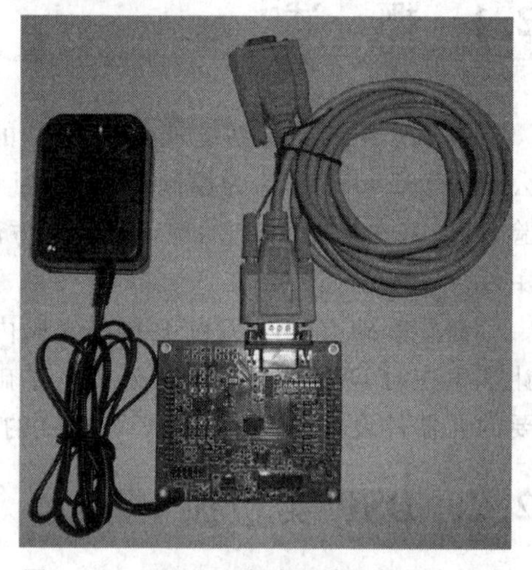

图 2-3　56F8013 实验系统外部供电模式(5 V 供电)

在使用实验板时应注意以下几点:

① 输入系统的各种电压不能大于 3.3 V。

② 在跳线时应该先拔掉电源以免烧坏实验板上的器件。

③ 在上电之前根据实验的需要先选择好跳线,否则不能得到正确的结果。

④ 实验板应置于绝缘物体之上,切忌置于金属物体之上以免短路。

⑤ 严禁使用 D 口,对 D 口进行操作可能导致 JTAG 接口设置改变,无法下载程序,从而造成芯片锁死,甚至损坏计算机。

2.2.2　电源及滤波电路

实验板需要用到±5 V 电源和 3.3 V 电源,对于 DSP 而言,又需要将数字电源与模拟电源分开。电源芯片采用 A0505S—1W,可将 5～8 V 直流电源转为±5 V 电源，3.3 V 电源的产生使用 LM3940 芯片。为表明电路是否正常工作，可以加入指示灯，如图 2－4 和图 2－5 所示。

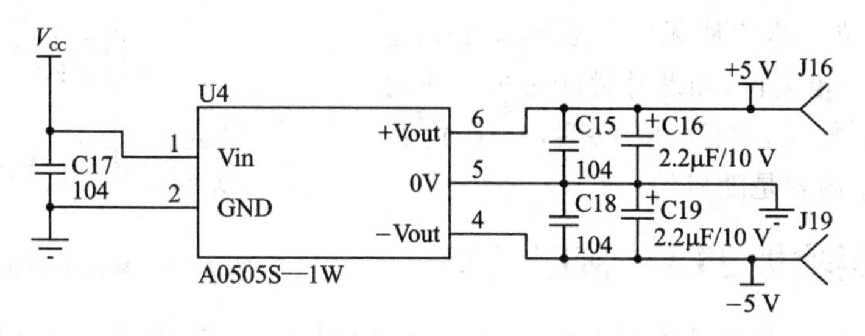

图 2－4 正负电源电路

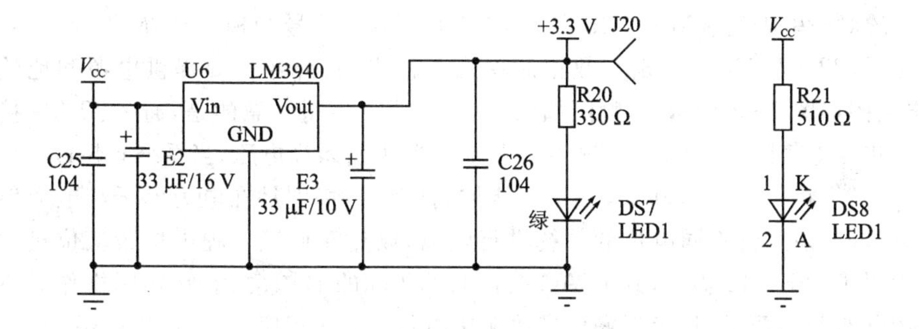

图 2－5 3.3 V 辅助电源电路

DSP 与电源相关的引脚需要接入电容滤波电路。电源的滤波电路用于改善系统的电磁兼容性，以降低电源波动对系统的影响，增强电路工作的稳定性。数字电源和模拟电源选用磁珠进行隔离，如图 2－6 所示。

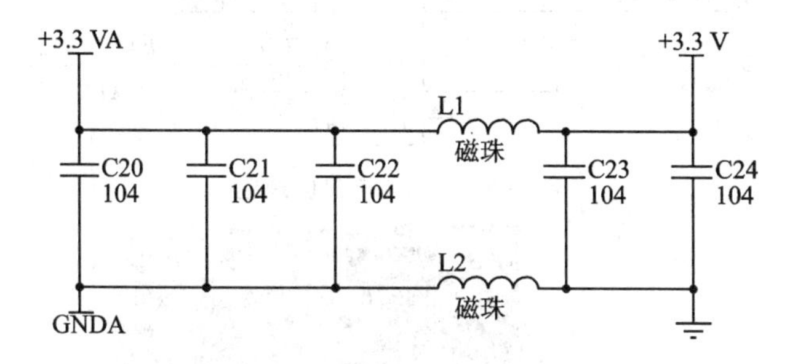

图 2－6 数/模电源隔离电路

2.2.3 实验板复位电路

复位电路用于给 DSP 复位，使内部程序重新开始运行，图 2－7 为系统的复位电路，图中 RESET 标识处与 DSP56F8013 的复位引脚(第 15 脚)相连。该复位引脚低电平有效，正常工作状态下通过上拉电阻(R3)与 3.3 V 电源相连，当开关 S1 按下时，电平被拉低，导致芯片复位。

从复位时芯片的上电状态可以分为上电复位和热复位。芯片从无电状态到加电状态的复位属于上电复位，而芯片处于带电状态时的复位叫热复位。DSP复位后，DSP内部RAM的数据内容是随机的。

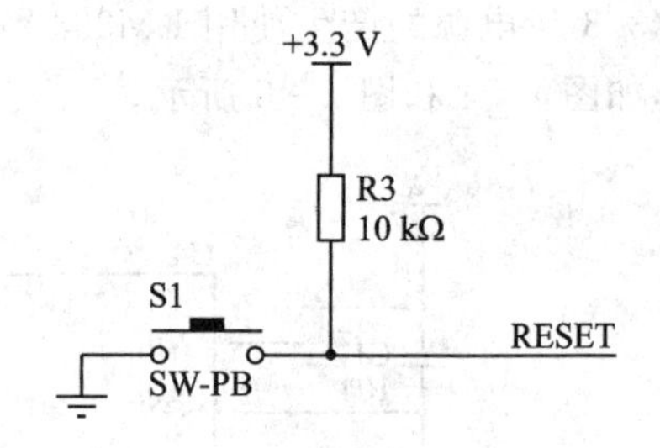

图2-7 系统复位电路

2.2.4 实验板JTAG接口电路

JTAG(Joint Test Action Group，联合测试行为组)接口用于上位机与目标板之间相互传输数据和信息，通过JTAG接口可以将程序下载到DSP的程序存储器中，JTAG的对外引脚是TMS，TCK，TDI，TDO。TMS信号为模式选择，TCK信号为时钟信号，TDI和TDO分别为数据的输入和输出，另外还需要提供电源和地的接口，电路图如图2-8所示，实物图如图2-9所示。值得注意的是，通常JTAG接口都没有进行电气隔离，因此应当避免在控制电路中引入高电压，当系统有超过5 V的电压时，必须将JTAG口断开，然后才能加高电压。特别是在电力电子与电力传动应用领域，要注意将不同电位的系统进行隔离，以免在调试过程中烧毁上位机的主板。而对于56F8013而言，其JTAG接口与GPIO的D口复用，在实际操作时不能对GPIO的D口配置，以免误操作导致无法向芯片写入程序，造成芯片锁死。

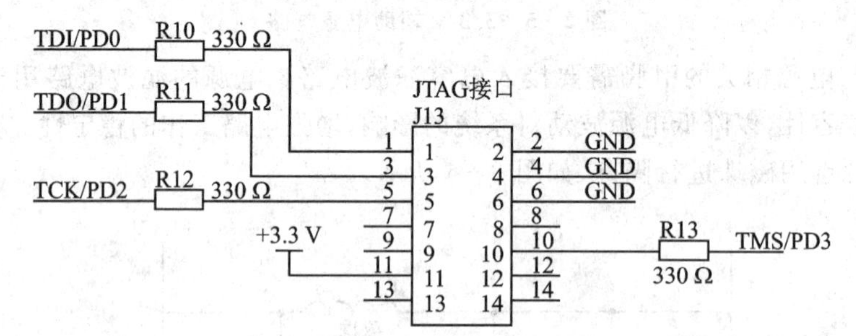

图2-8 JTAG接口原理图

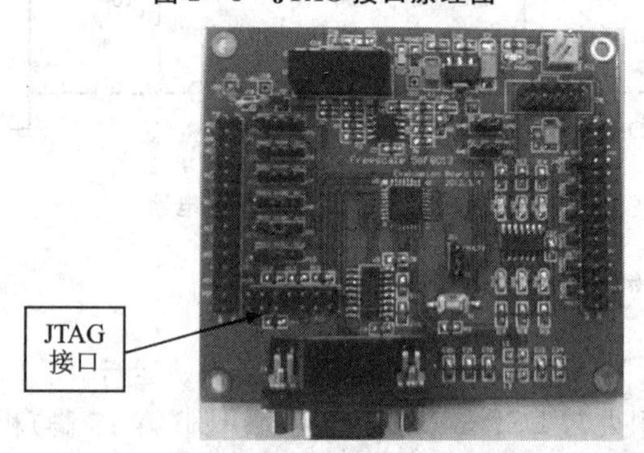

图2-9 JTAG接口实物图

2.2.5 实验板SCI接口

串行通信是DSP与外界进行通信的常用方式之一，实现串行通信功能的模块被称为串行通信接口(Serial Communication Interface,SCI)。通过串行通信接口可以将上位机或其他设备与DSP相连，也可以将几个分散的DSP系统组成网络。

串行通信采用的是NRZ数据形式，即"标准不归零传号/空号数据格式"(standard Non-Return-Zero mark/space data format)。"传号/空号"分别是两种状态的物理名称，在逻辑上表示为"1/0"。这种格式的空闲状态为"1"，发送器通过发送一个"0"表示一个字节传输的开始，随后是数据位，最后再发送1～2位的停止位作为字节传输结束。若继续发送下一个字节，则重新发送开始位，开始新的一个字节的传输。若不发送新的字节，则维持"1"的状态，使发送数据线处于闲置。从开始位到停止位结束的时间间隔为一帧(frame)，所以称这种格式为帧格式。

位的持续时间(bit time)，其倒数是单位时间内传送的位数。人们把每秒内传送的位数叫波特率(baud rate)，其单位是位/秒，记为bps，是英文bit per second的缩写，习惯上这种缩写不用大写而用小写。通常情况下，波特率的单位可以省略。通常使用的波特率有600,900,1 200,1 800,2 400,4 800,9 600,19 200,38 400,57 600等。在包含开始位与停止位的情况下，发送一个字节需要10位，因此很容易计算出在各波特率下发送1 KB数据所用的时间。但波特率又不能被提得很高，因为随着波特率的提高，位长变小，通信很容易受到电磁干扰，而变得不可靠，因此，随着传输距离的增加，波特率要适当降低。

为了检测传输的数据是否正确，常用的方法是在传输的数据中加上一位奇偶校验位，供错误检测使用。字符的奇偶校验检查是为每个字符增加一个额外的位，对字符中"1"的个数是奇数还是偶数进行校验。使用奇数还是偶数要依是"奇校验检查"还是"偶校验检查"而定。当是"奇校验检查"时，如果字符数据位中"1"的数目是偶数，则校验位为"1"，反之则为"0"。当是"偶校验检查"时，如果字符数据位中"1"的数目是偶数，则校验位为"0"，反之则为"1"。

在串行通信中，经常用到"单工"、"半双工"、"全双工"等方式，它们是串行通信的不同传输方式。"单工"(simplex)指数据传输是单向的，一端为发送端，另一端为接收端。这种传输方式除了地线之外只需要一根数据线，有线广播就是单工通信的。"全双工"(full-duplex)是指数据的传输是双向的，且可以同时接收与发送数据。这种传输方式除了需要一根地线之外，还需要两条通信线，站在任何一端的角度看，一条用于发送数据，另一条用于接收数据，一般情况下，DSP的串行通信都是全双工的。"半双工"(half-duplex)中的数据传输也是双向的，针对有2根数据线的情况，与全双工的传输方式的不同点在于，在同一时刻数据只能向一个方向传输，或是发送数据，或是接收数据，但不能同时进行收/发。

一般DSP的输入/输出引脚都是TTL(Transistor Transistor Logic)电平，即晶

体管-晶体管逻辑电平。而TTL电平的“1”和“0”的特征电压分别是2.4 V和0.4 V,即大于2.4 V的电压则识别为“1”,小于0.4 V的电压则识别为“0”,这种电平适合在短距离内传输,若用TTL电平进行更远距离(大于5 m)的传输,则可靠性会降低。为了使信号传输得更远,美国电子工业协会(Electronic Industry Association,EIA)制定了串行物理接口标准RS—232C。它采用负逻辑,−15～−3 V为逻辑“1”,+3～+15 V为逻辑“0”。RS—232C的最大传输距离是30 m,通信速率一般低于20 kbps。目前大多数PC机均带有1个或2个串行通信接口,人们称之为RS—232接口或称为“串口”。早期的串行通信接口是25针插头,但人们在使用中发现其中的大部分接头并没有使用到,于是渐渐改成了9芯串行接口。

在DSP中,若用RS—232C总线进行串行通信,则需要外接电路进行电平转换。利用MAX公司的串行接口芯片MAX232C可将SCI接口进行电平转换,使之成为标准的RS—232总线接口。MAX232C为全双工通信芯片,可实现数据的双向同时收/发,其原理图如图2-10所示,其实物图如图2-11所示。串行通信的基本工作过程可分为发送过程和接收过程两个阶段。在发送过程中,从DSP的TXD(TTL电平)经过MAX232C的T1 IN引脚送到芯片内部,在芯片内部,TTL电平被拉升为RS—232电平,通过T1 OUT引脚发送出去。在接收过程中,外部RS—232电平通过R1 IN引脚进入MAX232C芯片内部,RS—232电平被降低为TTL电平,经过R1 OUT输送到DSP的RXD引脚,进入DSP内部。

由此可见,在进行串口通信编程时,所有的操作只是针对DSP的发送与接收,而MAX232C芯片只起到电平转换的作用。

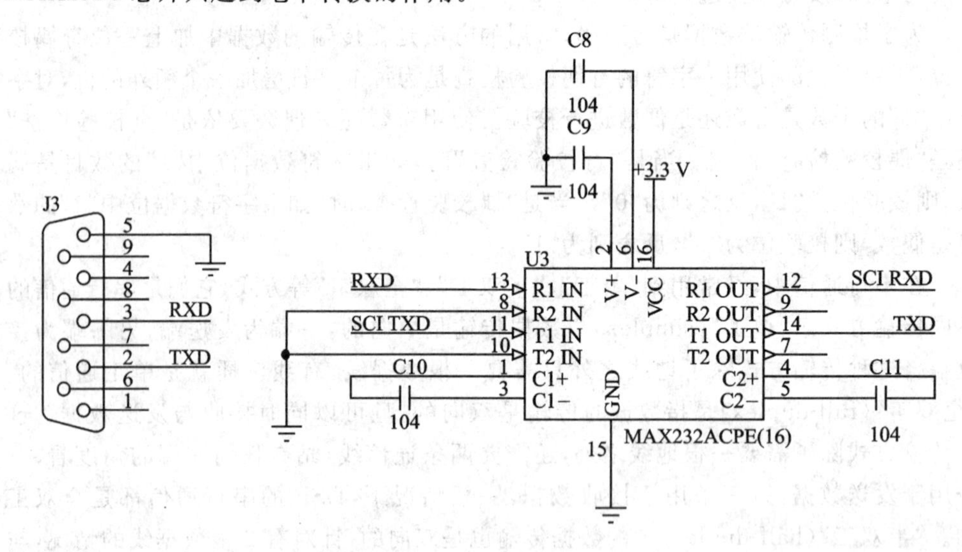

图2-10　SCI接口电路原理图

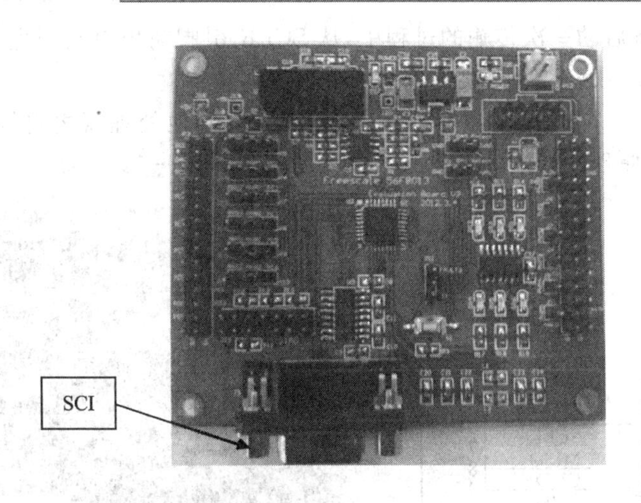

图 2-11 SCI 接口电路实物图

2.2.6 实验板 SPI 接口

SPI(Serial Peripheral Interface)是由飞思卡尔公司推出的一种同步串行通信接口，用于微处理器与外围扩展芯片之间的串行连接，现在已经发展成为一种工业标准。目前，各半导体公司已经推出了大量带有 SPI 接口的芯片，为用户的外围扩展提供了灵活而廉价的选择。SPI 接口一般使用 4 条线，分别为主机输出/从机输入数据线 MOSI、主机输入/从机输出数据线 MISO、从机选择线 SS 及串行时钟线 SCLK。

1. 主出从入 MOSI 引脚

这是主机输出、从机输入数据线。当 DSP 被设置为主机方式时，主机送向从机的数据从该引脚输出；当 DSP 被设置为从机方式时，来自主机的数据从该引脚输入。

2. 主入从出 MISO 引脚

这是主机输入、从机输出数据线。当 DSP 被设置为主机方式时，来自从机的数据从该引脚输入主机；当 DSP 被设置为从机方式时，送向主机的数据从该引脚输出。

3. 从机选择 SS 引脚

该引脚也被称为片选引脚，低电平有效。若一个 DSP 的 SPI 工作在从机方式，且该引脚电平为 0，则表示主机选择了该从机。对于单主单从系统，可以不对该引脚进行控制；而对于单主多从系统，从机的 SS 引脚与主机的 I/O 口相连，主机通过对 I/O 口的操作来改变从机 SS 引脚的电平，从而选择从机。

4. 串行时钟 SCLK 引脚

该引脚用于控制主机与从机之间的数据传输。串行时钟信号由主机的内部总线时钟分频获得，主机的 SCLK 引脚输出给从机的 SCLK 引脚，以控制整个数据的传输速度。在主机启动一次传输的过程中，从 SCLK 引脚输出自动产生的 8 个时钟周期信号，SCLK 信号经过一个跳变进行一位数据移位传输。

SPI 接口用于 DSP 控制器与外设之间，或者与其他处理器之间的全双工、同步和串行通信，其原理图如图 2-12 所示，其实物图如图 2-13 所示。

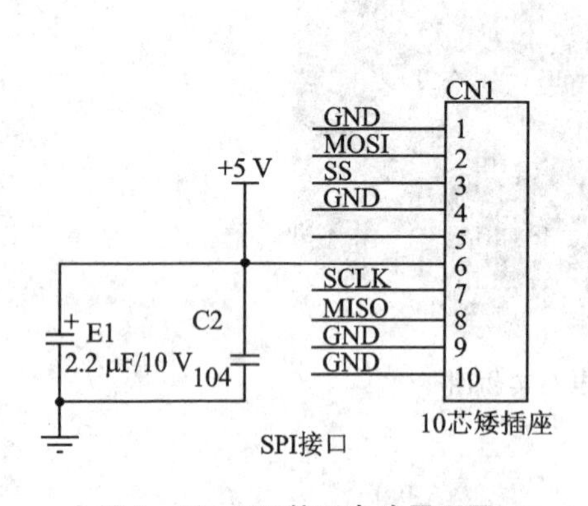

图 2-12　SPI 接口电路原理图

图 2-13　SPI 接口电路实物图

2.2.7　实验板 5 V 电源接口

外接 5 V 电源接口实物图如图 2-14 所示。当使用外接电源时，应注意电源的正负端，切勿接反。

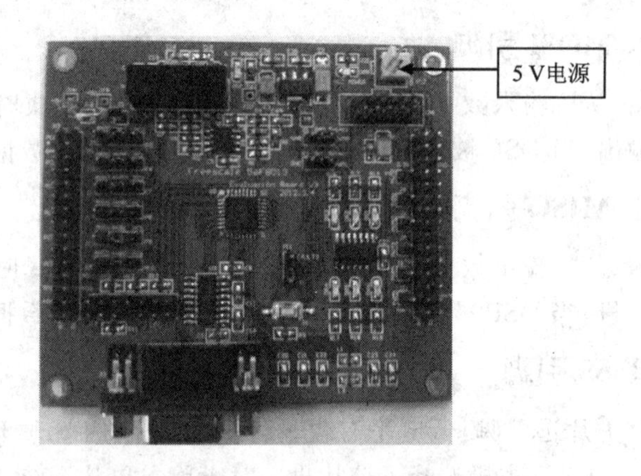

图 2-14　外接 5 V 电源接口实物图

2.2.8　PWM 接口及 LED 指示灯接口

56F8013 的 PWM 输出接口一共有 6 路 PWM 输出通道，并且与 GPIO 的 A 口复用，连接电路时通过 74HC244 提高其驱动能力，如图 2-15 所示。为了便于观察 PWM 的输出信号，在 PWM 接口上有 6 个 LED 指示灯。每个指示灯由一个反向器驱动与一路 PWM 信号并联，如图 2 - 16 所示。输出的 6 个 PWM 通道可以作为互补通道输出。

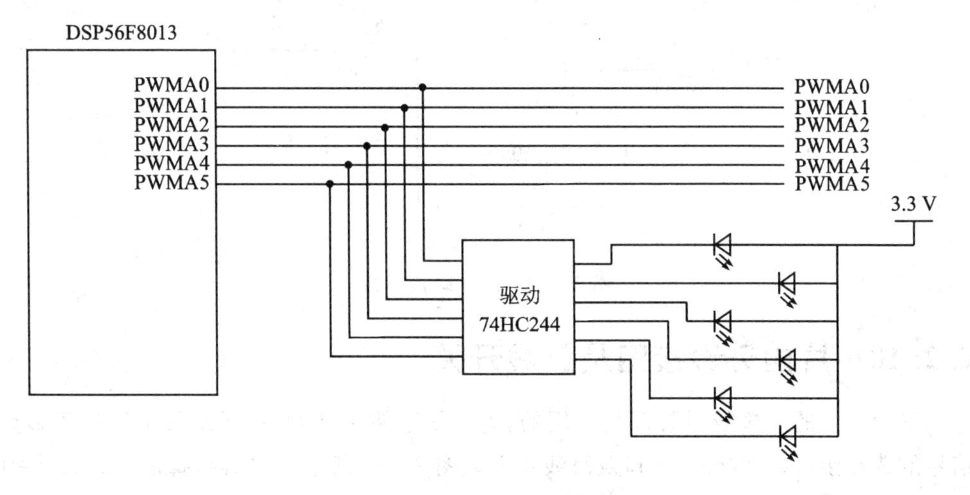

图 2 - 15　PWM 及 LED 指示电路结构

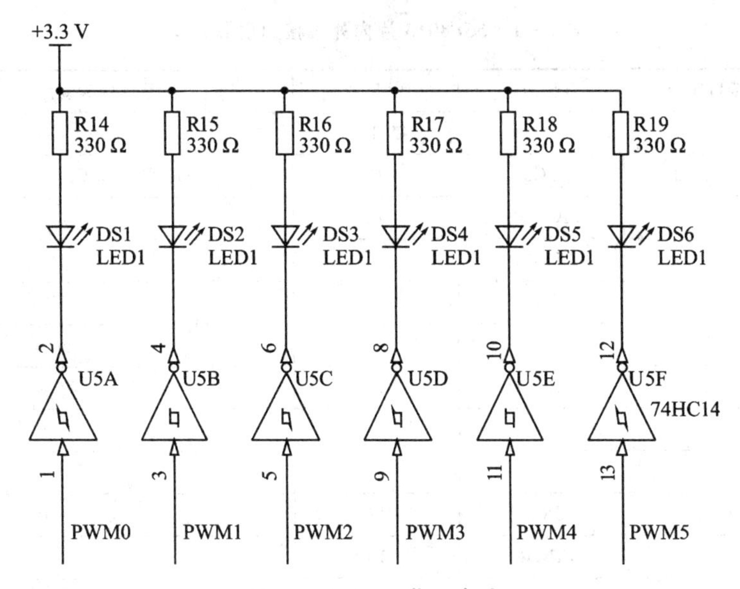

图 2 - 16　LED 指示电路

2.2.9　D/A 转换电路

PWM 信号是周期方波信号，当输入适当占空比的 PWM 信号时，通过一个简单的积分电路，输出可以变换为连续变化的模拟信号，输出的电压与输入的 PWM 信号的占空比成正比。这就是本实验装置的 D/A 转换基本原理，电路如图 2 - 17 所示，DAin0 为 PWM 信号的输入端，电路上电之后可在 DA0 端口查看输出波形。

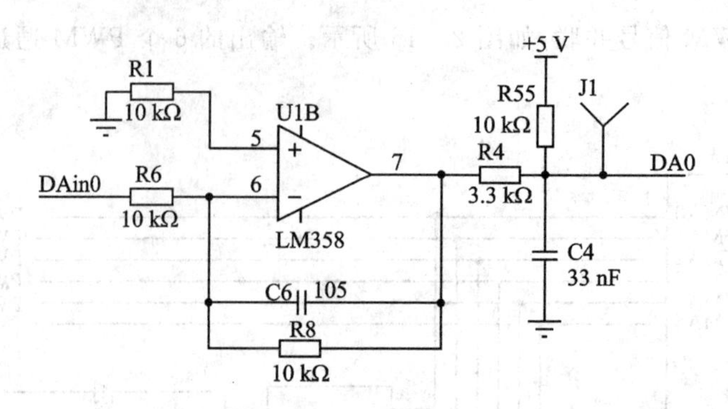

图 2 - 17　D/A 转换电路

2.2.10　片内外设接口及跳线开关

56F8013 的大多数引脚都是复用的，为了便于使用和测试，系统板上设计了多路信号的选择接口，片内外设接口及跳线定义如图 2 - 18 所示。接口引脚定义如表 2 - 1 所列，其中接口 P3 和接口 P4 如图 2 - 18 所示。

表 2 - 1　56F8013 片内外设接口引脚定义

接口序号	引脚内容	引脚号	备注（括号内的为复用）
		接口 P3	
1	PC0	12	GPIOC(ADC)
2	ANA0	12	
3	DA0		
4	DA1		
5	PC1	11	
6	ANA1	11	
7			
8			
9	PC2	10	
10	ANA2	10	
11			
12			
13	PC4	5	
14	ANB0	5	
15			
16			
17	PC5	6	

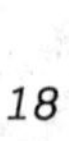

续表 2-1

接口序号	引脚内容	引脚号	备注(括号内的为复用)
18	ANB1	6	
19			
20			
21	PC6	7	
22	ANB2	7	
23			
24	PD3	31	GPIOD(JTAG)
25	PD2	14	
26	PD1	32	
27	PD0	30	
28			
29			
30			
接口 P4			
1	SCLK	21	SPI 模块
2	MISO	17	
3	MOSI	16	
4	SS	2	
5	3.3 V 数字电源	25,26	VDD_IO,Vcap
6	数字地	13,27	Vss_io
7	PWM0	29	PWM 模块(FAULT)
8			
9			
10			
11	PWM1	28	
12			
13			
14			
15	PWM2	23	
16			
17			
18			

续表 2-1

接口序号	引脚内容	引脚号	备注(括号内的为复用)
19	PWM3	24	
20			
21	T0	19	定时器模块(FAULT3)
22	T1	4	
23	PWM4	22	
24			
25	RESET	15	复位引脚
26			
27	PWM5	20	
28	FAULT0	18	FAULT 端口
29	FAULT3	4	(T1)
30			

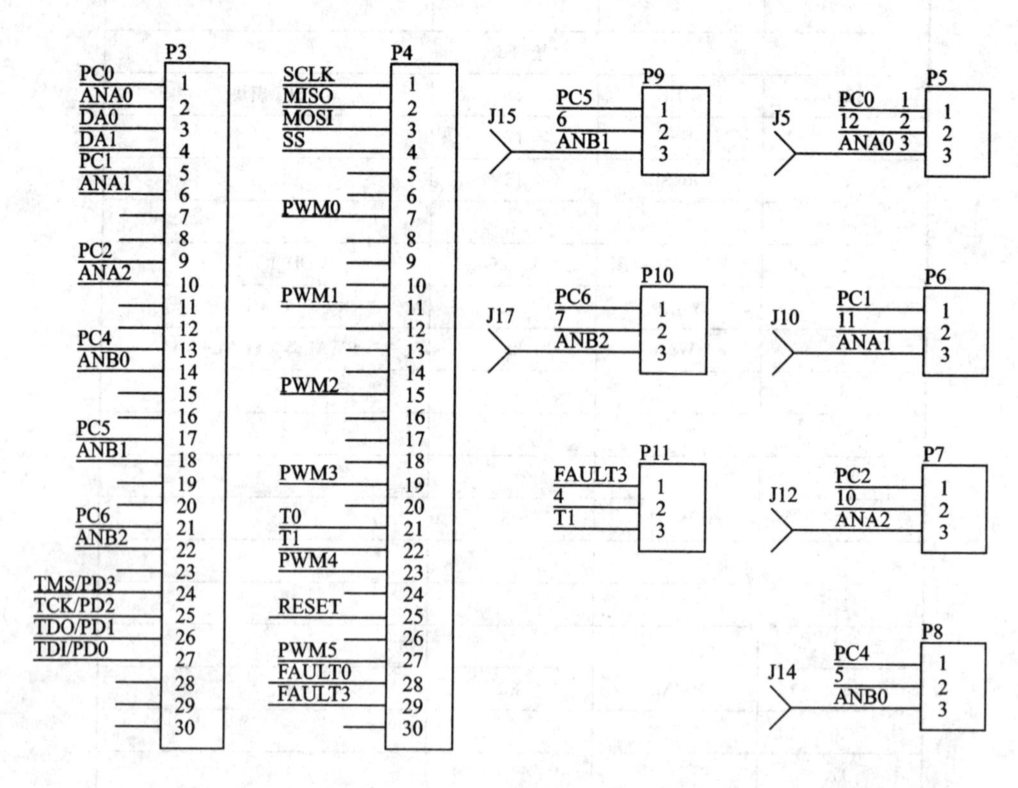

图 2-18　56F8013 片内外设接口及跳线定义

如图 2-19 左侧所示，为 56F8013 实验系统跳线开关 P5～P10，中间为跳线 P11。56F8013 实验系统共有七组跳线开关，具体功能和连接方式如表 2-2 所列。

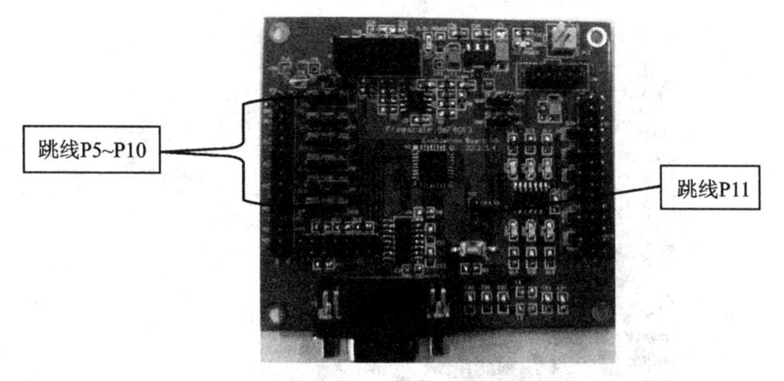

图 2-19 56F8013 片内外设接口实物图

表 2-2 跳线描述

跳线组	注 释
P5	用跳线帽短接 ANA0 引脚，ANA0 有效，否则为 PC0 有效
P6	用跳线帽短接 ANA1 引脚，ANA1 有效，否则为 PC1 有效
P7	用跳线帽短接 ANA2 引脚，ANA2 有效，否则为 PC2 有效
P8	用跳线帽短接 ANB0 引脚，ANB0 有效，否则为 PC4 有效
P9	用跳线帽短接 ANB1 引脚，ANB1 有效，否则为 PC5 有效
P10	用跳线帽短接 ANB2 引脚，ANB2 有效，否则为 PC6 有效
P11	用跳线帽短接 T1 引脚，T1 有效，否则为 FAULT3 有效

跳线 P5 的连接方法示意图（跳线 P6～P11 同理）如图 2-20 所示，其原理是：

① 用跳线帽短接 ANA0 引脚，即将 ANA0 端口与 DSP 的引脚相连，则 ANA0 有效；

② 拔除跳线帽，即将 PC0 端口与 DSP 的引脚相连，则 PC0 有效。

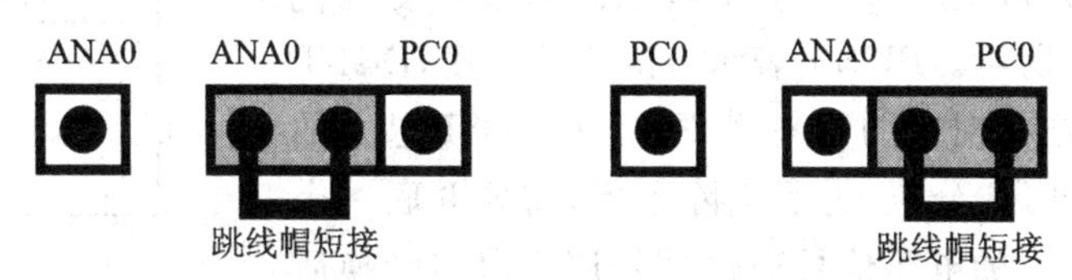

图 2-20 跳线 P5 连接方法示意图

2.3 USB 下载线

USB 下载线用于连接计算机与 56F8013 型 DSP 的 JTAG 接口，由此可以将

DSP 程序下载到 DSP 中，并且可以对 DSP 的内部变量进行查看、修改和单步调试等操作。本实验套件中的 USB 下载线如图 2-21 所示。

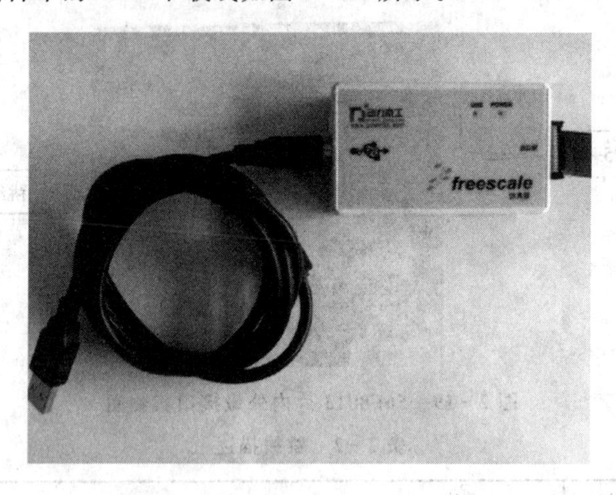

图 2-21　实验套件 USB 下载线

2.4　传感器

2.4.1　电压传感器

为了能够采集电压，需要采用电压传感器将待测量的电压转变为 0～3.3 V 的信号并送入 DSP，通过 DSP 的 A/D 模块将输入的电压信号转变为数字量，最后根据数字量得到外部实际电压值。采用的传感器类型可以分为非隔离型和隔离型两种。

1. 非隔离型

非隔离型电压传感器一般直接采用电阻网络分压的方法，将信号衰减至 DSP 的 A/D 引脚可以接受的范围，如图 2-22 所示。BUS+表示待测量的电压，DGND 表示待测量的电压对应的参考地，同时也是 DSP 芯片的地。经过 R1 和 R2 分压，为了消除干扰，需要并联一个小容量电容，产生的电压信号通过信号调理电路转换后直接送入 DSP 进行 A/D 采样。

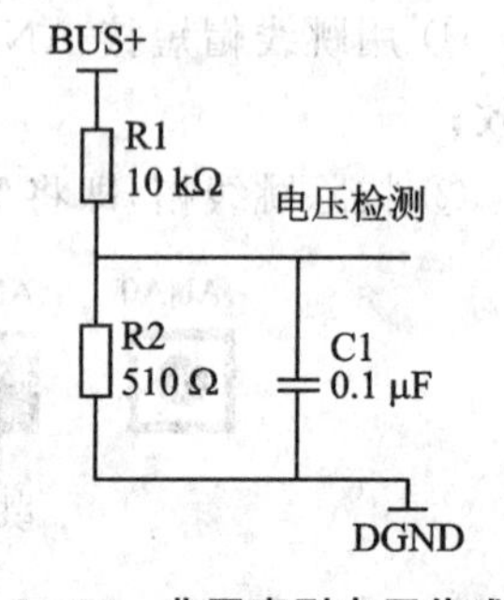

图 2-22　非隔离型电压传感器

2. 隔离型

对于待采样的电压与 DSP 芯片不共地的应用场合，可以采用隔离型的电压传感器，其中基于霍尔效应的电压传感器是一种常用的方案。其使用方法如图 2-23 所示。待测量的电压信号经过原边精密电阻产生电流，该电流通过霍尔传感器转换为电压信号UIN_0,该电压信号通过信号调理电路进行转换后接入DSP的ADC引脚,从而使DSP获得电压的数值。

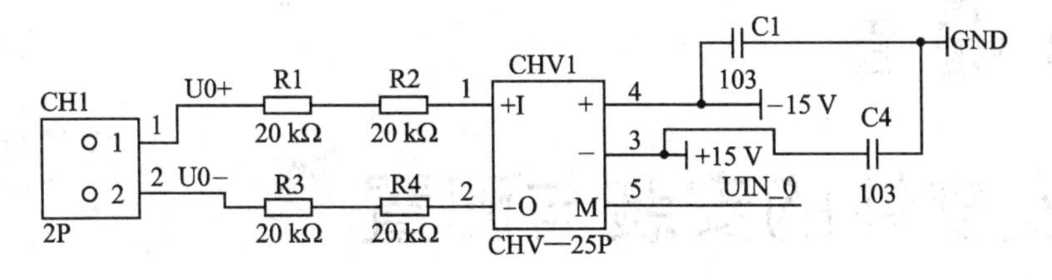

图2-23　隔离型电压传感器

2.4.2　电流传感器

为了能够测量电流信号,需要将电流信号转变为可以供DSP的A/D引脚使用的0～3.3 V的电压信号。因此,对电流的采集,实际上是通过电流传感器将电流转变为电压信号并送入DSP的A/D引脚而实现的。具体的电流传感器可以分为非隔离型和隔离型两种。

1. 非隔离型

在电流回路中串入分流器,即采样电阻,并通过测量电阻上的电压来得到电流值,如图2-24所示。

2. 隔离型

隔离型电流采样可以利用电流霍尔传感器实现,如图2-25所示。待测电流通过电流霍尔传感器转换为电压信号curCSensor,该电压信号通过信号调理电路进行转换后接入DSP的ADC引脚,从而使DSP获得电流的数值。

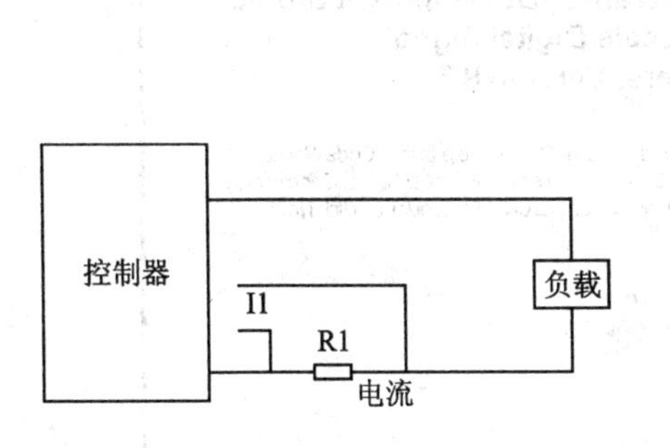

图2-24　非隔离型电流传感器

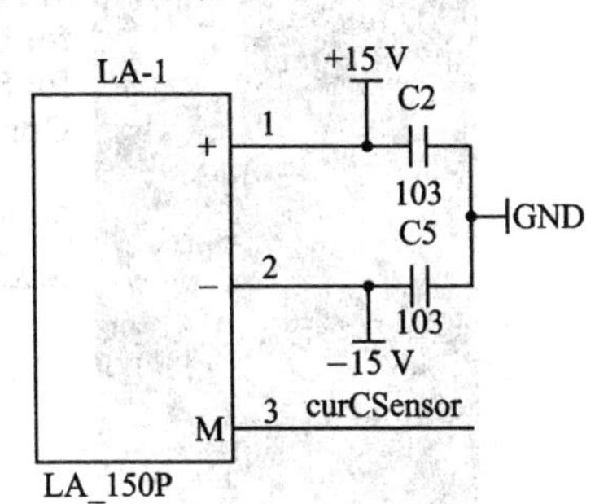

图2-25　隔离型电流传感器

第3章

开发软件的安装与配置

飞思卡尔公司为5680X系列DSP的开发提供了一套完整的、非常方便的软件开发平台(CodeWarrior IDE)。该软件平台为用户提供了丰富的软件开发工具。通过该开发平台,使用户能够在最短的时间内开发出高质量的应用程序。

在使用CodeWarrior软件平台时,文件的保存不能使用含有中文字符的路径名。在做实验之前需要先进行软件安装,基础实验及创新实验都需在CodeWarrior IDE开发环境下进行(介绍参见第4章),其他实验需要FreeMASTER及串口调试助手辅助。当需要使用仿真器时,需要安装CodeWarrior v8.3,之前的版本不支持OSBDM。下面分别介绍各软件的安装与设置方法。

3.1 安装CodeWarrior v8.3

首先双击CW_DSC56800E_8.3_Special.exe文件进入程序安装界面,如图3-1所示。

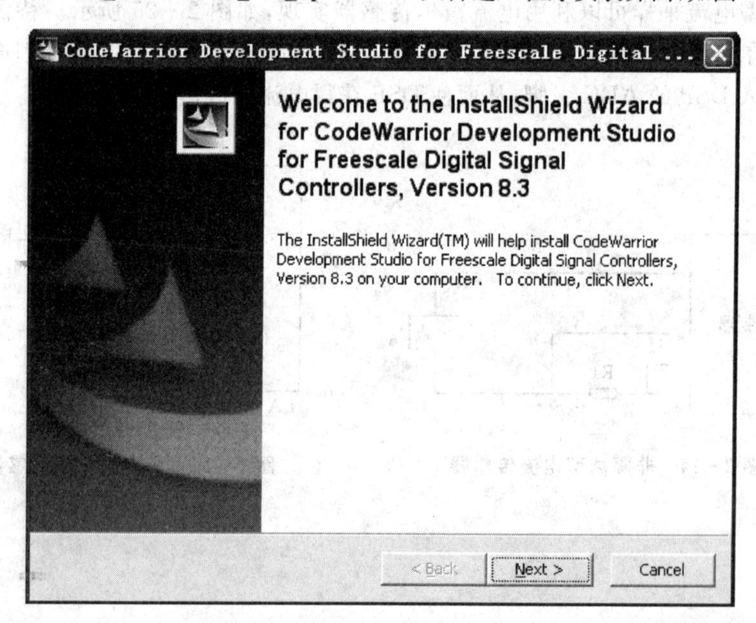

图3-1　CodeWarrior v8.3安装过程1

单击 Next 按钮打开下一个对话框,如图 3-2 所示。

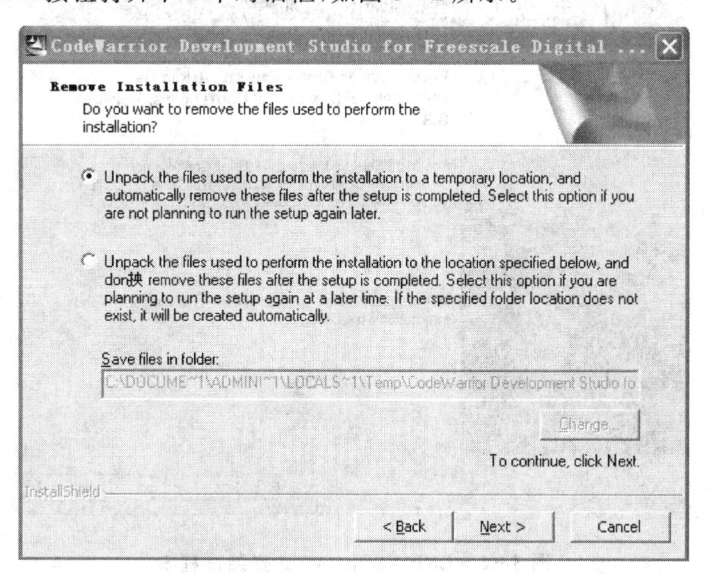

图 3-2　CodeWarrior v8.3 安装过程 2

单击 Next 按钮打开下面的对话框,如图 3-3～图 3-6 所示。

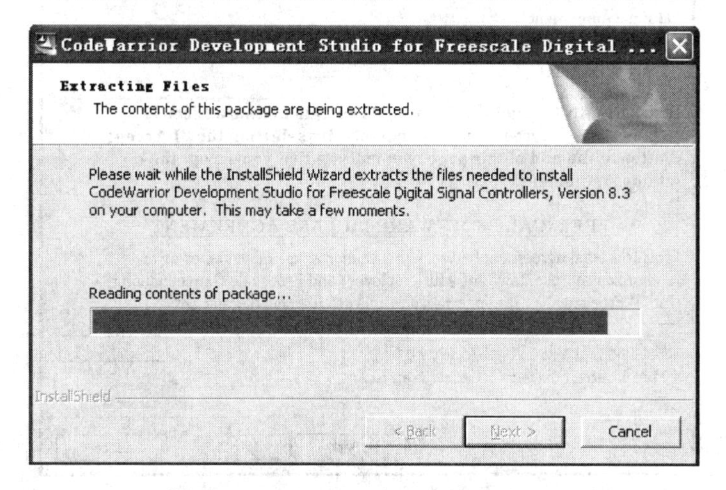

图 3-3　CodeWarrior v8.3 安装过程 3

图 3-4　CodeWarrior v8.3 安装过程 4

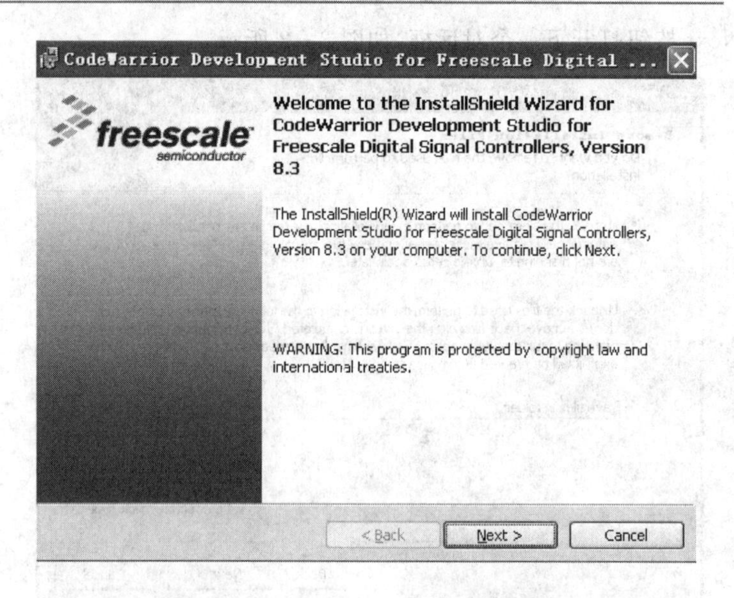

图 3-5 CodeWarrior v8.3 安装过程 5

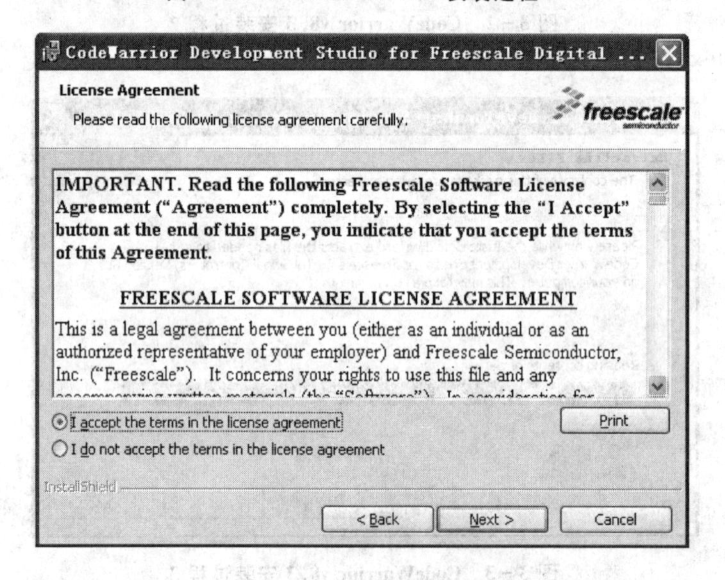

图 3-6 CodeWarrior v8.3 安装过程 6

选中 I accept the terms in the license agreement，单击 Next 按钮打开下一个对话框，如图 3-7 所示。

单击 Next 按钮打开下一个对话框，如图 3-8 所示。

单击 Change 按钮更改路径，如图 3-9 所示。

此处，把盘符由 C 改成 D 即可，单击 OK 按钮打开下一个对话框，如图 3-10 所示。

单击 Next 按钮打开下一个对话框，如图 3-11 所示。

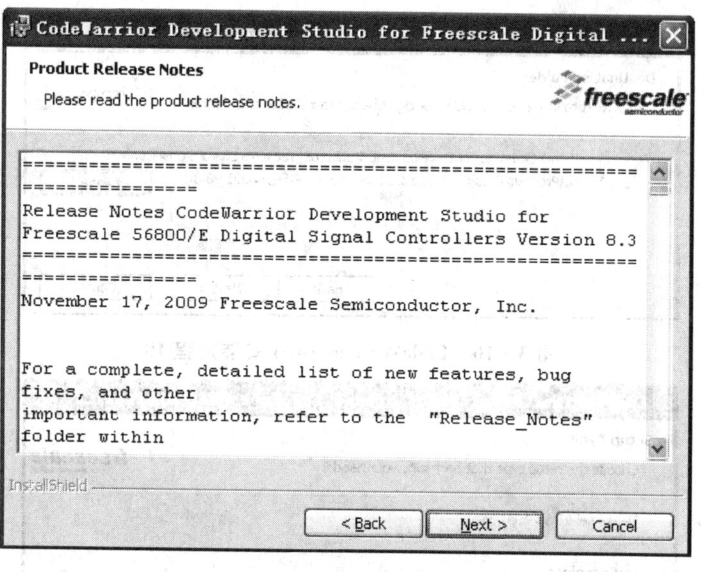

图 3-7 CodeWarrior v8.3 安装过程 7

CodeWarrior Development Studio for Freescale Digital ...

Destination Folder

Click Next to install to this folder, or click Change to install to another folder.

freescale

Install CodeWarrior Development Studio for Freescale Digital Signal Controller...

C:\Program Files\Freescale\CodeWarrior for DSC56800E v8.3\

Change...

InstallShield

< Back Next > Cancel

图 3-8 CodeWarrior v8.3 安装过程 8

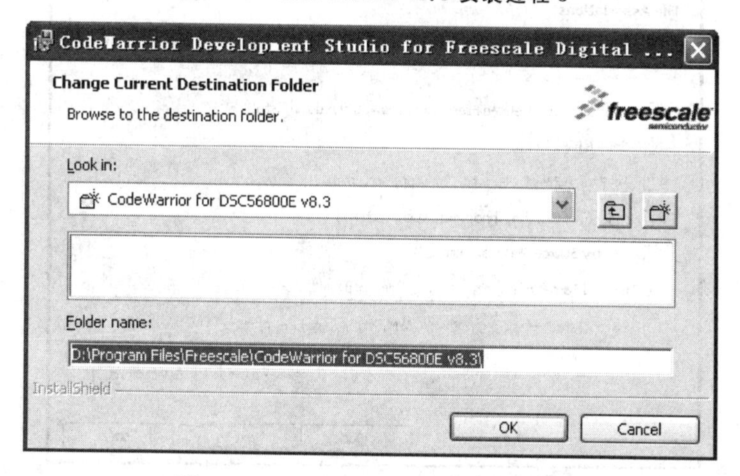

图 3-9 CodeWarrior v8.3 安装过程 9

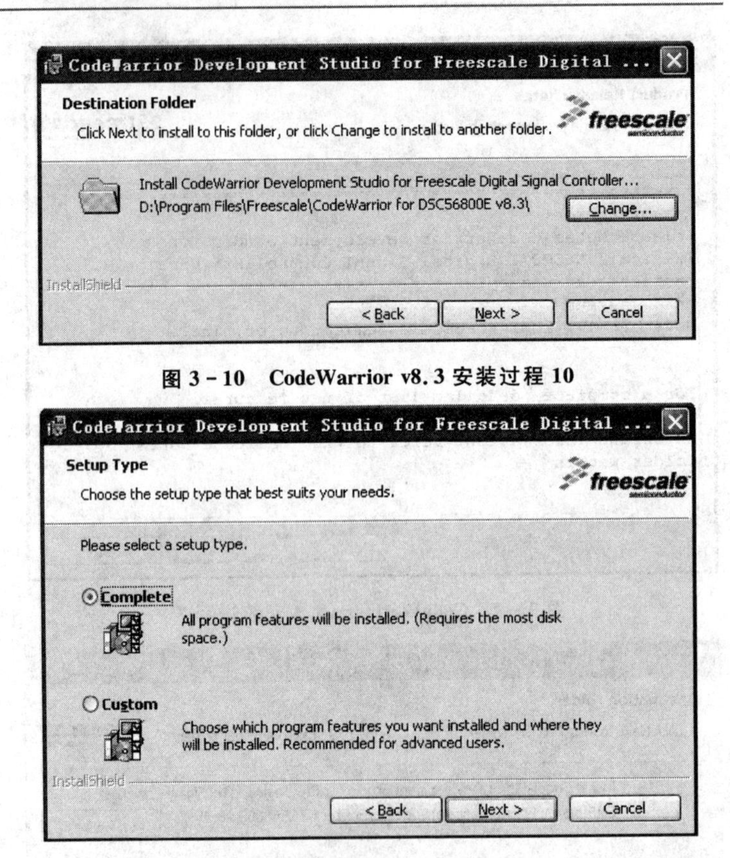

图 3-10 CodeWarrior v8.3 安装过程 10

图 3-11 CodeWarrior v8.3 安装过程 11

选中 Complete(全部安装),单击 Next 按钮打开下一个对话框,如图 3-12 所示。

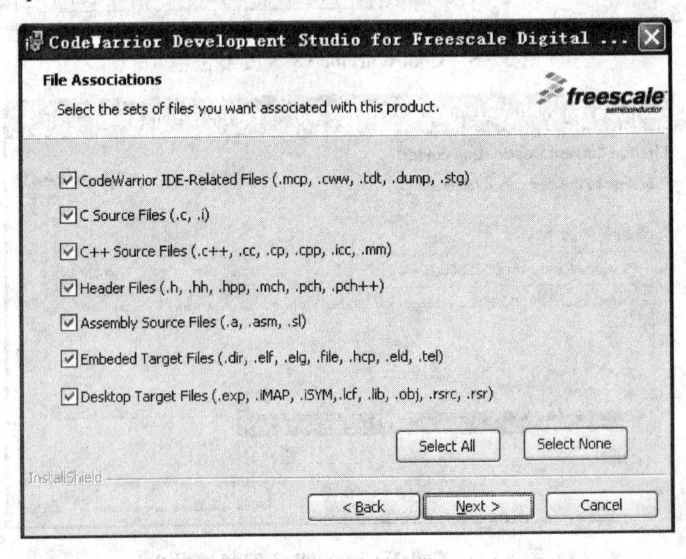

图 3-12 CodeWarrior v8.3 安装过程 12

单击 Select All(选择全部)按钮,单击 Next 按钮打开下一个对话框,如图 3-13 所示。

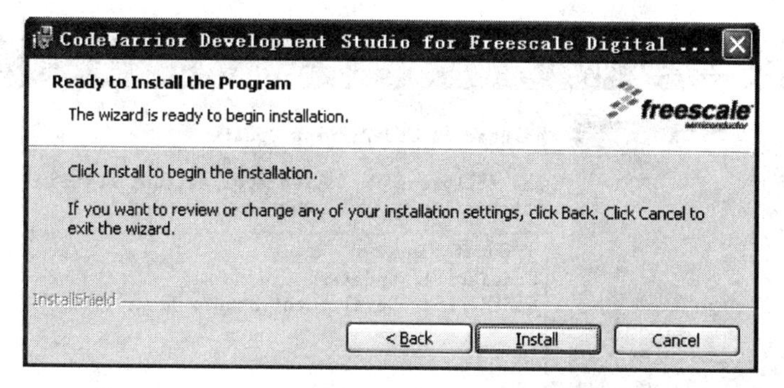

图 3-13　CodeWarrior v8.3 安装过程 13

单击 Install 按钮开始安装,如图 3-14 和图 3-15 所示。

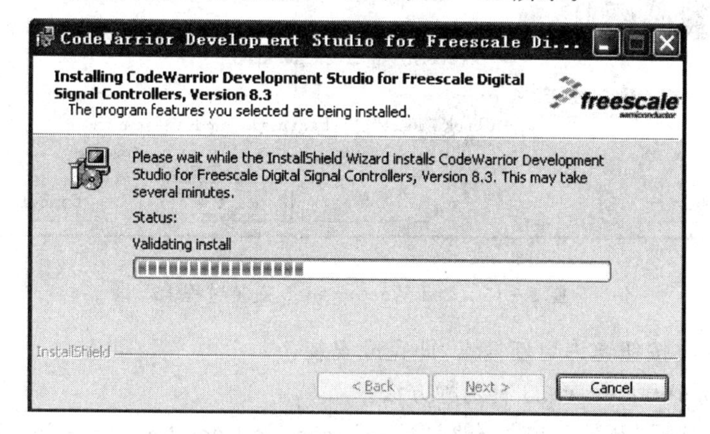

图 3-14　CodeWarrior v8.3 安装过程 14

提示:如果安装过程中出现防火墙提醒,则单击允许此操作进行。

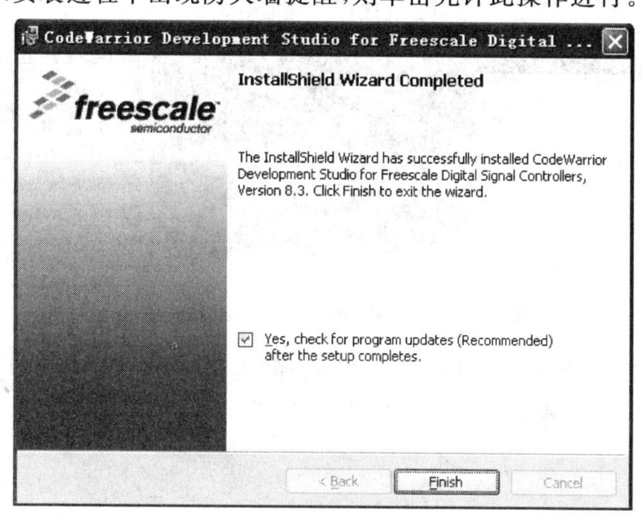

图 3-15　CodeWarrior v8.3 安装过程 15

单击 Finish 按钮完成安装,如图 3-16 所示。

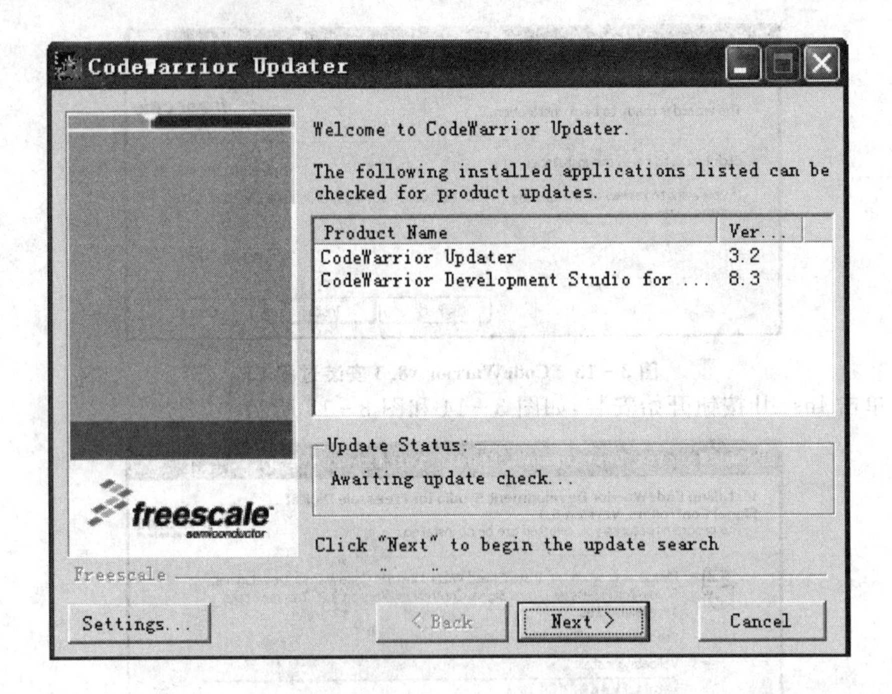

图 3-16 CodeWarrior v8.3 安装过程 16

单击 Next 按钮允许更新搜索,即完成安装。

启动 CodeWarrior v8.3 有两种方法。

方法一:选择“开始”→“所有程序”→Freescale CodeWarrior→CodeWarrior for DSC56800E v8.3→CodeWarrior IDE,即可启动 CodeWarrior,如图 3-17 所示。

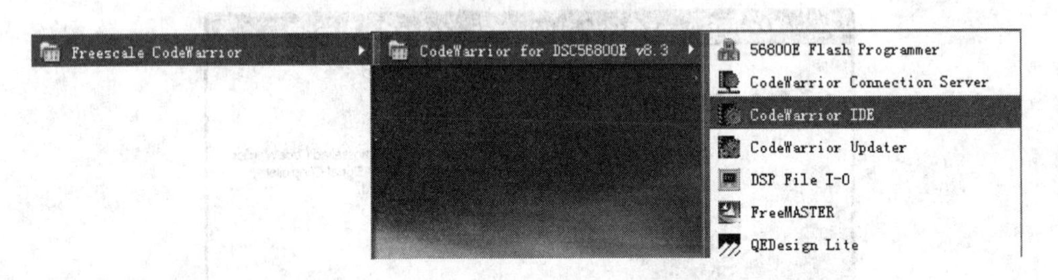

图 3-17 CodeWarrior v8.3 启动方法一

方法二:在 CodeWarrior IDE 处右击,选择“发送到”→“桌面快捷方式”,即可直接在桌面上打开 CodeWarrior IDE,如图 3-18 所示。

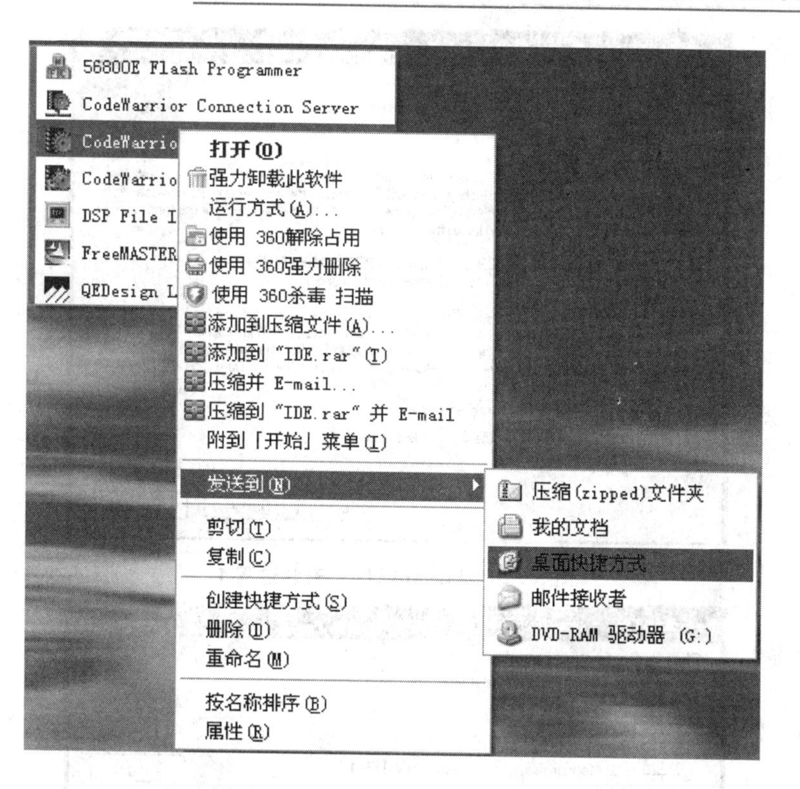

图 3-18　CodeWarrior v8.3 启动方法二

3.2　安装 FreeMASTER

选择"开始"→"所有程序"→Freescale CodeWarrior→CodeWarrior for DSC56800E v8.3→FreeMASTER，如图 3-19 所示，打开安装对话框，如图 3-20 所示。

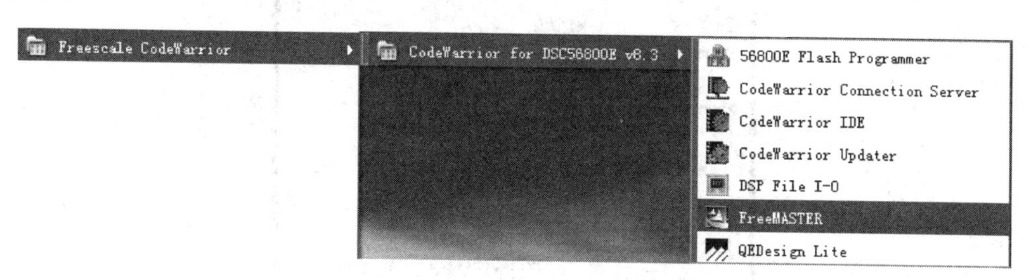

图 3-19　开始 FreeMASTER 安装过程

选中 I accept the terms of the license agreement，单击 Next 按钮打开下一个对话框，如图 3-21 所示。

单击 Change 按钮更改路径，如图 3-22 所示。

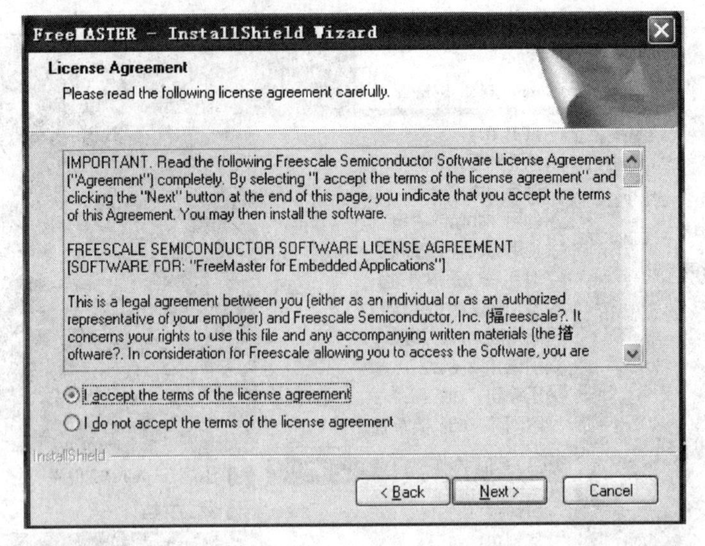

图3-20 FreeMASTER 安装过程1

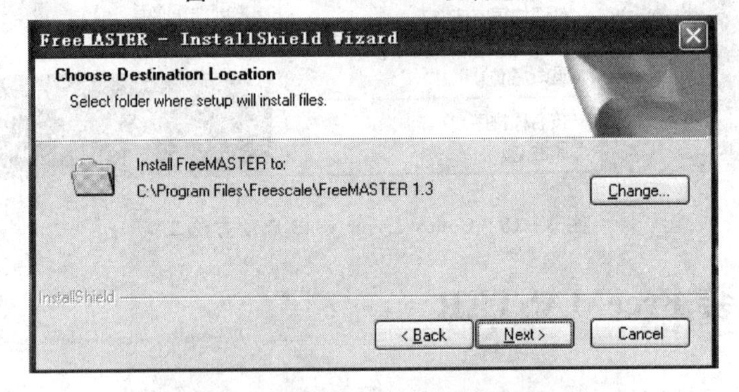

图3-21 FreeMASTER 安装过程2

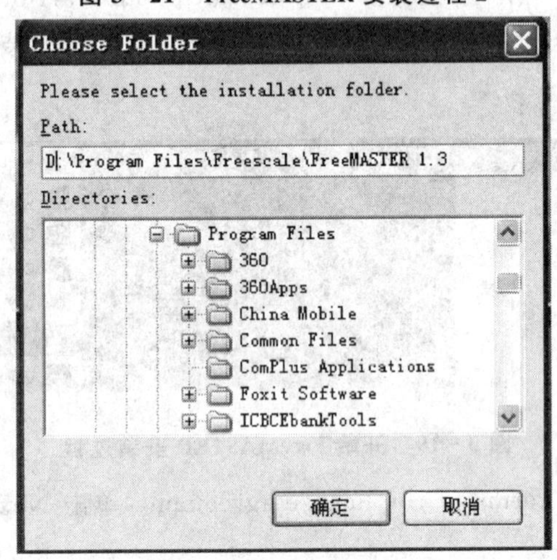

图3-22 FreeMASTER 安装过程3

此处,把盘符由 C 改成 D 即可,单击“确定”按钮,打开如图 3-23 所示对话框。

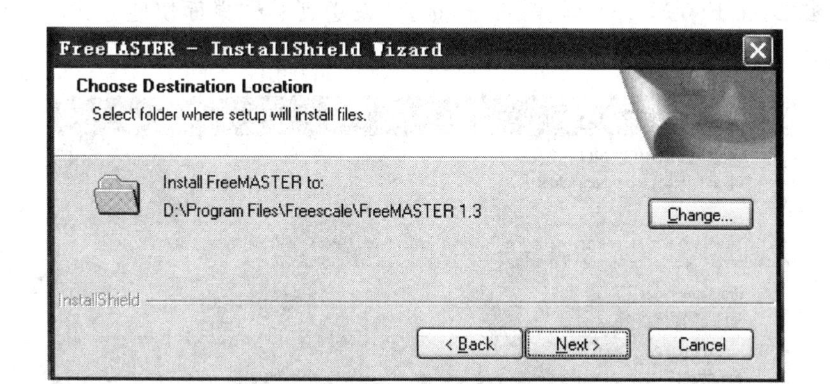

图 3-23　FreeMASTER 安装过程 4

单击 Next 按钮打开下一个对话框,如图 3-24 所示。

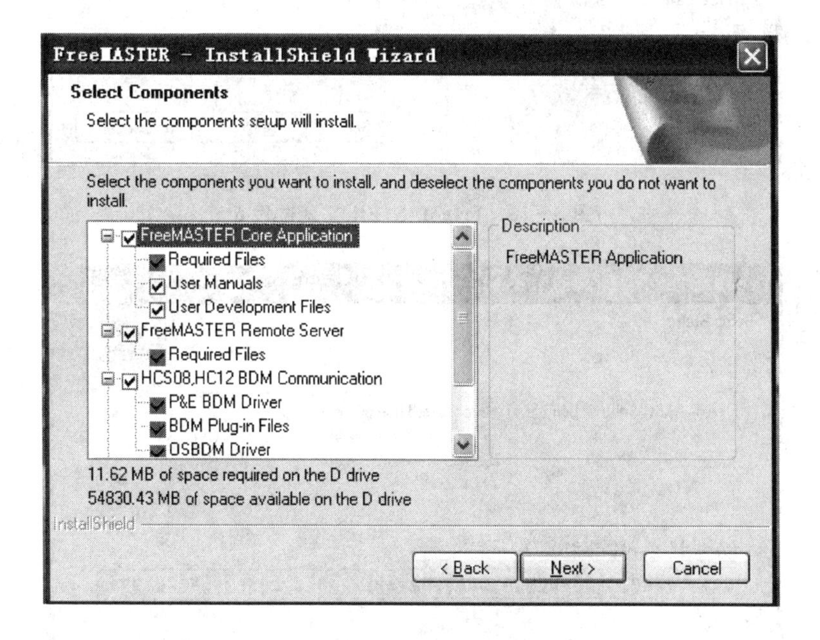

图 3-24　FreeMASTER 安装过程 5

单击 Next 按钮打开下一个对话框,如图 3-25 所示。

单击 Next 按钮打开下面的对话框,如图 3-26 和图 3-27 所示。

提示:如果安装过程中出现防火墙提醒,则单击允许此操作进行。

单击 Finish 按钮完成安装。

启动 FreeMASTER 有两种方法。

方法一:选择“开始”→“所有程序”→FreeMASTER 1.3→FreeMASTER,如

图 3-28所示，即可启动 FreeMASTER。

方法二：在 FreeMASTER 处右击，选择“发送到”→“桌面快捷方式”，即可直接在桌面上打开 FreeMASTER，如图 3-29 所示。

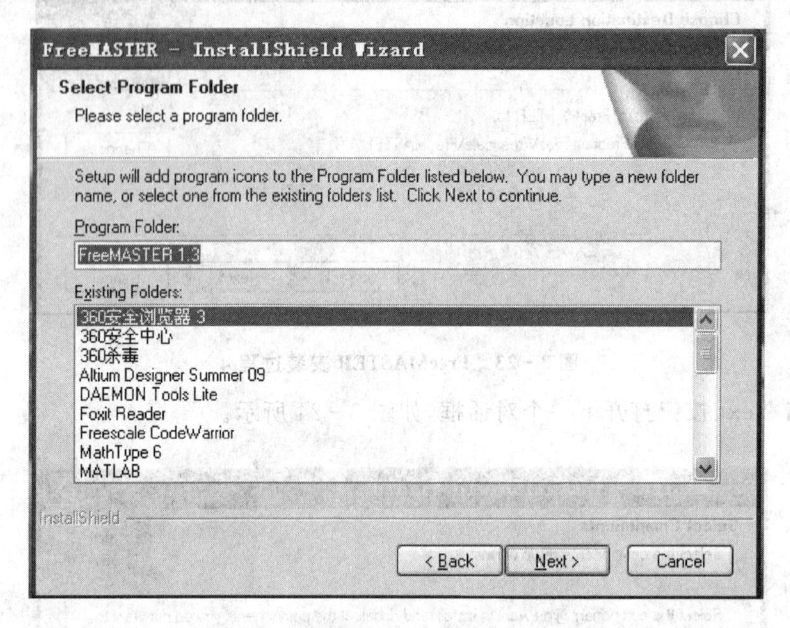

图 3-25 FreeMASTER 安装过程 6

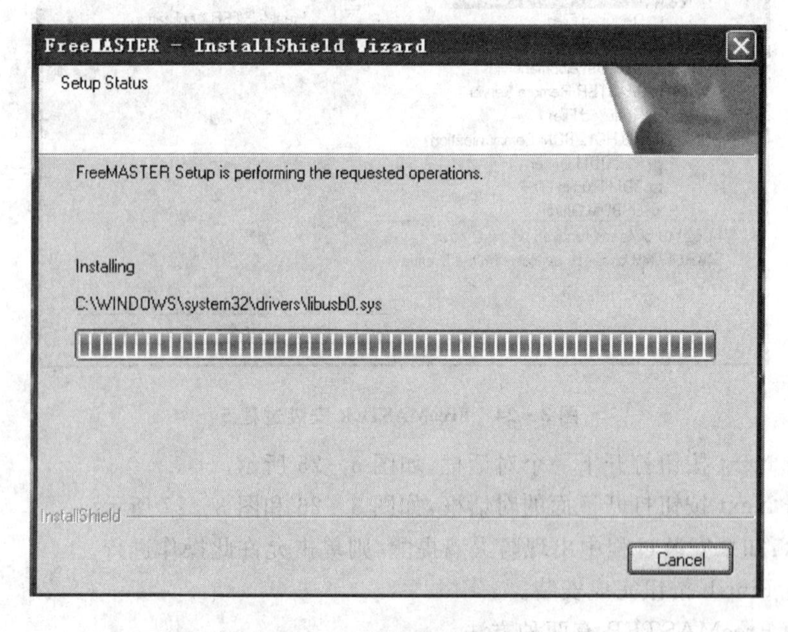

图 3-26 FreeMASTER 安装过程 7

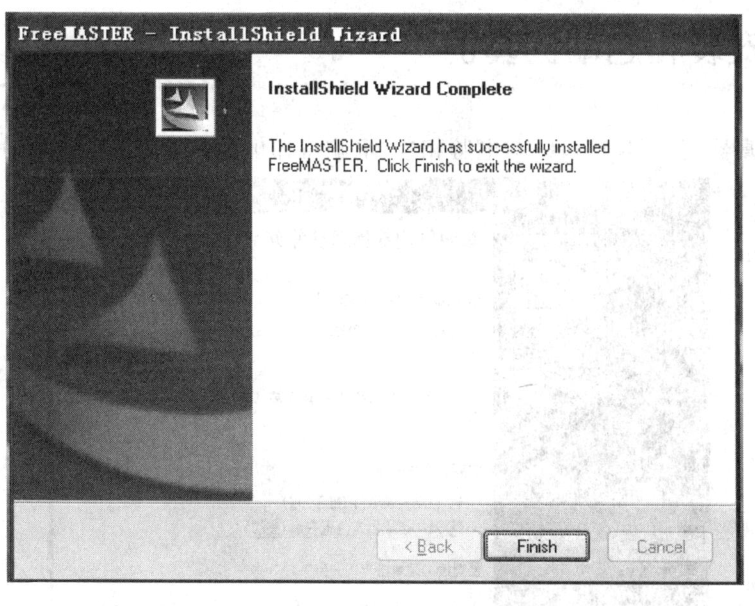

图 3-27　FreeMASTER 安装过程 8

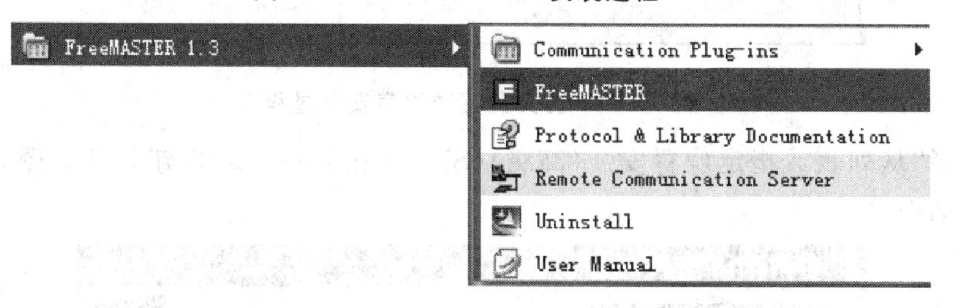

图 3-28　FreeMASTER 启动方法一

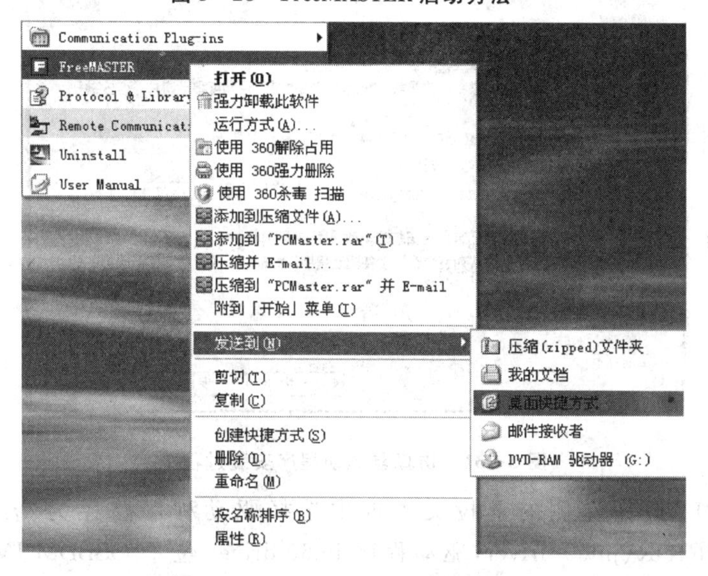

图 3-29　FreeMASTER 启动方法二

3.3　安装和启动仿真器

将仿真器用USB接口线与电脑相连，电脑将弹出如图3-30所示的对话框。

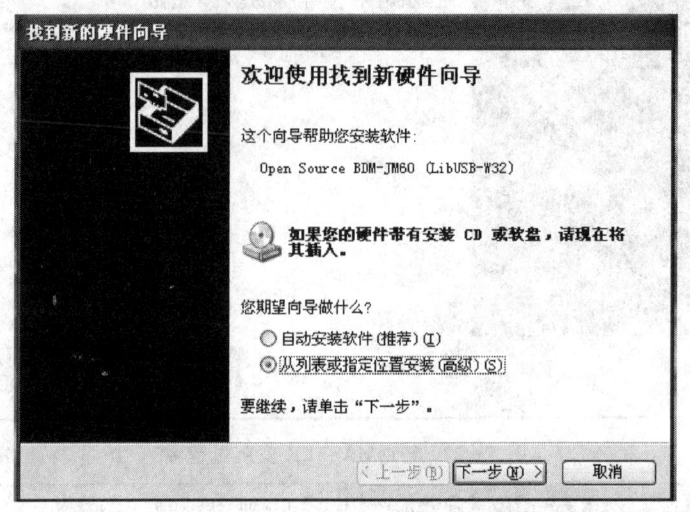

图3-30　仿真器驱动程序安装过程1

选择"从列表或指定位置安装(高级)(S)"，单击"下一步"按钮打开如图3-31所示的对话框。

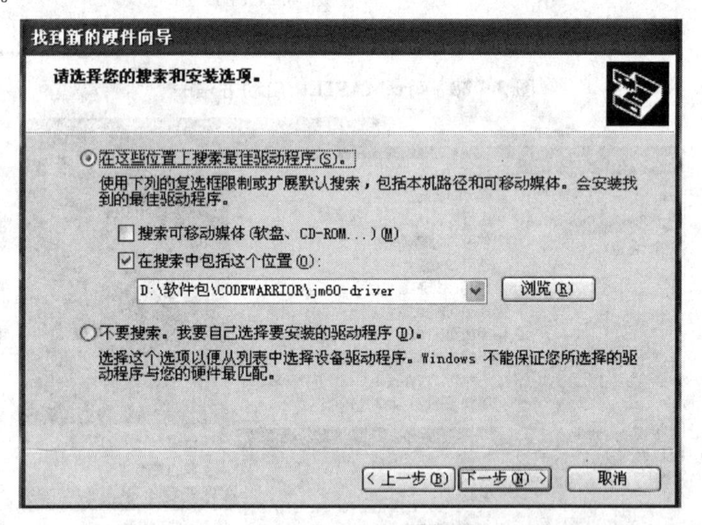

图3-31　仿真器驱动程序安装过程2

在"浏览"按钮左侧的下拉文本框中选择驱动程序路径为D:\软件包\CODEWARRIOR\jm60-driver，驱动程序jm60-driver位于OSBDM-JM60软件包内,通过"浏览"按钮可选择该文件夹所在的路径,单击"下一步"按钮,进入下一个对话框,如图3-32所示。

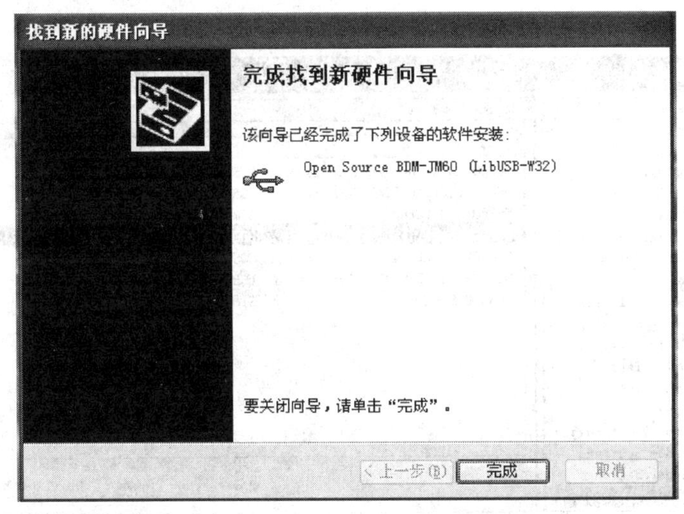

图3-32 仿真器驱动程序安装过程3

单击"完成"按钮即完成了驱动程序的安装。

为了正确使用仿真器,还需要对其进行设置。方法如下。

打开 CodeWarrior v8.3,在程序调试(Make)完成后,在编译运行(Run)之前,需要对下载器进行设置。

在如图3-33所示窗口中,选择 Edit→Preferences 菜单项,打开如图3-34所示的对话框。

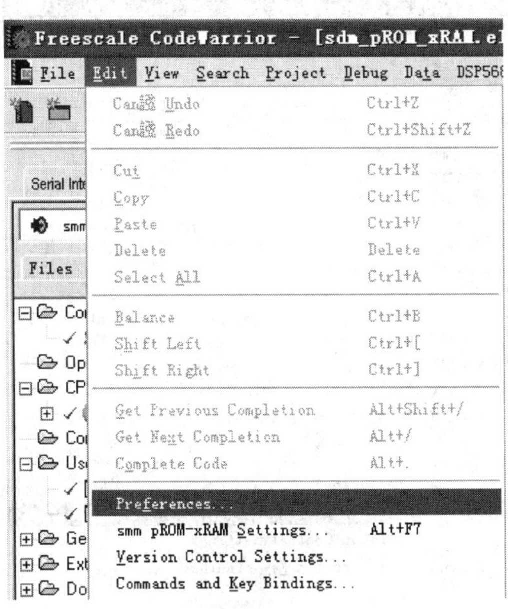

图3-33 仿真器设置过程1

在左侧 IDE Preferences Panels 区域中选中 Debugger→Remote Connections，在右侧 Remote Connections 区域中选择第 4 项 56800E Local FSL OSBDM Conne…，单击 OK 按钮。

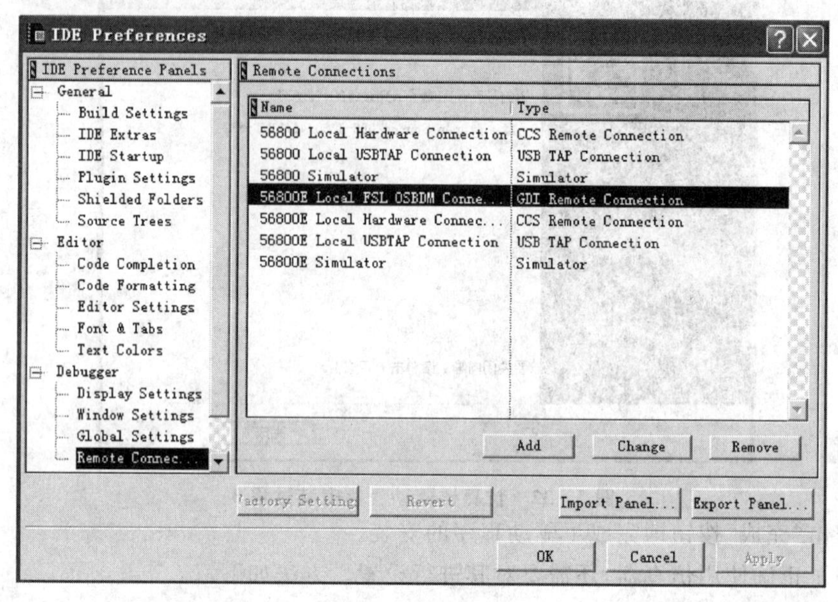

图 3-34 仿真器设置过程 2

在如图 3-35 所示的窗口中选择 Edit→smm pROM-xRAM Settings 菜单项，打开如图 3-36 所示对话框。

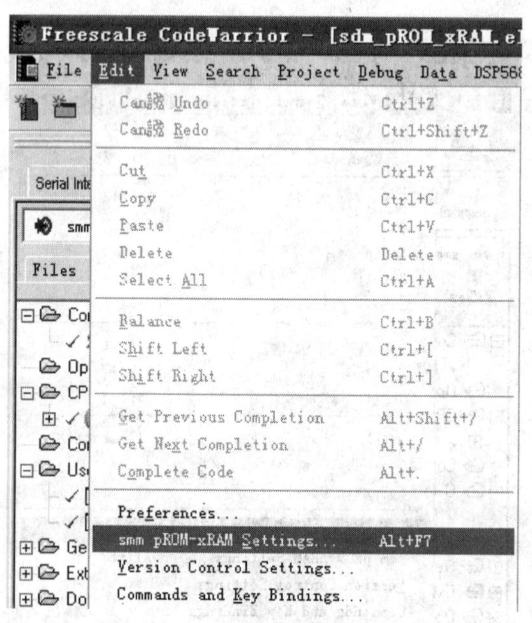

图 3-35 仿真器设置过程 3

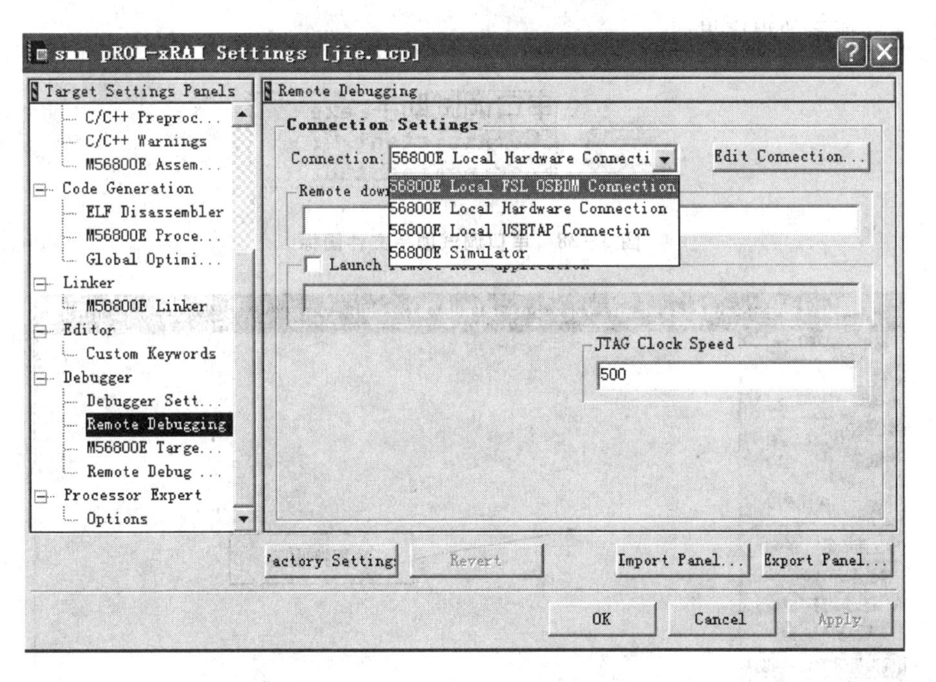

图 3-36　仿真器设置过程 4

在左侧 Target Settings Panels 区域中选中 Debugger→Remote Debugging，在右侧 Remote Debugging 区域中的 Connection 下拉列表框中选中 56800E Local FSL OSBDM Connection，单击 OK 按钮完成设置。

3.4　常见错误

如果单击编译链接按钮(Run)，则会出现如图 3-37 所示的错误，说明未连接上仿真器，此时只需按照 3.3 节的两步对仿真器进行设置即可。

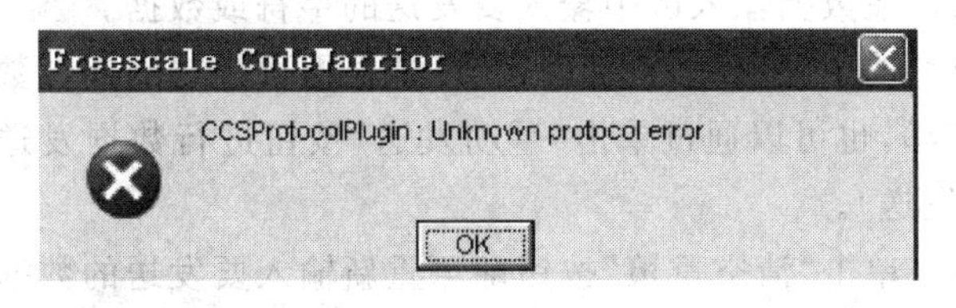

图 3-37　常见错误

3.5　串口调试助手的安装和使用

双击“串口调试助手. exe”(图 3-38)文件即可启动串口调试助手，打开如

图3-39所示的程序界面。

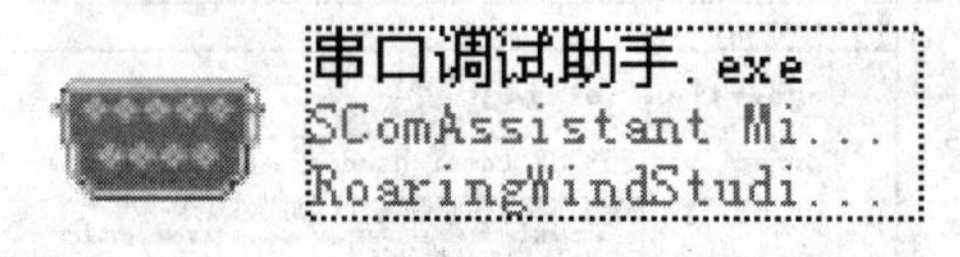

图3-38　串口调试助手文件图标

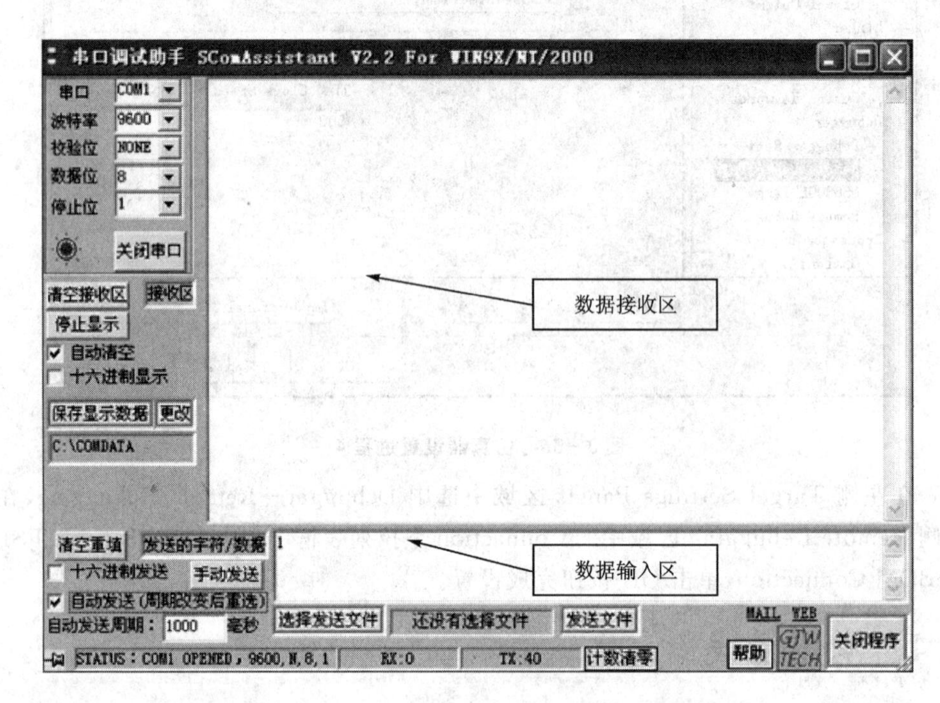

图3-39　串口调试助手程序界面图

串口调试助手可完成如下功能：

① 数据输入。在数据输入区中输入要发送的字符或数据。

② 数据发送。选中左侧的"自动发送"复选框即可进行周期性数据发送(自动发送周期可人工修改),也可以通过单击"手动发送"按钮进行数据发送(只在单击该按钮时才进行数据发送)。

③ 数据重填。单击"清空重填"按钮即可重新输入要发送的数据。

④ 清空接收区。单击"清空接收区"按钮即可对数据接收区中的内容进行清除。

⑤ 关闭软件。在调试助手使用完毕后单击右下角的"关闭程序"按钮即可结束程序。

第4章

DSP 创新实验基本例程

本章在之前所介绍内容的基础上增加了部分创新实验,以帮助读者更好地了解 DSP 的内部结构和与编程相关的知识。本章主要按照 DSP 的片上外设,并结合常见的应用编写部分例程,同时配图详细说明软件及硬件的测试和设置方法,使读者一目了然,再配合适当的练习便可以快速掌握 DSP 的使用方法。

4.1 PC_Master 的使用

PC_Master 是飞思卡尔为嵌入式系统开发的、运行在 PC 机上的图形化在线调试工具。PC_Master 的特点有:

① 图形化调试环境;

② 支持 RS—232 通信接口和其他如 BDM,JTAG,CAN 接口等;

③ 实时跟踪嵌入式 C 中的变量;

④ 可在软件示波器窗口中实时显示跟踪变量;

⑤ 通过目标板上的记录区(Recorder)快速读取数据;

⑥ 内置支持标准数据类型(包括整型、浮点、位等);

⑦ 支持 Active X 接口,支持 VBScript 和 JScript;

⑧ 支持 Matlab 仿真接口。

本节将基于 MC56F8013EVM 实验板演示如何使用 FreeMASTER 工具调试 DSP 程序,包括如何通过 PC_Master 来观察变量的值,并显示变量的曲线。

硬件连接图如图 4-1 所示,用 USB 串口线将仿真器与主机的 USB 口相连,用串口线将 RS—232 与主机的串口相连,然后依次完成下列操作。

1. 创建工程

打开 CodeWarrior IDE,在 File 菜单中选择 New 命令。按照图 4-2 选择 Processor Expert Stationery,并输入要建立工程的名称和路径,如工程名称为 8013 pcmaster,保存的路径为 E:\experimentation\8013 pcmaster。

单击"确定"按钮以后会出现 New Project 对话框,选择 CPU 类型为 MC56F8013VFAE,如图 4-3 所示。

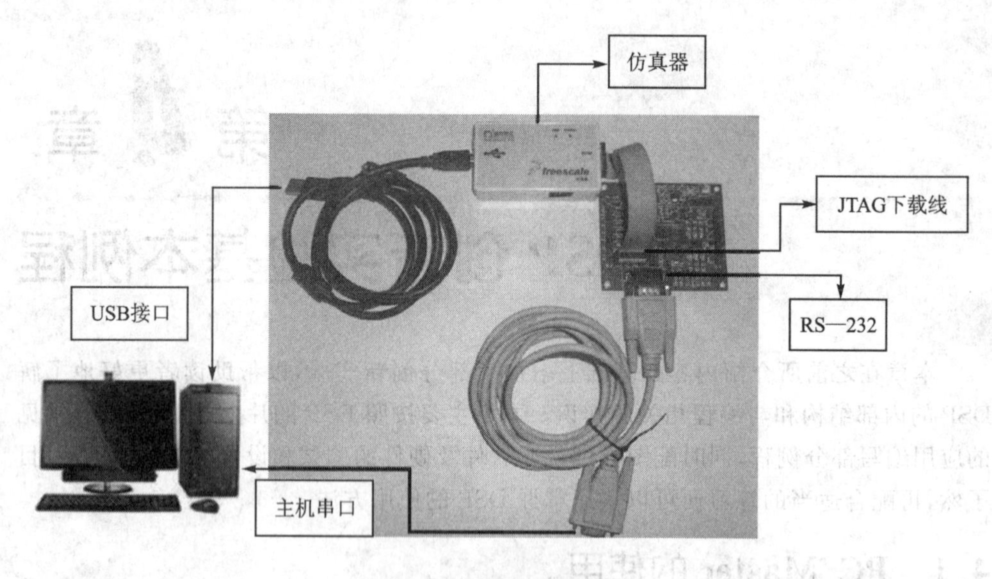

图 4-1　硬件连接示意图

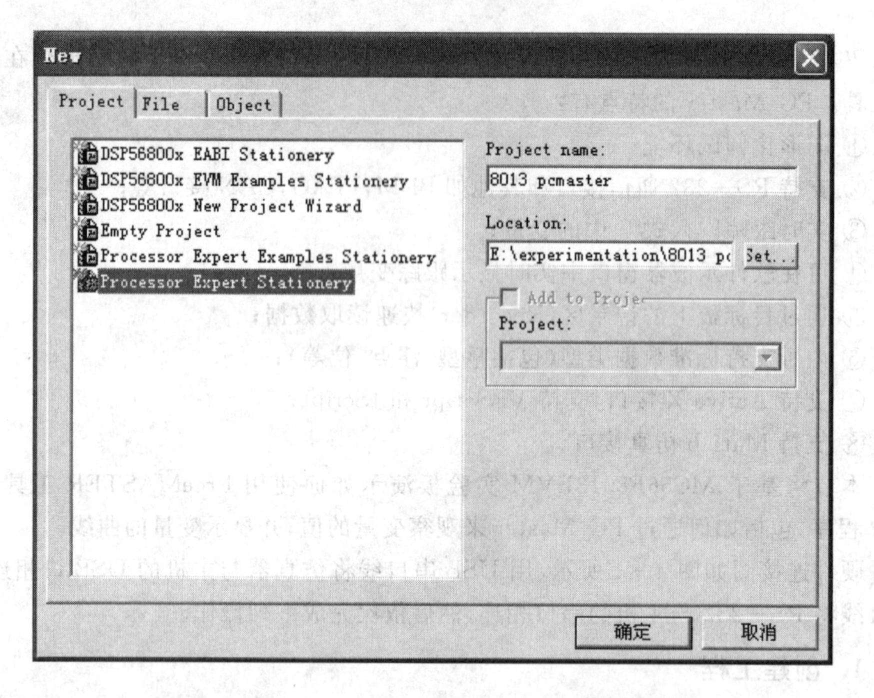

图 4-2　PC_Master 使用例程(输入工程名称和路径)

创建完工程后并没有生成代码,单击图 4-4 中任意一个 Make 按钮即可编译工程,编译后会生成所有的用户文件代码,然后即可开始编写自己的工程。

至此就建立了一个工程。

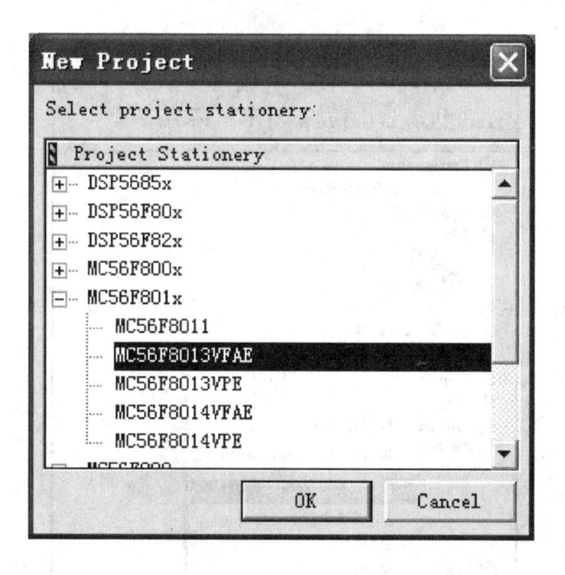

图 4-3　PC_Master 使用例程(选择 CPU 类型)

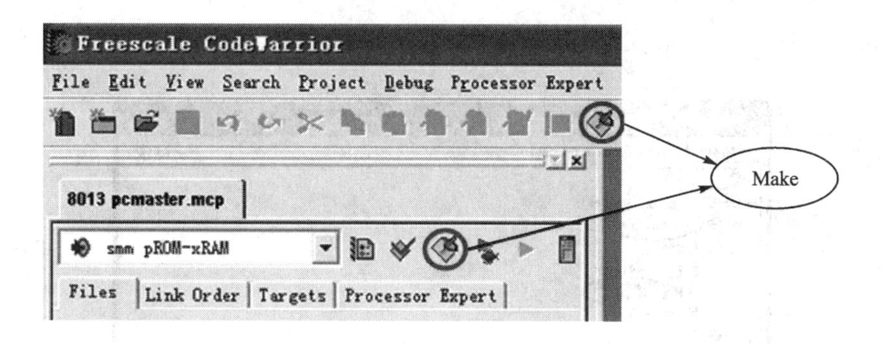

图 4-4　PC_Master 使用例程(编译工程)

2. 添加组件

在这个程序里,用户只需添加组件(Components)即可完成所有工作。组件的概念类似于 VB 中的控件,代码由编译器维护,用户可以调整它的属性、调用它的成员函数(Function)、响应它的事件(Events)。

下面来添加一个组件。右击 Processor Expert 选项卡中的 Components,在弹出的菜单中选择 Add Component(s),如图 4-5 所示。

选择 PC_Master,单击 Add & Close 按钮,添加一个用于观察变量的组件,如图 4-6 所示。

单击图 4-7 中的 Make 图标,生成程序代码。

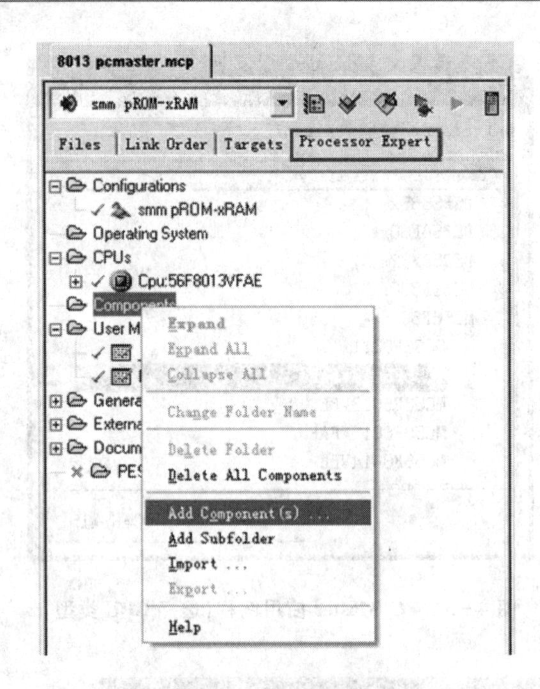

图4-5 PC_Master使用例程(添加组件菜单)

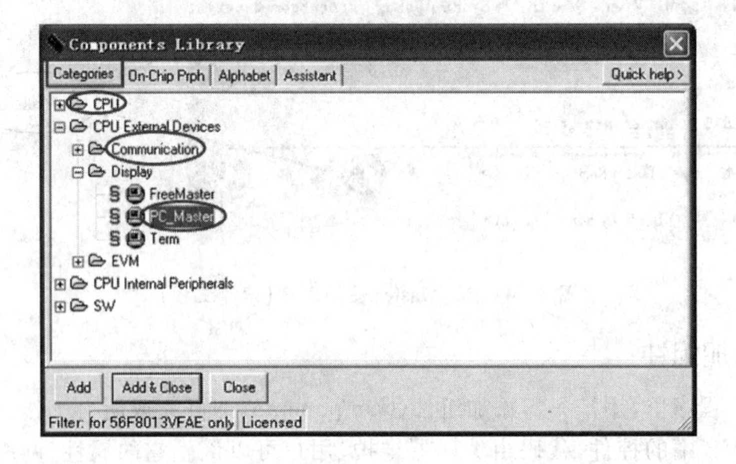

图4-6 PC_Master使用例程(添加组件)

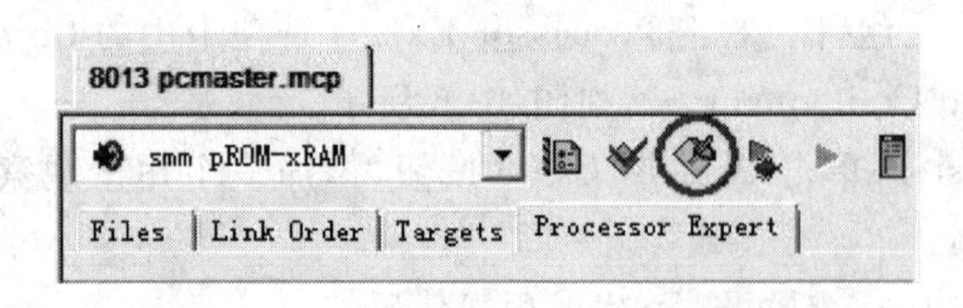

图4-7 PC_Master使用例程(生成程序代码)

3. 编写程序

首先打开 Processor Expert 选项卡，打开 main 文件，编写程序。其代码如下所示。

```
/* Including needed modules to compile this module/procedure */
#include "Cpu.h"
#include "Events.h"
#include "PC_M1.h"
#include "Inhr1.h"
/* Including shared modules, which are used for whole project */
#include "PE_Types.h"
#include "PE_Error.h"
#include "PE_Const.h"
#include "IO_Map.h"
int disp_data1 = 0;
int count = 0;
int i = 0;
int disp_data2 = 0;          //注意:PC_Master 只能显示全局变量
void main(void)
{
    /* Write your local variable definition here */
    /*** Processor Expert internal initialization. DON'T REMOVE THIS CODE!!! ***/
    PE_low_level_init();
    /*** End of Processor Expert internal initialization.  ***/
    /* Write your code here */
    for(;;)
    {
        for (i = 0;i<25000;i++)
        {
            count = count + 1;
            count = count - 1;
        }
        //每执行 50000 条指令(所用时间为 50000 * 40us),即执行下段程序
        if (disp_data1 == 0)
        {
            disp_data1 = 20;
        }
        else
        {
            disp_data1 = 0;
        }
        if (disp_data2<20)
        {
            disp_data2++;
        }
        else
        {
            disp_data2 = 0;
        }
    }
}
/* END _8013_pcmaster */
```

4. 调试运行

编译、链接后，单击调试运行(Debug)工具按钮将程序下载到目标板上，再次单击调试运行工具按钮，程序开始运行，如图4-8所示。

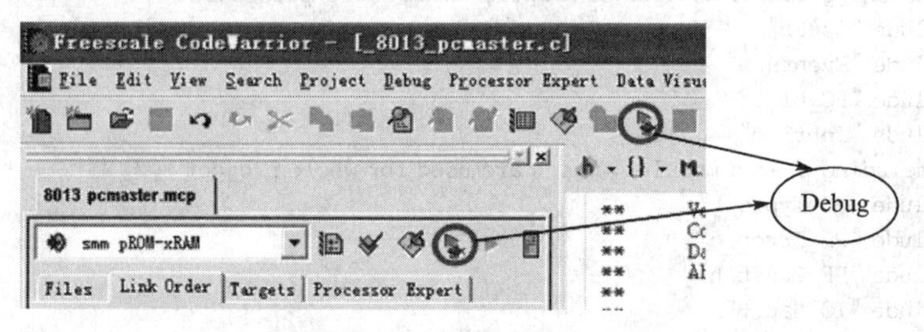

图4-8 PC_Master使用例程(调试运行)

5. 使用PC_Master

PC_Master组件是CodeWarrior PE自带的一个组件，通过串口连接上位机的PC_Master工具和下位机的目标板，可以在PC_Master工具的界面上以图形或数值方式观察下位机发送的数据。目标板上有一个Recorder，用于快速存储实时变量，存储的时间间隔和变量均可通过设置来选择。

使用PC_Master的步骤如下：

步骤1 找到执行文件PCMaster.exe位于安装根目录下的位置(D:\Program Files\Freescale\FreeMASTER 1.3\PCMaster.exe)，然后双击打开，打开后的软件界面如图4-9所示。

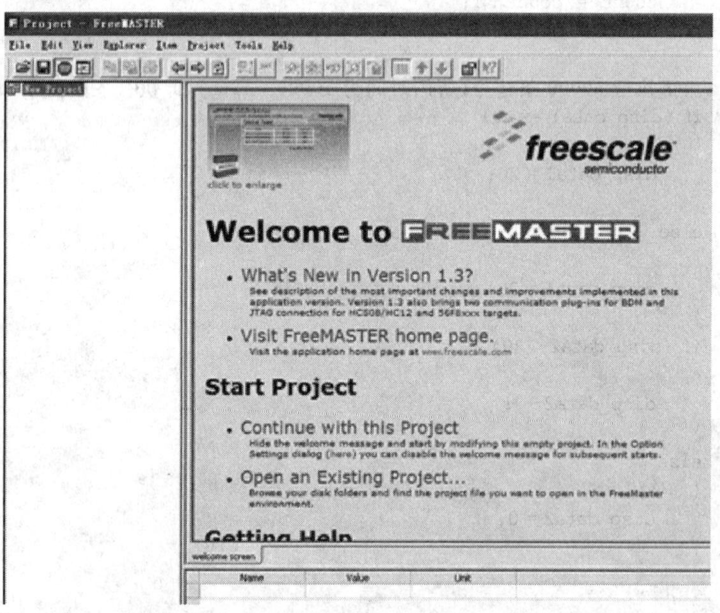

图4-9 PC_Master使用例程(打开执行文件)

步骤2 从Project中导入MAP文件。选择Project→Options→MAP Files选项卡，在Default symbol文本框中导入程序自动生成的output文件夹中的elf文件，路径为E:\experimentation\8013 pcmaster\output；在File下拉列表框中添加第一项，单击“确定”按钮，如图4-10所示。此步骤是把目标板上程序中的变量导入PC_Master工具的界面内。

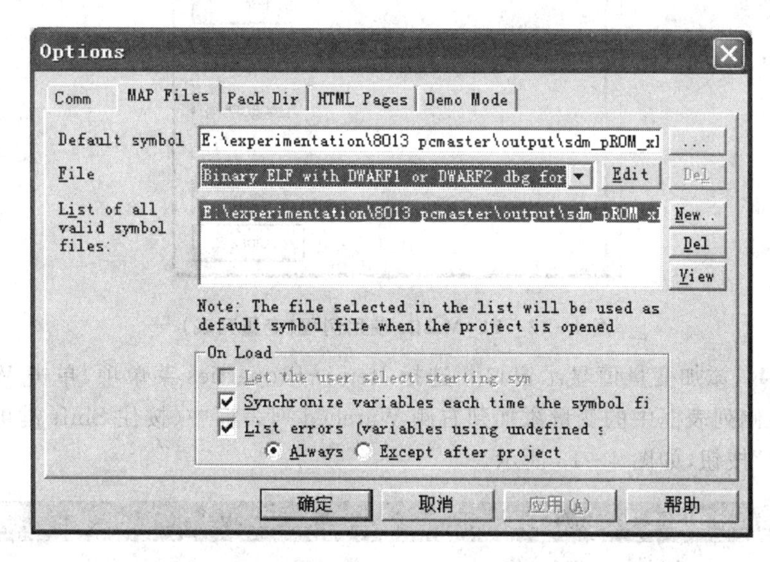

图4-10 PC_Master使用例程(导入目标板上程序中的变量)

步骤3 添加要显示的变量。选择Project→Variables→Generate菜单项，在弹出的对话框中选择要显示的变量(按住Ctrl键可进行多选)，单击右侧的Generate single variables按钮，选择完所有要显示的变量后单击Close按钮关闭窗口，如图4-11和图4-12所示。

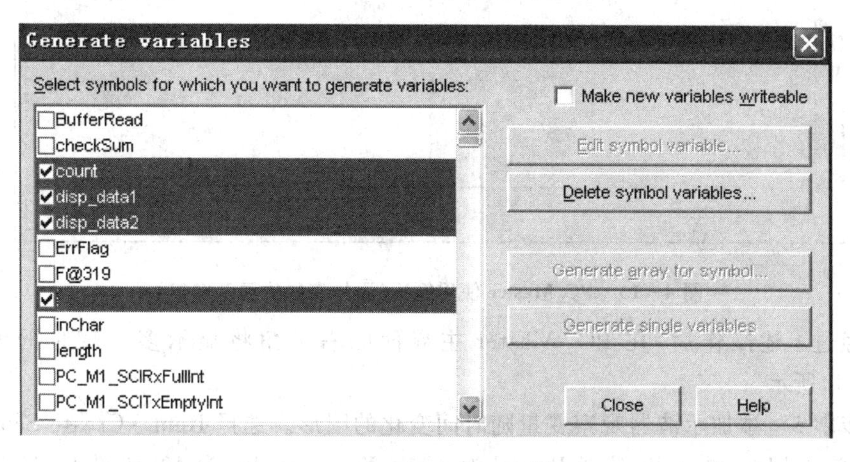

图4-11 PC_Master使用例程(添加要显示的变量)

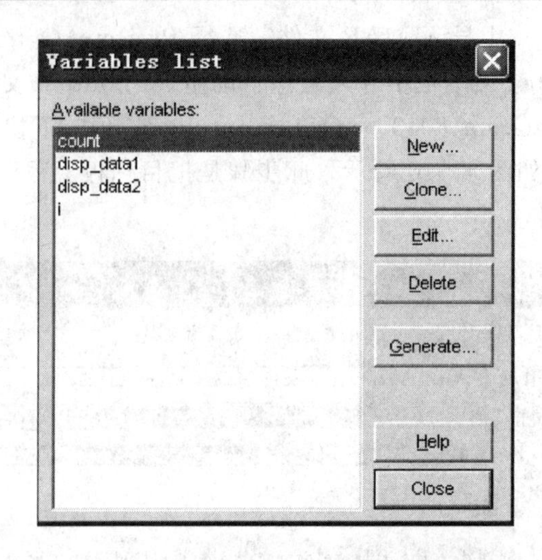

图 4-12　PC_Master 使用例程(变量列表)

步骤 4　添加变量值显示窗口。选择 Item→Properties 菜单项,单击 Watch 选项卡,将左侧列表框中的变量添加到右侧 Watched 列表框中(按住 Shift 键可全选),单击"确定"按钮,如图 4-13 所示。

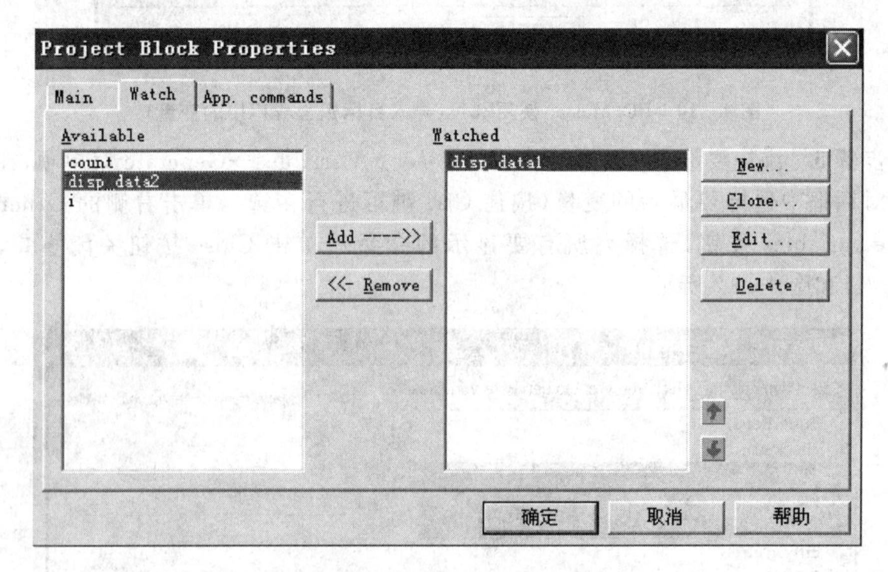

图 4-13　PC_Master 使用例程(添加变量值显示窗口)

经过上述操作后,在 PC_Master 主界面的右下角将显示多个变量的值,如图 4-14所示。

步骤 5　添加示波器观察变量随时间变化的图形。选择 Item→Create Scope 菜单项,单击 Main 选项卡,选择 Period 为 2 sec,X-axis width 为 40,如图 4-15 所示;在 Setup 选项卡中,选择轴的最大值为 25,并选择变量和曲线的颜色,单击"确定"按钮，如图 4－16 所示。

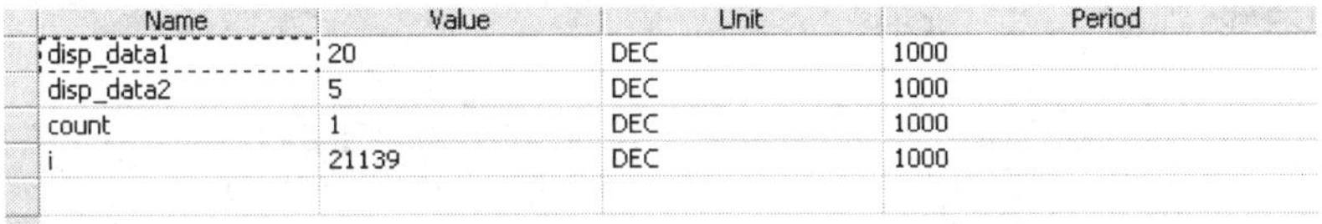

Name	Value	Unit	Period
disp_data1	20	DEC	1000
disp_data2	5	DEC	1000
count	1	DEC	1000
i	21139	DEC	1000

图 4－14　PC_Master 使用例程(显示多个变量值)

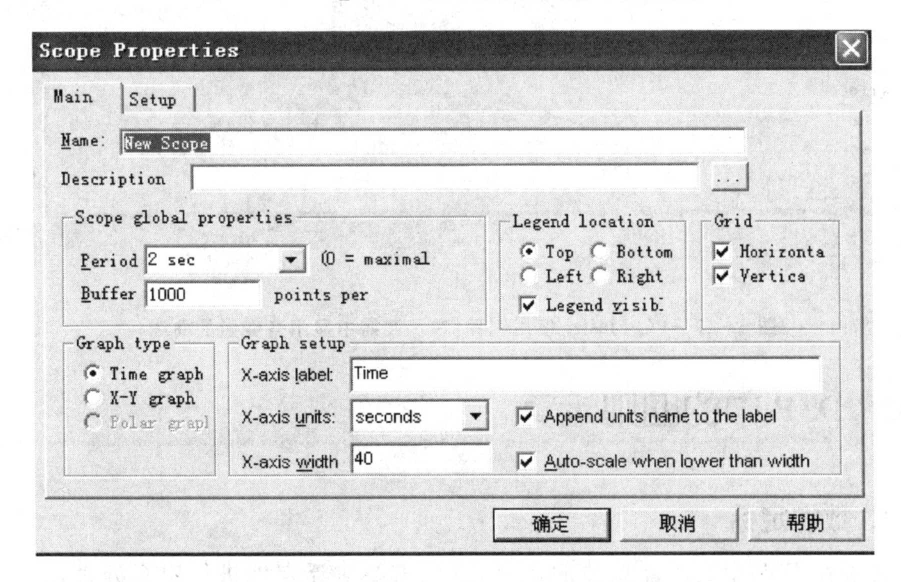

图 4－15　PC_Master 使用例程(添加示波器观察变量:Main 选项卡)

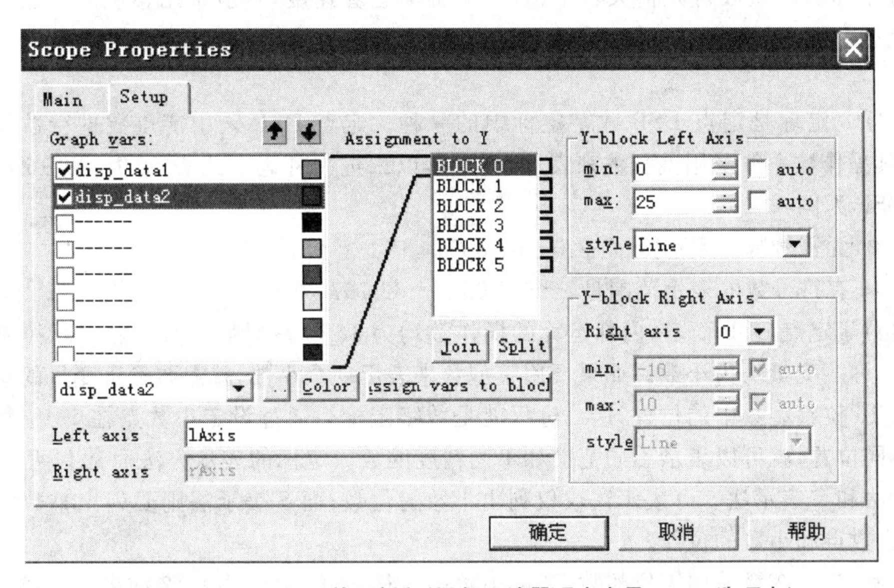

图 4－16　PC_Master 使用例程(添加示波器观察变量:Setup 选项卡)

双击主界面左侧的 New scope，在 PC_Master 主界面右上角的示波器中将显示各变量的曲线，如图 4－17 所示。

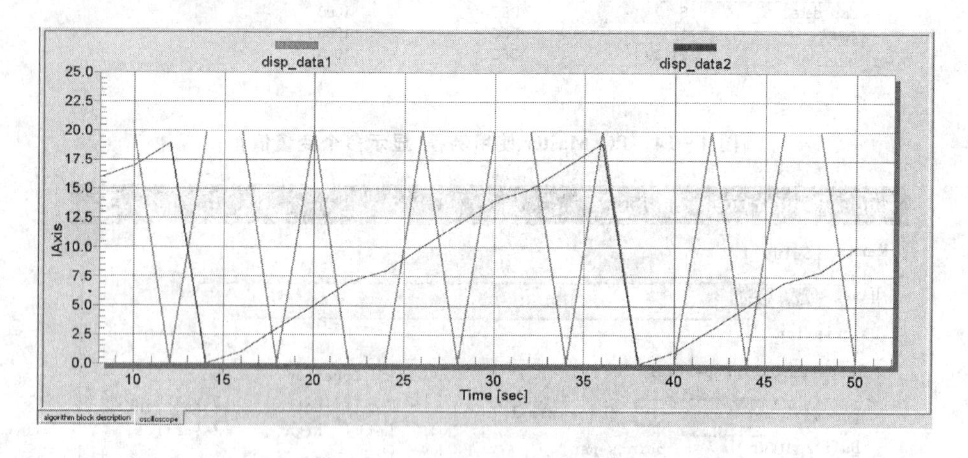

图 4－17 PC_Master 使用例程（在示波器中显示各变量的曲线）

4.2 DSP 中的四则运算

1. 数字定标

为了在 DSP 中实现浮点数的运算，首先需要对浮点数进行定标处理，即将每个待处理的浮点数首先扩大若干倍（为了提高运算速度，一般采用移位的方法对数据进行扩大）。在本节运算中，基于 56F8013 实验板演示采用 Q15 的定标规则和运算。

Q15 定标是定点 DSP 数字定标中的一种。定点 DSP 采用定点数进行数值运算，其操作数一般采用整型数来表示，而且是以二进制补码形式表示的。以 16 位定点 DSP 为例：

- 无符号数的表示范围是：0～65 535；
- 有符号数的表示范围是：－32 768～＋32 767。

对于定点 DSP 而言，内部运算的操作数均为 16 位整型数。但是在实际控制系统中，许多变量均为小数。如果要用整型数来表示一个小数，就需要确定变量的小数点在 16 位整型数中的位置，这一过程就是数字定标。通过设定小数点在 16 位数中的不同位置，就可以表示不同范围和不同精度的数。定标的表示方法通常有两种：Q 表示法和 S 表示法。Q 表示法仅仅列出小数的位数；而 S 表示法则要列出整数的位数、小数点和小数的位数。

例如，某变量采用 4 位整数 12 位小数的定标方式，表示为 Q12 或者 S4.12。这种定标可表示的小数的分辨率为$\frac{1}{2^{12}}$=0.000 244 140 625。在符号扩展模式下(即有符号数),Q12 的数值范围以及对应值如图 4－18 所示。

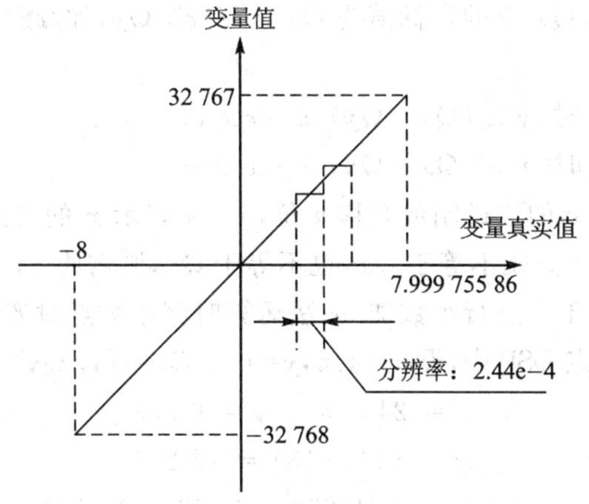

图 4－18　定标 Q12 所表示的数值范围

表 4－1 列出了一个 16 位有符号数所能表示的 16 种 Q 表示法、S 表示法以及所表示的实际数值的范围。从表中可以看出,不同的 Q 值所表示的数的范围不同,而且分辨率也不同。

表 4－1　Q 表示法、S 表示法以及 16 位有符号数的表示范围

Q 表示	S 表示	十进制数表示范围
Q15	S0.15	$-1\leqslant x\leqslant 0.999\,969\,5$
Q14	S1.14	$-2\leqslant x\leqslant 1.999\,939\,0$
Q13	S2.13	$-4\leqslant x\leqslant 3.999\,877\,9$
Q12	S3.12	$-8\leqslant x\leqslant 7.999\,755\,9$
Q11	S4.11	$-16\leqslant x\leqslant 15.999\,511\,7$
Q10	S5.10	$-32\leqslant x\leqslant 31.999\,023\,4$
Q9	S6.9	$-64\leqslant x\leqslant 63.998\,046\,9$
Q8	S7.8	$-128\leqslant x\leqslant 127.996\,093\,8$
Q7	S8.7	$-256\leqslant x\leqslant 255.992\,187\,5$
Q6	S9.6	$-512\leqslant x\leqslant 511.980\,437\,5$
Q5	S10.5	$-1\,024\leqslant x\leqslant 1\,023.968\,75$
Q4	S11.4	$-2\,048\leqslant x\leqslant 2\,047.937\,5$
Q3	S12.3	$-4\,096\leqslant x\leqslant 4\,095.875$
Q2	S13.2	$-8\,192\leqslant x\leqslant 8\,191.75$
Q1	S14.1	$-16\,384\leqslant x\leqslant 16\,383.5$
Q0	S15.0	$-32\,768\leqslant x\leqslant 32\,767$

2. 定点DSP的运算

(1) 加/减法运算

设x的定标值为Qx，y的定标值为Qy，且$Qx>Qy$，加/减法的结果z的定标值为Qz，则有：

- 当$Qz = Qx$时，$y\ll(Qx-Qy)$，$z=x\pm y$；
- 当$Qz = Qy$时，$x\gg(Qx-Qy)$，$z=x\pm y$。

其中，$x\gg n$表示x的二进制数右移n位，$x\ll n$表示x的二进制数左移n位，移位后重新定标。如果Qz既不等于Qx，也不等于Qy，则需将x，y重新定标后再做运算。这一过程就相当于在进行小数加/减法运算时将小数点对齐的过程。

例如：在16位定点DSP中，设$x=1.5$，$y=0.8$，$Qx=14$，$Qy=13$，$Qz=13$。则：

$$x = 24\,576,\quad y = 6\,553$$

$$x\gg(14-13) = 12\,288$$

$$z = x + y = 12\,288 + 6\,553 = 18\,841$$

因此z的实际值为：

$$z = 18\,841\times 2^{-Qz} = 18\,841\times 2^{-13} = \frac{18\,841}{8\,192}\approx 2.3$$

(2) 乘法运算

设x的定标值为Qx，y的定标值为Qy，乘法的结果z的定标值为Qz。假设乘积数值没有超过16位数的表示范围，则由于乘积是32位数，而且$Qz=Qx+Qy$，因此，如果$Qz=Qx$，则$z\gg Qy$，然后取低16位作为乘积值；如果$Qz=Qy$，则$z\gg Qx$，然后取低16位作为乘积值。

例如：在16位定点DSP中，设$x=1.5$，$y=0.8$，$Qx=14$，$Qy=13$，$Qz=13$。则：

$$x = 24\,576,\quad y = 6\,553$$

$$z = x\times y = 24\,576\times 6\,553 = 161\,046\,528 = \text{0x9996000}$$

将32位的乘积值z=0x9996000右移$Qx=14$位，得到乘积16位数的结果为：

$$z = (\text{0x9996000})\gg 14 = \text{0x2665} = 9\,829$$

所以乘积的实际值为：

$$z = 9\,829\times 2^{-Qz} = 9\,829\times 2^{-13} = \frac{9\,829}{8\,192}\approx 1.2$$

(3) 除法运算

设x的定标值为Qx，y的定标值为Qy，且$Qx>Qy$，商为z，定标值为Qz。因为$z=x/y$，所以商的定标值为$Qz'=Qx-Qy$。

当$Qz\neq Qz'$时，如果$Qz>Qz'$，则商需要左移$(Qz-Qz')$位；如果$Qz<Qz'$，则商需要右移$(Qz'-Qz)$位。

例如：在16位定点DSP中，设$x=1.25$，$y=0.8$，$Qx=12$，$Qy=10$，$Qz=10$。则：

$$x = 5\ 120,\quad y = 819$$

$$z = x\ /\ y = 5\ 120\ /\ 819 = 6$$

将商 z=0x0006 左移($Qz-Qz'$)=10－(12－10)=8(位)，得到商 16 位数的结果为：

$$z = (0\text{x}6) \ll 8 = 0\text{x}600 = 1\ 536$$

所以乘积的实际值为：

$$z = 1\ 536 \times 2^{-Qz} = 1\ 536 \times 2^{-10} = \frac{1\ 536}{1\ 024} \approx 1.5$$

由上面的例子可以看出，1.25 除以 0.8 的实际值为 1.562 5。而经过定标后的定点运算的结果为 1.5，两者之间有较大的误差。其主要原因是，在进行除法运算时商的定标值等于被除数和除数两者定标值之差，因此，误差是由商的精度大大降低引起的。为了防止这种现象发生，可以在进行除法运算之前，首先将被除数的定标值提高，使之等于除数的定标值与商的定标值之和，然后再进行除法运算，这样就可以保证商的精度。还是看上面的例子。

首先，将被除数 x 重新定标为 $Qy+Qz$=20，则有：

$$x = 1\ 310\ 720,\quad y = 819$$

$$z = x\ /\ y = 1\ 310\ 720\ /\ 819 = 0\text{x}640 = 1\ 600$$

由于 $Qz'=Qz$，所以乘积的实际值为：

$$z = 1\ 600 \times 2^{-Qz} = 1\ 600 \times 2^{-10} = \frac{1\ 600}{1\ 024} \approx 1.562\ 5$$

由此可以看出，经过上述处理的除法运算的精度得到了大幅度提高。

在对定点数运算过程中，由于定点数的表示范围是一定的，因此运算结果有可能出现超出数值表示范围的情况，这种现象称为“溢出”。如果运算结果大于表示范围的最大值，则称为上溢；如果运算结果小于表示范围的最小值，则称为下溢。不论是哪种溢出，都会产生意想不到的结果。例如，两个 16 位有符号数相加，定标值均为 Q0(其表示范围见表 4-1)，则有：

$$x = 32\ 767 = 0111\ 1111\ 1111\ 1110\text{B}$$

$$y = 3 = 0000\ 0000\ 0000\ 0011\text{B}$$

$$z = x + y = 1000\ 0000\ 0000\ 0001\text{B} = -32\ 767$$

x 加 y 的结果 z 应该为 32 770，但由于超出了表示范围的最大值 32 767，在不采取溢出保护的情况下，其实际结果变成了－32 767。这在某些控制系统中将会造成灾难性的后果。为此必须采取一定的溢出保护措施。

通常的溢出保护措施有三种：

第一种是，为检测到的、可能溢出的运算结果自动增加字长。也就是说，当检测到 16 位数的运算结果可能溢出后，自动用 32 位数来存放数据的结果。这种措施实际上是在不改变分辨率的前提下，扩大了变量的表示范围。

第二种是,为检测到的、可能溢出的运算结果,将定标值减1。这样做可以保持字长不变,但是会因定标值减小而扩大了表示范围。这种扩大表示范围的方法是以牺牲运算分辨率为代价的。

第三种,也是最为常用的一种,称为"饱和"(saturation)处理。也就是说,在保持表示范围和分辨率都不变的条件下,对运算结果进行饱和处理,使之满足系统要求。具体做法是:一些定点DSP芯片具有溢出保护功能,在设计溢出保护功能后,当发生溢出时,DSP芯片自动将结果设置为最大值或最小值,即在发生上溢时,结果溢出保护为最大值;当在发生下溢时,结果溢出保护为最小值。同样饱和处理也可以通过软件实现。

3. 标幺化四则运算

在对运算结果采用饱和处理的基础上,如果采用固定定标值运算,则可以避免在计算过程中反复进行移位的麻烦,同时也简化了算法,提高了算法的可移植性,例如,采用Q15的固定定标值运算可以保证较高的运算精度。

(1)加/减法运算

对于采用Q15的固定定标值的加/减法运算,只需考虑饱和处理即可,而不需要在计算过程中进行移位处理,因为所有变量均按Q15定标,所以参与加/减法运算的变量小数点的位置都相同。

(2)乘法运算

乘法运算也相对简便了许多。两个以Q15定标的16位定点数相乘得到32位的结果,由于乘积也需要用16位按Q15定点数表示,因此只需要将32位乘积左移一位后,取高16位作为最终乘积即可。

(3)除法运算

两个以Q15定标的16位定点数相除,先将被除数左移15位,也就是说用32位数表示被除数,这个过程是与乘法对偶的;然后除以除数,得到商。

需要注意的是,在计算时,被除数必须小于除数,否则结果的绝对值大于1,超出了Q15的表示范围。在实际系统中,如果需要被除数大于除数,则可以做适当处理,最简单的办法就是先将被除数缩小n倍,然后再将控制算法的最终结果扩大n倍,只要保证输出结果不变即可。

4. 标幺化运算的软件实现

通过CodeWarrior IDE软件开发平台,可以非常简便地实现以Q15作为固定定标值的小数运算。在组件选择器窗口中单击组件DSP_Func_MFR,即在用户的工程中添加了基本小数算术库的组件,如图4-19所示。

该算术库包含各种以Q15定标的16位小数运算的组件,其中加、减、乘、除运算组件的调用格式分别为:

加: Frac16 add (Frac16 x,Frac16 y)

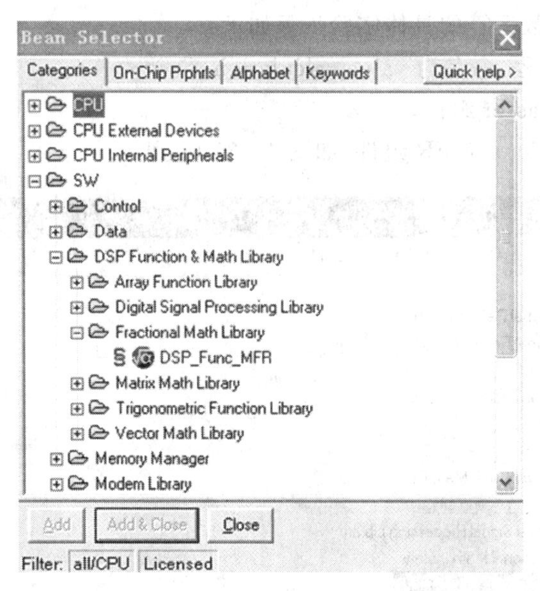

图 4－19 添加基本小数算术库组件(DSP_Func_MFR)

减： Frac16 sub (Frac16 x,Frac16 y)

乘： Frac16 mult_r (Frac16 x,Frac16 y)

除： Frac16 div_s (Frac16 x,Frac16 y)

其中,Frac16 为 CodeWarrior IDE 软件开发平台自定义的数据类型,表示 16 位 Q15 定标的有符号小数。函数里的变量 x 和 y 的数据类型都是 Frac16,结果的数据类型也是 Frac16,表示的数据范围是[－32 768,＋32 767]。

四则运算实验的硬件连接图如图 4－20 所示,用 USB 串口线将仿真器与主机的 USB 口相连,用串口线将 RS—232 与主机的串口相连。

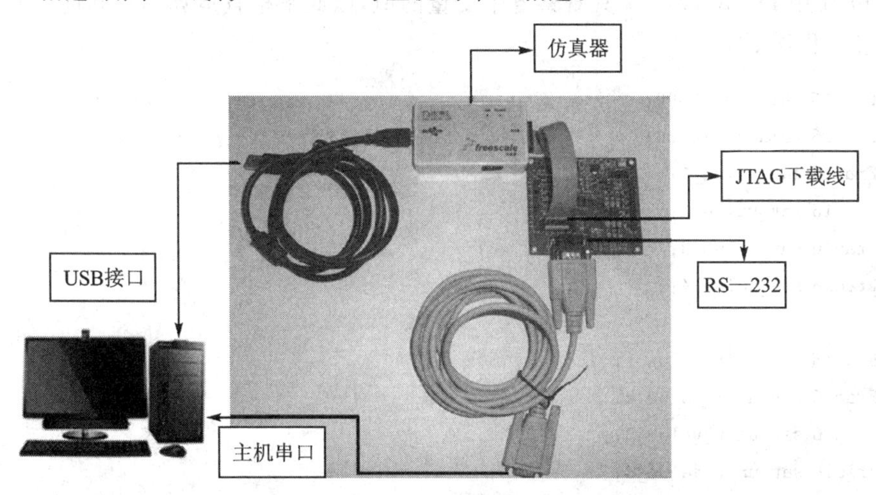

图 4－20 四则运算实验的硬件连接示意图

用软件进行小数运算的具体实验步骤如下：

① 创建一个工程，命名为 value calculation。

② 添加 PC_Master 组件。

③ 添加 DSP_Func_MFR 组件，如图 4-21 所示。

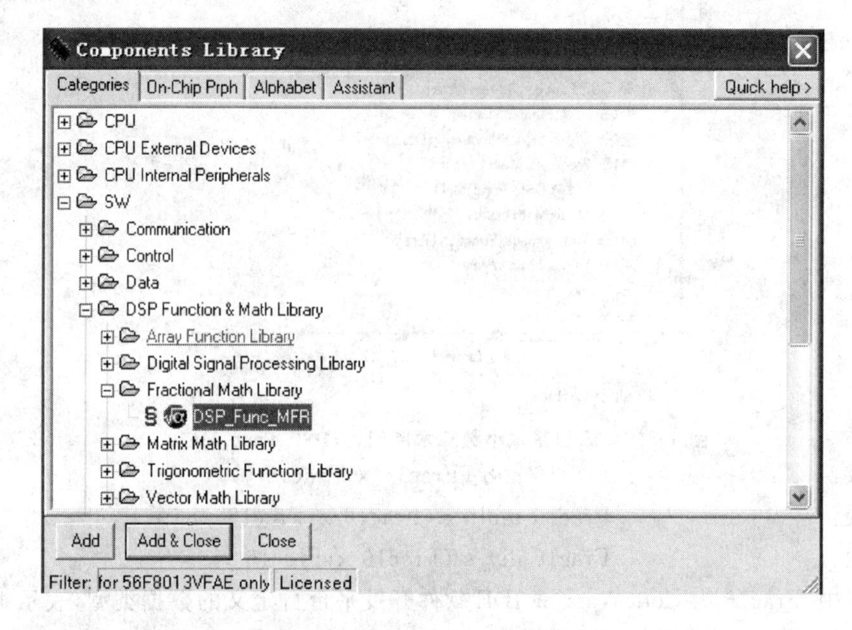

图 4-21　DSP 四则运算例程(添加 DSP_Func_MFR 组件)

④ 选择 Project→Make 菜单项，PE 将自动生成组件程序。

⑤ 编写主程序，编写完成后单击 Debug 按钮下载程序。

⑥ 使用 PC_Master 工具观察各个变量的值，以此来检查运算的正确性。

参考程序如下：

```
Frac16 value1 = 15000;
Frac16 value2 = 26000;
Frac16 sat_value_1;
Frac16 sat_value_2;
Frac16 sat_value_3;
Frac16 sat_value_4;

Frac16 sat_unit_value_1;
Frac16 sat_unit_value_2;
Frac16 sat_unit_value_3;
Frac16 sat_unit_value_4;

Frac16 unsat_value_1;
```

```
Frac16 unsat_value_2;
Frac16 unsat_value_3;
Frac16 unsat_value_4;

Frac16 unsat_unit_value_1;
Frac16 unsat_unit_value_2;
Frac16 unsat_unit_value_3;
Frac16 unsat_unit_value_4;
void main(void)
{
    PE_low_level_init();
    /* Write your code here */
    for(;;)
    {
        turn_on_sat();
        sat_value_1 = value1 + value2;
        sat_value_2 = value1 - value2;
        sat_value_3 = value1 * value2;
        sat_value_4 = value1/value2;

        sat_unit_value_1 = add(value1,value2);
        sat_unit_value_2 = sub(value1,value2);
        sat_unit_value_3 = mult(value1,value2);
        sat_unit_value_4 = div_s(value1,value2);

        turn_off_sat();
        unsat_value_1 = value1 + value2;
        unsat_value_2 = value1 - value2;
        unsat_value_3 = value1 * value2;
        unsat_value_4 = value1/value2;

        unsat_unit_value_1 = add(value1,value2);
        unsat_unit_value_2 = sub(value1,value2);
        unsat_unit_value_3 = mult(value1,value2);
        unsat_unit_value_4 = div_s(value1,value2);
    }
}
/* END value calculation */
```

程序的运行结果如图 4－22 所示。

Name	Value	Unit
sat_unit_value_1	32767	DEC
sat_unit_value_2	-11000	DEC
sat_unit_value_3	11901	DEC
sat_unit_value_4	18904	DEC
sat_value_1	32767	DEC
sat_value_2	-11000	DEC
sat_value_3	-4736	DEC
sat_value_4	0	DEC
unsat_unit_value_1	-24536	DEC
unsat_unit_value_2	-11000	DEC
unsat_unit_value_3	11901	DEC
unsat_unit_value_4	18904	DEC
unsat_value_1	-24536	DEC
unsat_value_2	-11000	DEC
unsat_value_3	-4736	DEC
unsat_value_4	0	DEC

图 4-22 四则运算的运行结果

4.3 锁相环的配置

锁相环(Phase Lock Loop，PLL)是 DSP 片内时钟合成模块的重要部分，可以对时钟源信号进行倍频，产生时钟信号供内核和外设使用。在正常操作模式下，时钟源信号和预分频器输出的时钟信号都可以用做 DSP 的系统时钟。DSP56F8013 系列内核的最大工作频率为 32 MHz，系统集成模块的最大工作频率为 64 MHz，高速外设的最大工作频率为 96 MHz。以下所说的系统时钟频率都指系统集成模块的工作频率。

在 DSP56F80X 系列中，56F801 和 56F802 系列具有内部张弛振荡器，在上电后，初始稳定工作频率为 8 MHz。如果选用内部张弛振荡器，则可以降低系统成本，并提供两个额外的 GPIO 引脚，这是由于 XTAL 和 EXTAL 引脚不需要接外部晶体振荡器。外部晶体振荡器或者内部张弛振荡器产生的时钟信号均可以直接作为系统时钟供 DSP 内核和外设使用，此时系统时钟与振荡器的输出频率相同。

要想以外部晶体振荡器或者内部张弛振荡器产生的时钟信号直接作为系统时钟，就需要对控制寄存器(CTRL)进行设置。

将时钟源选择为内部张弛振荡器，并将其输出直接作为系统时钟，同时需要对相关寄存器进行设置，设置 DSP 时钟的过程如图 4-23 所示。

在软件平台中新建 PLL 工程，在选项卡 Files 中打开 Cpu.c 文件，如图 4-24 所示。

在 Cpu.c 文件中找到 EntryPoint 函数，编写如下 PLL 的初始化函数即可实现采用时钟源信号作为系统时钟。

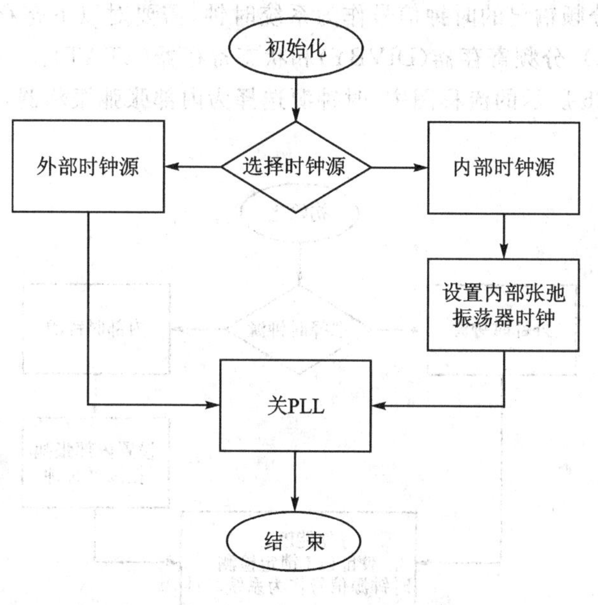

图 4-23 设置时钟 DSP 流程图

Files | Link Order | Targets | Processor Expert

File	Code	Data
support	90358	9338
Generated Code	192	2
Cpu.c	96	2
Vectors.c	96	0
Project Settings	0	0
User Modules	4	0
Doc	0	0
Startup Code	69	0

图 4-24 锁相环配置例程

```
void _EntryPoint(void)
{
    #pragma constarray off
    setRegBitGroup(OSCTL, TRIM, (word)getReg(FMOPT1));        //设置内部振荡器频率
    clrRegBit(PLLCR, PRECS);          //precs = 0,选择内部时钟;precs = 1,选择外部时钟
    setReg(PLLCR, (0X10 | 0X01));     //关闭 PLL,选择时钟源信号作为系统时钟
    setReg16(FMCLKD, 40U);            //设置 flash 时钟,150 kHz<Flash 时钟<200 kHz
}
```

除了上述时钟源之外,还可选择预分频信号作为系统时钟。由振荡器时钟源产生的时钟信号经过 PLL 倍频后,再通过预分频器而产生的时钟信号也可以作为系统时钟供 DSP 内核和外设使用,此时系统时钟的实际频率为(晶振频率×8/预分频系

数)。要想以预分频输出的时钟信号作为系统时钟,需要对以下寄存器进行设置:控制寄存器(CTRL)、分频寄存器(DIVBY)和状态寄存器(STAT)。

在如图4-25所示的流程图中,时钟源选择为内部张弛振荡器,设置系统时钟频率为64 MHz。

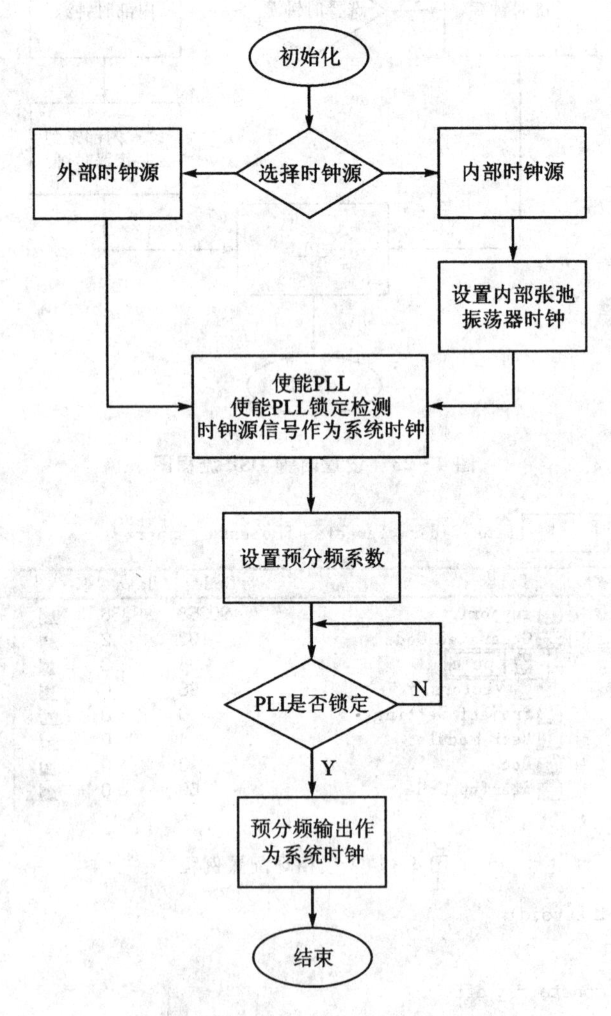

图4-25 PLL初始化流程图

在软件平台中新建工程,将其命名为PLL1,在Cpu.c中编写初始化时钟的代码如下所示。该代码的作用是选择预分频后的时钟信号作为系统时钟。

```
void _EntryPoint(void)
{
    #pragma constarray off
    setRegBitGroup(OSCTL, TRIM, (word)getReg(FMOPT1));
    clrRegBit(PLLCR, PRECS);                //选择内部时钟
```

```
    setReg(PLLCR,(0X80 | 0X01));
    //使能 PLL,打开 PLL 锁定检测,选择时钟源作为时钟信号
    setReg16(PLLDB, 8192U);                //设置预分频系数为 1
    while(!getRegBit(PLLSR, LCK0)){}
    //检测 PLL 是否被锁定,直到 PLL 被锁定再把 PLL 切入系统
    setReg(PLLCR, (0X80 | 0X10));
    setReg16(FMCLKD, 40U);                 //设置 Flash 时钟
}
```

4.4 基本I/O口操作

56F80X 系列的通用输入/输出端口(GPIO)引脚是与片内外设引脚复用的，当不需要使用外设模块时，这些引脚可以通过编程设置成三种 I/O 形式，分别为：输入型(带上拉或不带上拉)，输出型(推挽输出或开漏输出)，中断型(软件中断或硬件中断)。本节将介绍基本 I/O 口的操作方法。

4.4.1 I/O口作为输出端口的操作方法

当 GPIO 作为输出端口时，可以输出高、低电平。输出的信号可与外部电路相连作为电路的驱动信号，也可与外设相连作为外设的使能等控制信号。在 GPIO 输出时，需考虑其驱动能力，也就是端口能输出的最大电流。如果驱动能力不够，则需再加外部驱动电路。无论 GPIO 引脚是作输入还是输出，都可以对一位或者多位进行操作。

例如，GPIOA0～GPIOA5 六个引脚可分别控制一个 LED 灯，当引脚输出高电平时 LED 灯亮，当引脚输出低电平时 LED 灯灭。可实现六个 LED 灯依次亮灭，相应的接线原理图如图 4-26 所示。GPIOA0～GPIOA5 六个引脚分别通过反相器接至 LED 灯的阴极，LED 灯的阳极通过一个 330 Ω 的电阻接至+3.3 V 电源。当引脚输出高电平时，对应的 LED 灯亮。

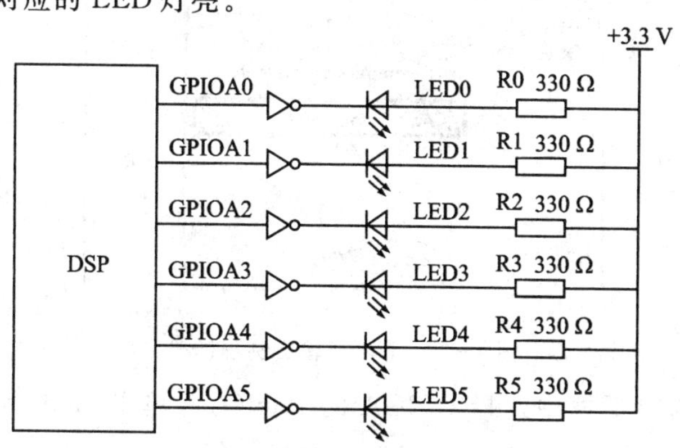

图 4-26 I/O口输出原理图

接线的实物图如图 4－27 所示。

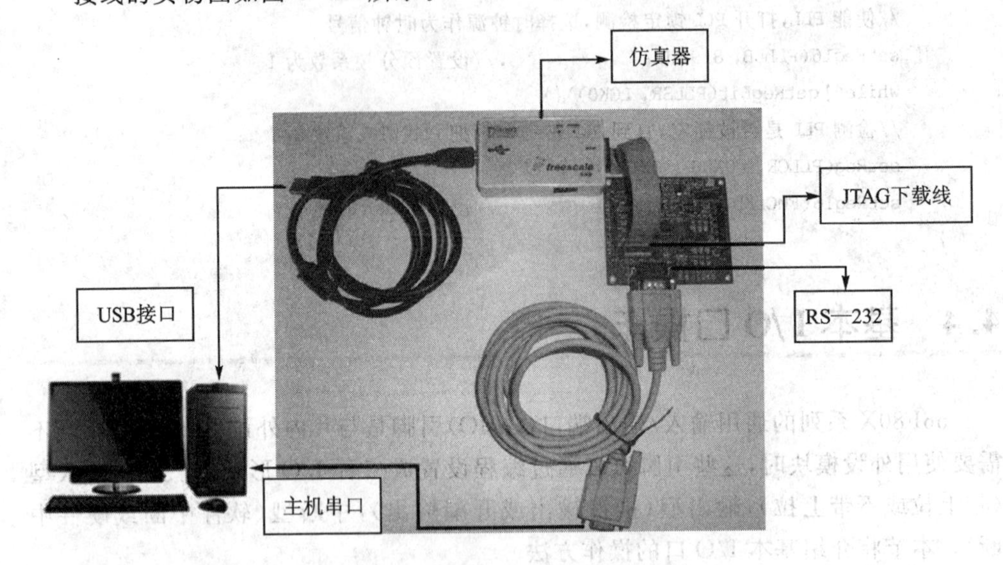

图 4－27 实验板接线示意图

I/O 口作为输出端口的具体实验步骤如下：

① 新建工程，右击 Processor Expert 选项卡中的 Components 选项，在弹出的快捷菜单中选择 Add Component(s)，如图 4－28 所示。

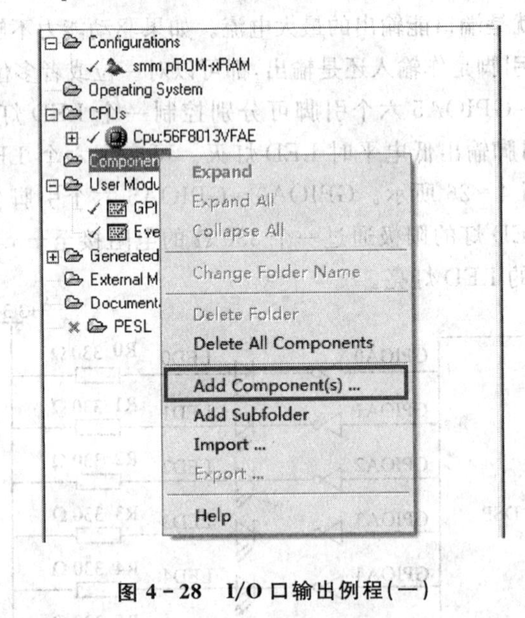

图 4－28 I/O 口输出例程(一)

② 在弹出的对话框中选择 GPIOA 的 BitsIO，并单击 Add & Close 按钮，如图 4－29所示。

③ 在弹出的对话框中对 GPIOA 进行配置，将其设置为输出端口，如图 4－30 所示。

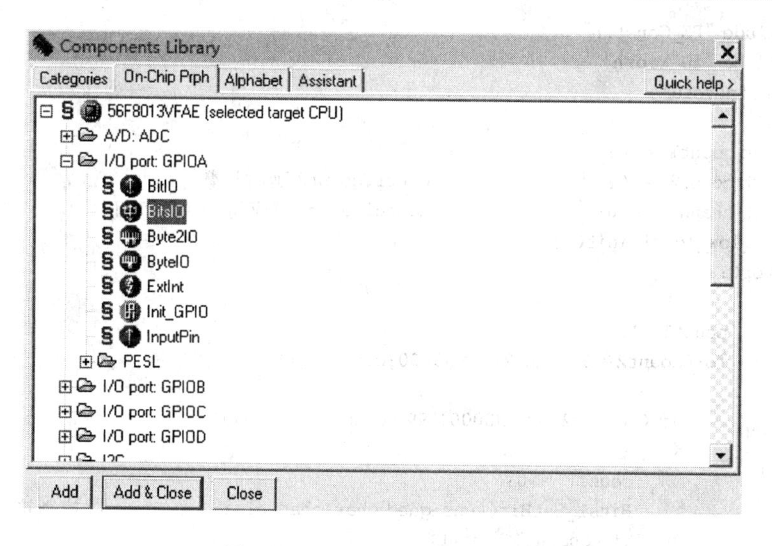

图4-29　I/O口输出例程(二)

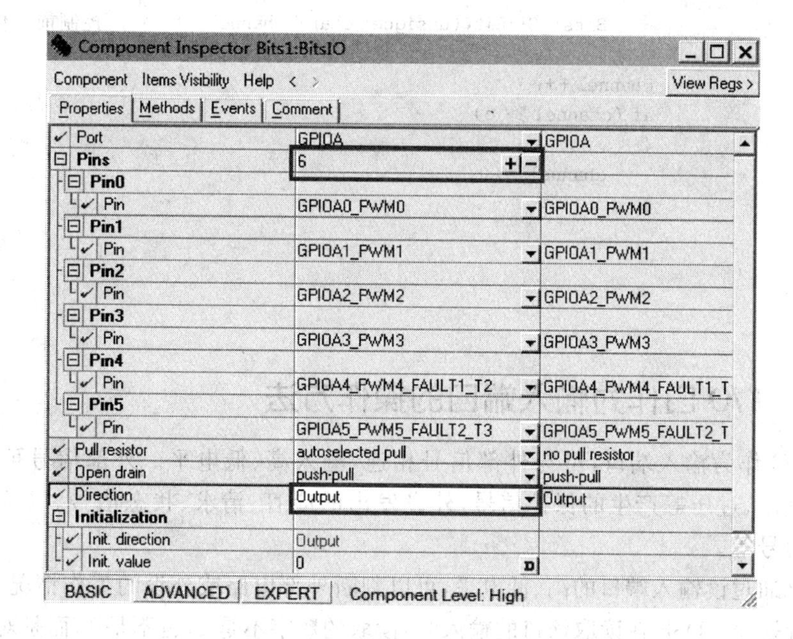

图4-30　I/O口输出例程(三)

④ 编译后，打开GPIO.c:main文件，把需要的函数从组件下面拖到主函数中，也可以在主函数中直接输入程序，程序如下。

```
#include "Cpu.h"
#include "Events.h"
#include "Bits1.h"
#include "PE_Types.h"
#include "PE_Error.h"
```

```
#include "PE_Const.h"
#include "IO_Map.h"
void main(void)
{
    int count1 = 0;
    int count2 = 0;                  //count1,count2 延时计数
    int channel = 0;                 //channel,0～5,对应每一个 LED 灯
    PE_low_level_init();
    for(;;)
    {
        count1 ++;
        for(count2 = 0;count2< = 30000;count2 ++)
        {
            if ((count2 == 30000) && (count1 == 30))
            {
                count1 = 0;
                Bits1_SetBit((unsigned char)channel);            //控制这一位 LED 亮
                if (channel > = 1)
                {
                    Bits1_ClrBit((unsigned char)(channel - 1)); //控制前一位 LED 灭
                }
                channel ++;
                if (channel > 6)
                {
                    channel = 0;
                }
            }
        }
    }
}
```


4.4.2 I/O口作为输入端口的操作方法

GPIO作为输入端口,可与外部信号相连,输入高、低电平。外部信号可能包括电路因过流、过压等产生的保护信号,外设发出的应答、请求、状态信号,以及传感器采集的信号等。

DSP通过读输入端口的高、低电平,可以判断外部电路或外设的工作情况,并依据程序进行处理。DSP在读取该口的输入时,读取的数字不是0,也不是1,而是对应一组端口(A口、B口、C口等,注意D口严禁使用)的8421码。当某引脚设置为输入端口时,应考虑是否需要设置上拉电阻。如果该引脚为OC门电路,则必须设置上拉电阻。

为了演示输入端口的操作方法,这里采用如下接线方法:GPIOA0接输入信号,GPIOA1～GPIOA5五个引脚为输出端口,接LED灯。当GPIOA0输入为高电平时,五个LED灯依次亮、灭;当GPIOA0输入为低电平时,LED灯全部灭。接线图如图4-31所示。当图中的开关闭合时,GPIOA0输入低电平;当开关断开时,GPIOA0输入高电平。

+3.3 V
R0 1 kΩ
GPIOA 0
DSP
+3.3 V
GPIOA 1
GPIOA 2
GPIOA 3
GPIOA 4
GPIOA 5
LED1
LED2
LED3
LED4
LED5
R1 330 Ω
R2 330 Ω
R3 330 Ω
R4 330 Ω
R5 330 Ω

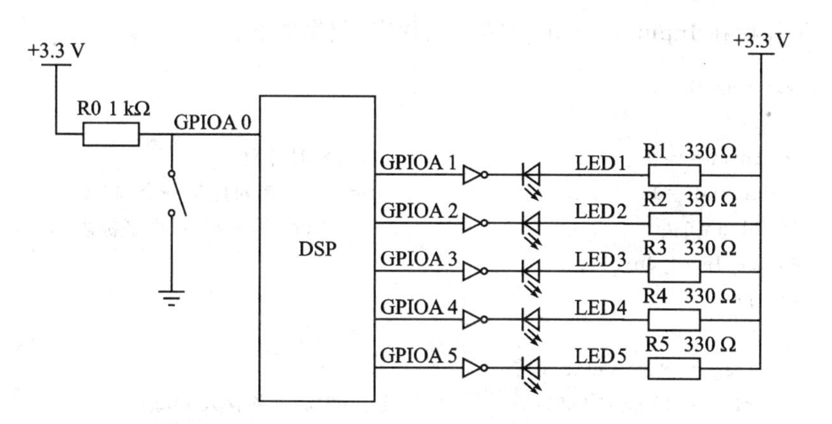

图 4-31　I/O 口输入原理图

I/O 口作为输入端口的具体实验步骤如下：

① 新建工程 Input，并添加组件 BitIO，然后按照图 4-32 进行具体设置。

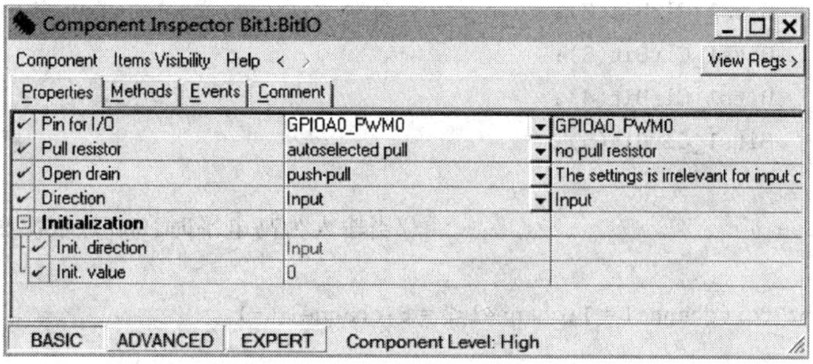

Component Inspector Bit1:BitIO
Component　Items Visibility　Help
View Regs
Properties　Methods　Events　Comment
Pin for I/O　GPIOA0_PWM0　GPIOA0_PWM0
Pull resistor　autoselected pull　no pull resistor
Open drain　push-pull　The settings is irrelevant for input c
Direction　Input　Input
Initialization
Init. direction　Input
Init. value　0
BASIC　ADVANCED　EXPERT　Component Level: High

图 4-32　I/O 口输入例程(一)

② 添加组件 BitsIO，然后按照图 4-33 进行具体设置。

Component Inspector Bits1:BitsIO
Component　Items Visibility　Help
View Regs
Properties　Methods　Events　Comment
Port　GPIOA　GPIOA
Pins　5
Pin0
Pin　GPIOA1_PWM1　GPIOA1_PWM1
Pin1
Pin　GPIOA2_PWM2　GPIOA2_PWM2
Pin2
Pin　GPIOA3_PWM3　GPIOA3_PWM3
Pin3
Pin　GPIOA4_PWM4_FAULT1_T2　GPIOA4_PWM4_FAULT1_T2
Pin4
Pin　GPIOA5_PWM5_FAULT2_T3　GPIOA5_PWM5_FAULT2_T3
Pull resistor　autoselected pull　no pull resistor
Open drain　push-pull　push-pull
Direction　Output　Output
Initialization
Init. direction　Output
Init. value　0
BASIC　ADVANCED　EXPERT　Component Level: High

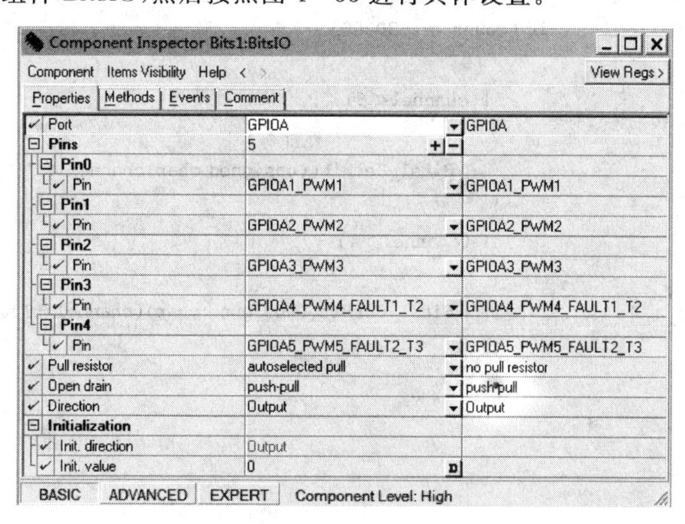

图 4-33　I/O 口输入例程(二)

③ 编译后在 Input.c:main 中写入主程序，程序如下。

```
void main(void)
{
    int count = 0;                    //count,延时计数
    int channel = 1;                  //channel,1~5,对应每一个 LED 灯
    int flag = 0;                     //flag,GPIOA0 输入高、低电平标志
    PE_low_level_init();
    for(;;)
    {
        flag = Bit1_GetVal();
        flag = flag && 0x01;          //读取 GPIOA0,并存入 flag

        if(flag == 0)                 //当输入为低电平时,LED 灯全灭
        {
            Bits1_ClrBit(1);
            Bits1_ClrBit(2);
            Bits1_ClrBit(3);
            Bits1_ClrBit(4);
            Bits1_ClrBit(5);
        }
        else                          //当输入为高电平时,LED 灯依次亮、灭
        {
            for(channel = 1;channel< = 6;channel ++)
            {
                for(count = 0;count< = 30000;count ++)
                {
                    if (count == 30000)
                    {
                        if(channel<6)
                        {
                            Bits1_SetBit((unsigned char)channel);
                        }
                        if (channel>1)
                        {
                            Bits1_ClrBit((unsigned char)(channel - 1));
                        }
                    }
                }
            }
        }
    }
}
```

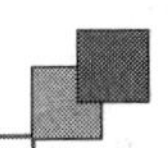

4.4.3 I/O 口复用为中断口的操作方法

DSP 中的一些 GPIO 可复用为中断引脚，中断信号可以是软件中断，也可以是硬件中断(外部中断)。当作为中断使用时，有两种触发方式，一种是上升沿触发，另一种是下降沿触发。在检测到中断信号后，再按照中断优先级进入中断响应程序。具体的关于中断优先级的信息，可以参考本章 4.6 节的内容。

在本小节中，把 GPIOA0 接至外部开关信号，当外部信号由高电平跳至低电平时，进入中断响应程序，控制外接的五个 LED 灯依次亮、灭。其接线原理图如图 4-34所示。

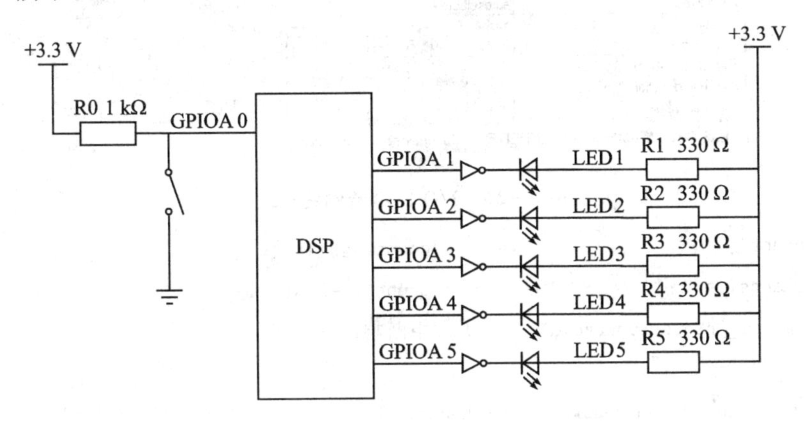

图 4-34　I/O 口作为中断口的原理图

在 DSP 程序中，GPIOA0 外接开关信号作为中断源，GPIOA1～GPIOA5 外接 LED 灯，控制 LED 灯的亮、灭。

I/O 口复用为中断口的具体实验步骤如下：

① 新建工程 interrupt，并添加组件 ExtInt，然后按照图 4-35 进行具体设置。

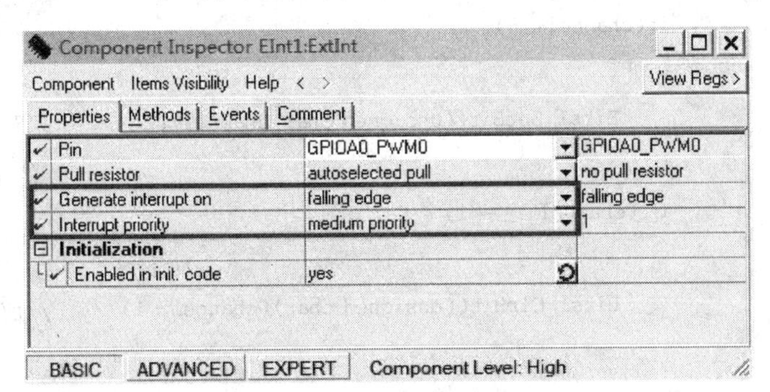

图 4-35　I/O 口中断例程(一)

② 添加组件 BitsIO 并进行设置，如图 4-36 所示。

③ 编译后，在 Events. c:event 中写入中断程序，程序的关键代码如下。

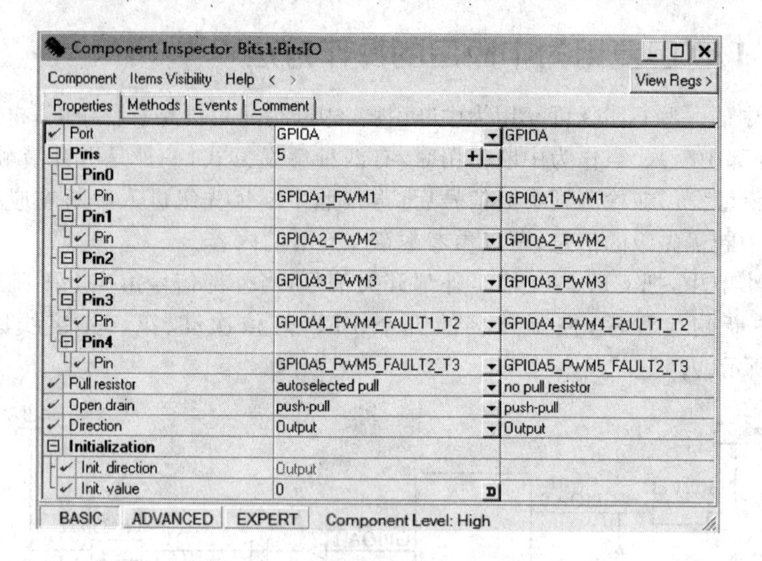

图 4-36　I/O 口中断例程(二)

```
int count = 0;                         //count,延时计数
int channel = 1;                       //count,1~5,对应每一个 LED 灯
void EInt1_OnInterrupt(void)           //中断响应程序
{
    for(channel = 1;channel< = 6;channel ++)
    {
        for(count = 0; count< = 30000; count ++)
        {
            if (count == 30000)
            {
                if(channel<6)
                {
                    Bits1_SetBit((unsigned char)channel);          //对应 LED 灯亮
                }
                if (channel >= 1)
                {
                    Bits1_ClrBit((unsigned char)(channel - 1));    //前一位 LED 灯灭
                }
            }
        }
    }
}
```

4.4.4　I/O 口的综合应用举例

本小节演示对 DSP 的 I/O 口的一个综合应用。在例程中根据输入口读入数据的不同(提示:数据为 0 时表示低电平,数据非 0 时表示高电平),对输出口执行不同的操作,并用小灯显示运行结果。

系统的硬件接线图如图 4－37 所示,PC0 和 PC1 可以分别选择接 GND 或 3.3 V,通过改变接线即可表示不同的输入:

① PC0 和 PC1 均接 GND,此时两端口状态均读为 0;

② PC0 和 PC1 分别接 3.3 V 和 GND,此时两端口状态分别读为 1 和 0;

③ PC0 和 PC1 分别接 GND 和 3.3 V,此时两端口状态分别读为 0 和 1;

④ PC0 和 PC1 均接 3.3 V,此时两端口状态均读为 1。

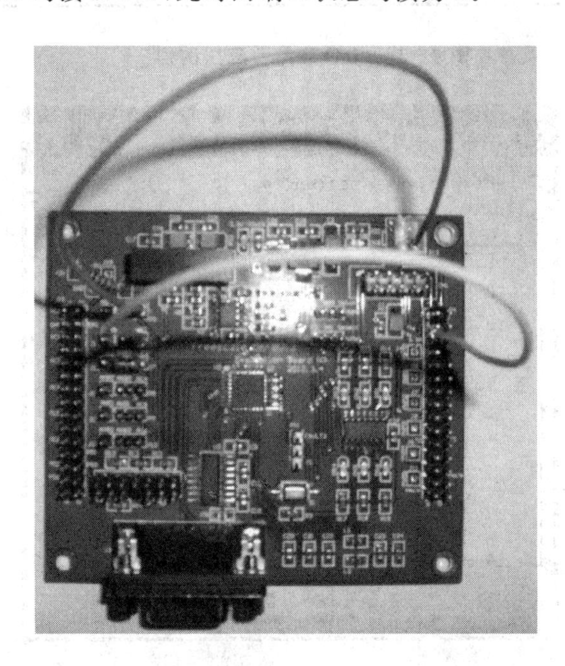

图 4－37　I/O 口综合应用接线示意图

I/O 口综合应用的具体实验步骤如下:

① 创建一个工程。打开 CodeWarrior IDE,选择 File→New 菜单项,打开如图 4－38所示的对话框。按图中选择 Processor Expert Stationery,并输入要建立工程的名称和路径,工程名称为 IO Port,保存的路径为 E:\experimentation\IO Port。单击“确定”按钮后会出现 New Project 对话框,如图 4－39 所示,选择 CPU 类型为 MC56F8013VFAE,单击 OK 按钮。

在如图 4－40 所示的窗口中单击红圈内的任意一个按钮即可 Make 工程,Make 后会生成所有的用户文件,之后即可开始编写自己的程序,至此就建立了一个工程。

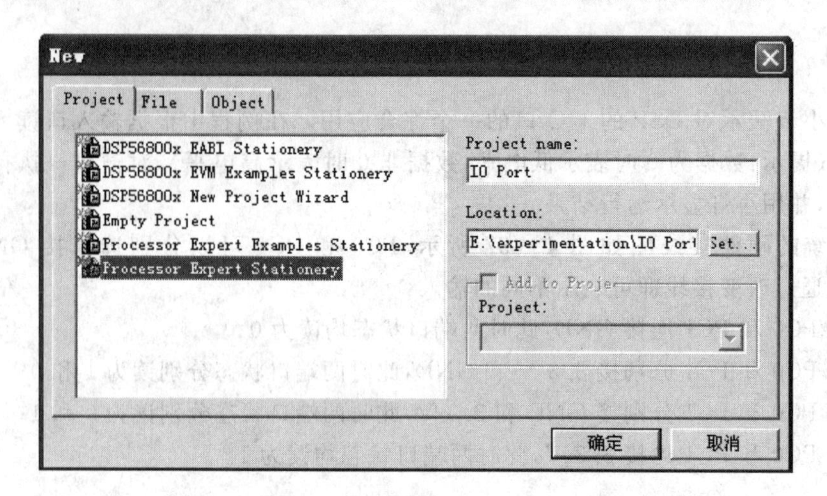

图 4-38 I/O 口综合应用例程(一)

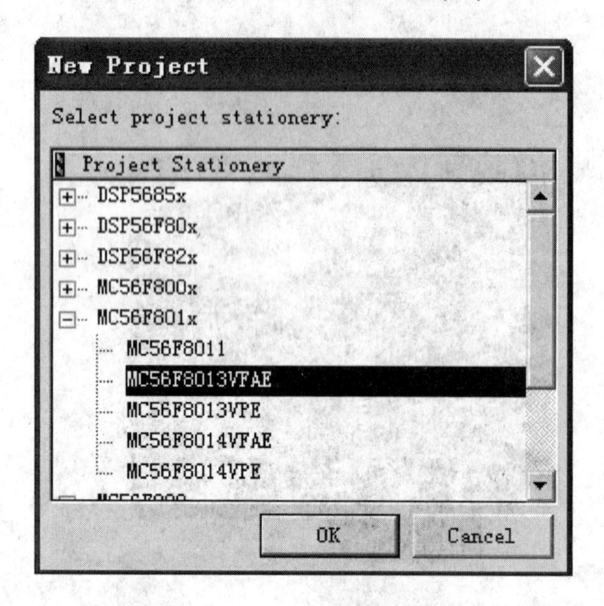

图 4-39 I/O 口综合应用例程(二)

图 4-40 I/O 口综合应用例程(三)

② 添加组件。在这个程序里，用户需要添加组件来完成底层操作。

下面添加两个组件。

右击 Processor Expert 选项卡中的 Components 选项，在弹出的快捷菜单中选择 Add Component(s)，如图 4-41 所示。

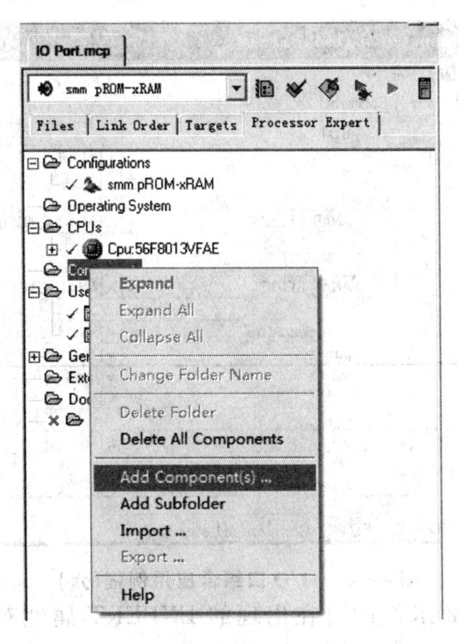

图 4-41 I/O 口综合应用例程(四)

在 Components Library 对话框中选择 BitsIO，并单击 Add 按钮添加一个 I/O 组件，再单击 Add & Close 按钮添加另一个 I/O 组件，然后关闭 Components Library 对话框，如图 4-42 所示。

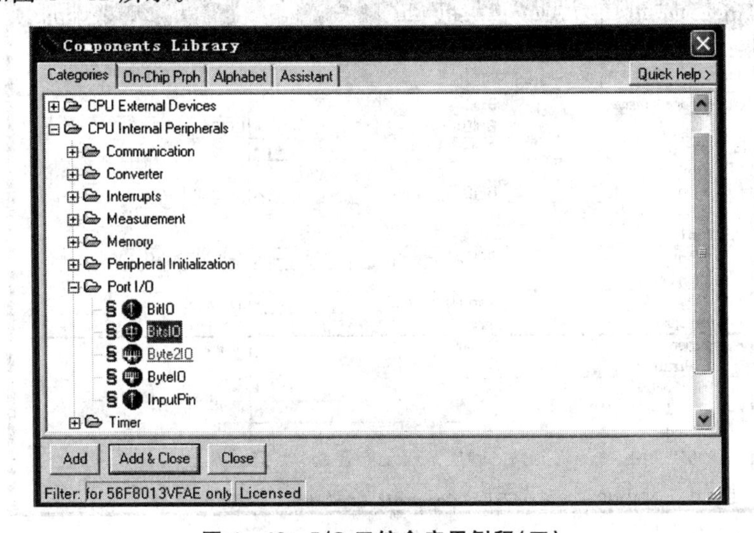

图 4-42 I/O 口综合应用例程(五)

双击所添加的 Bits1 组件即可在出现的 EXPERT 属性对话框中设置其属性。主要修改以下选项：Port 设置为 GPIOC；Pins 设置为 2，Pin0 为 ANA0_GPIOC0，Pin1 为 ANA1_GPIOC1；Direction 设置为 Input，即 Bits1 作为数据读入口。Bits1 的具体设置如图 4-43 所示。

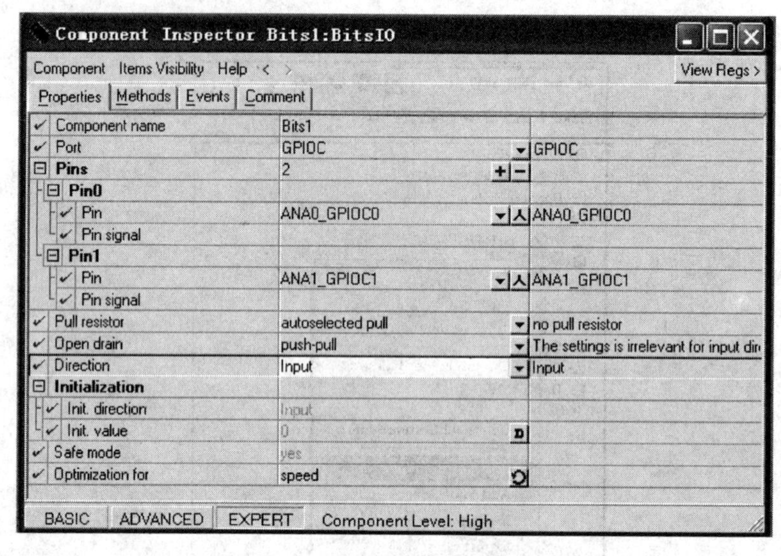

图 4-43 I/O 口综合应用例程(六)

双击所添加的 Bits2 组件即可在出现的 EXPERT 属性对话框中设置其属性。主要修改以下选项：Port 设置为 GPIOA；Pins 设置为 2，Pin0 为 GPIOA0_PWM0，Pin1 为 GPIOA1_PWM1，Direction 设置为 Output，即 Bits2 作为数据写入口。Bits2 的具体设置如图 4-44 所示。

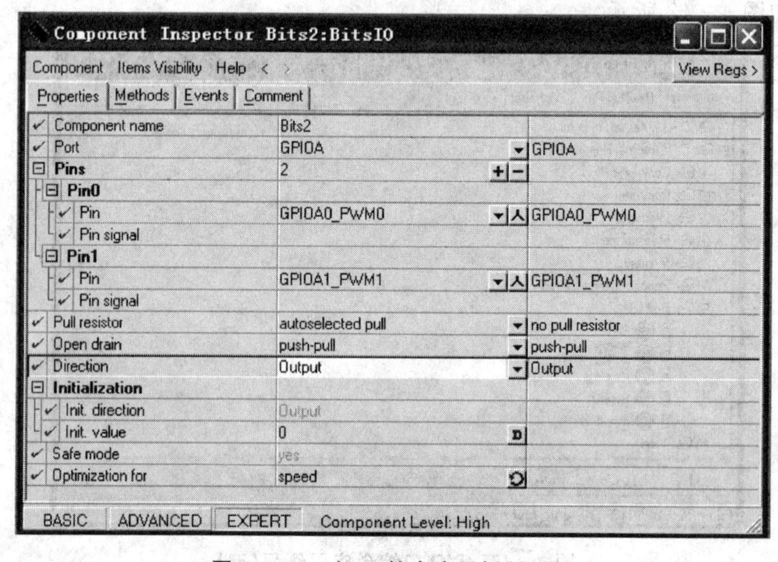

图 4-44 I/O 口综合应用例程(七)

单击 Make 工具按钮即可生成程序代码,如图 4－45 所示。

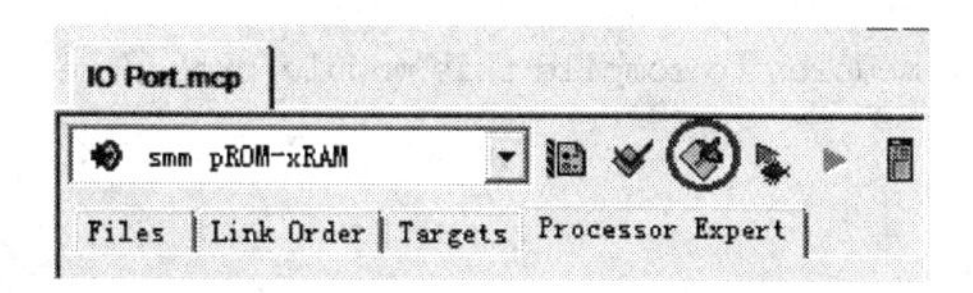

图 4－45　I/O 口综合应用例程(八)

③ 编写程序。首先打开 Processor Expert 选项卡,打开 IO_Port. c:main 文件,把需要的函数从相应的组件下面拖到主函数中,也可以在 IO_Port. c:main 文件中直接输入程序,如图 4－46 和图 4－47 所示。

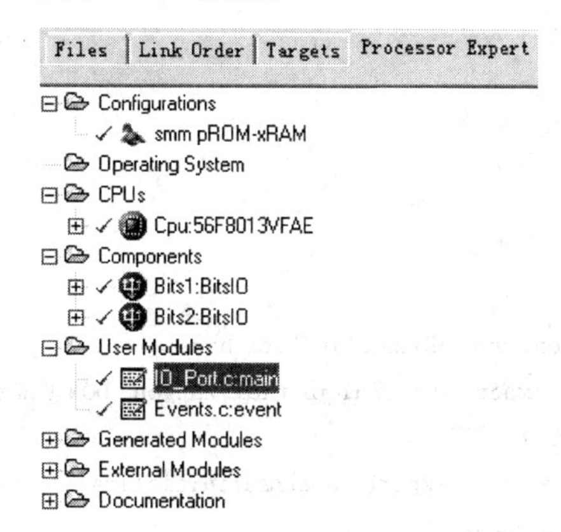

图 4－46　I/O 口综合应用例程(九)

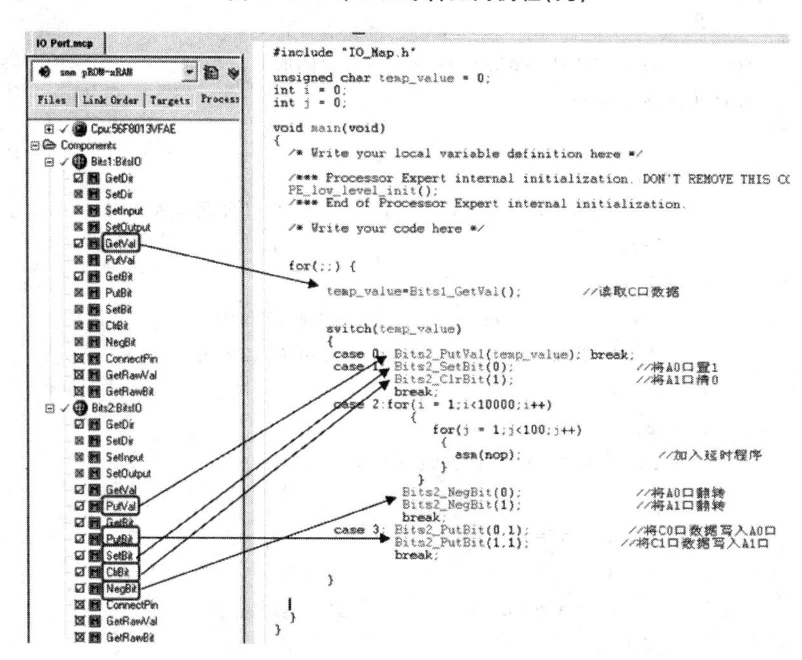

图 4－47　I/O 口综合应用例程(十)

程序代码如下。

```
/* Including needed modules to compile this module/procedure */
#include "Cpu.h"
#include "Events.h"
#include "Bits1.h"
#include "Bits2.h"
/* Including shared modules, which are used for whole project */
#include "PE_Types.h"
#include "PE_Error.h"
#include "PE_Const.h"
#include "IO_Map.h"
unsigned char temp_value = 0;
int i = 0;
int j = 0;
void main(void)
{
    /* Write your local variable definition here */
    /*** Processor Expert internal initialization. DON'T REMOVE THIS CODE!!! ***/
    PE_low_level_init();
    /*** End of Processor Expert internal initialization.  ***/
    /* Write your code here */
    for(;;)
    {
        temp_value = Bits1_GetVal();         //读取 C 口数据
        switch(temp_value)
        {
            case 0:
                Bits2_PutVal(temp_value);    //将 C 口数据写入 A 口
                break;
            case 1:
                Bits2_SetBit(0);             //将 A0 口置 1
                Bits2_ClrBit(1);             //将 A1 口清 0
                break;
            case 2:
                for(i = 1; i < 10000; i++)
                {
                    for(j = 1; j < 100; j++)
                    {
                        asm(nop);        //加入延时程序
                    }
                }
```

```
            }
        }
    }
    /* END IO_Port */
```

④ 编译运行。编译和链接后，单击调试运行(Debug)工具按钮将程序下载到目标板上，再次单击调试运行工具按钮，程序开始运行，如图4-48所示。

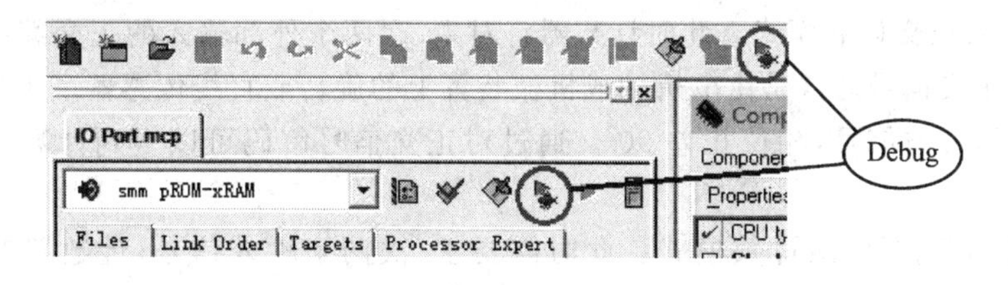

图4-48　I/O综合应用例程(十一)

程序的运行结果如下。可以看出，它们与程序代码的功能吻合，即：

① 当PC0和PC1均接GND时，DS1灯和DS2灯全灭；

② 当PC0接3.3 V、PC1接GND时，DS1灯亮，DS2灯灭；

③ 当PC0接GND、PC1接3.3 V时，DS1灯和DS2灯全闪烁；

④ 当PC0和PC1均接3.3 V时，DS1灯和DS2灯全亮。

4.5　定时器

DSP56F800系列最多可以有4个正交定时器，每个定时器模块有4个相同的定时器/计数器组，也称为通道。每个16位定时器/计数器组包含一个预分频器、一个计数器、一个装载寄存器、一个保持寄存器、一个捕获寄存器、两个比较寄存器、一个状态寄存器和一个控制寄存器。所有的寄存器(除预分频器外)均可读/写。根据具体任务的不同，可以分别使用定时器或计数器这两个术语，但它们都是指正交定时器模块。

预分频器为定时器/计数器的时钟提供了不同的时基。计数器能够对内部事件或外部事件进行计数。在计数器计数达到最终值时，装载寄存器提供初始值。当其他寄存器被读取时，保持寄存器保存了本计数器的当前值，这种特性支持两个计数器的级联，从而可以扩大计数器的计数范围。捕获寄存器在外部信号触发下保存计数器的当前值。比较寄存器提供了一个数值供计数器进行比较，如果出现两值相等的情况，则OFLAG信号被置位、清零或翻转。在比较条件成立时如果进行了使能，将会产生一个中断。在定时器模块中，可以将输入引脚按需分配给4个定时器/计数器。

定时器/计数器共有11种模式。

模式1：停止模式。此时计数器不工作，不进行计数。

模式2:计数模式。此时计数器对选定时钟源信号的上升沿计数。

模式3:边沿计数模式。此时计数器会在选定时钟源的两个边沿计数。这种模式适合计数外部环境的变化,例如一个简单的码盘。

模式4:门控计数模式。此时需要主、次两个输入信号,其中主信号为时钟源,次信号为计数门控信号。计数器会在选定的次输入信号为高电平时计数。这种模式用于测量外部事件的持续时间。

模式5:正交计数模式。此时计数器将对主、次两个外部输入的正交编码信号进行解码。正交信号通常是由电机轴或机械装置上的旋转或直线传感器产生的。两路正交信号为方波信号,相位相差90°。通过对正交信号解码可以得到计数信息和转向信息。

模式6:可控增/减计数模式。此时需要主、次两个输入信号,计数器对主信号(时钟源)进行计数,选定的次信号决定计数方向(递增或递减)。如果次信号输入是高电平,则计数器按递减方向计数;反之,则计数器按递增方向计数。

模式7:触发计数模式。此时需要主、次两个输入信号,在次信号发生正跳变后,计数器对主时钟源的上升沿计数。计数将一直持续到发生比较事件或检测到次信号发生新的有效跳变时,其中,在次信号的奇数边沿重新计数,在次信号的偶数边沿或发生比较事件时,停止计数。

模式8:级联计数模式。此时需要主、源2个计数器。源计数器的输出作为主计数器的输入。主计数器对源计数器发生的比较事件进行递增或递减计数。

模式9:脉冲输出模式。此时可以控制时钟的输出。计数器可输出与所选定时钟源同频率的脉冲序列。也就是说,输出的脉冲个数和脉冲频率均可以设定。这种模式适用于控制步进电机系统。

模式10:固定频率PWM模式。此时采用循环连续计数,计数器的输出形成PWM信号,其频率为计数时钟频率除以65 536,占空比为比较值除以65 536。这种模式主要用来驱动PWM放大器。

模式11:频率可调PWM模式。此时计数器的输出形成PWM信号。这种产生PWM的方式有许多优点:可以产生几乎任何频率的PWM频率,并且输出的导通时间(或者关断时间)可为固定值。这种模式经常用来驱动用于电机控制的功放或逆变器。

4.5.1 定时器计数模式例程一

当定时器工作在计数模式时,定时器的计数器会对所选定的时钟信号的上升沿进行计数。这里的时钟信号可以是DSP内部的时钟信号,也可以是外部事件通过传感器产生的时钟信号。如果对定时器中断使能且时钟信号选为内部时钟,则定时器就能按照一定频率产生中断。在这种模式下,DSP可以定时根据控制目标的状态进行控制。

在本小节的例程中，基于定时器对外部的脉冲信号进行计数，每50 ms读取一次，算出脉冲的频率。程序流程图如图4-49所示。

相应的硬件接线原理图如图4-50所示，外部的脉冲信号通过GPIOA4引脚接入DSP并进行计数。每50 ms DSP产生一次中断读取脉冲数。

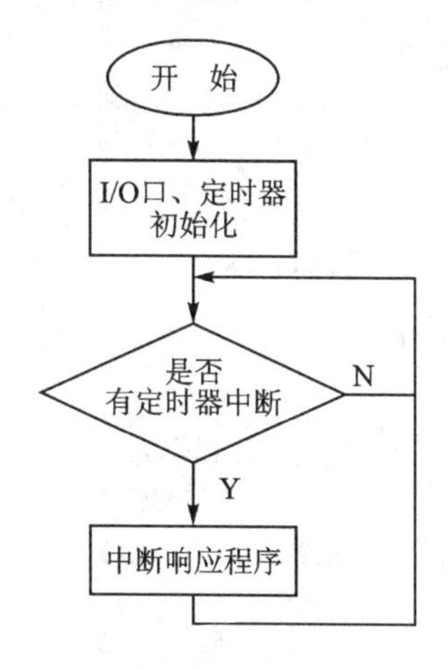

图4-49 定时器计数模式程序流程图

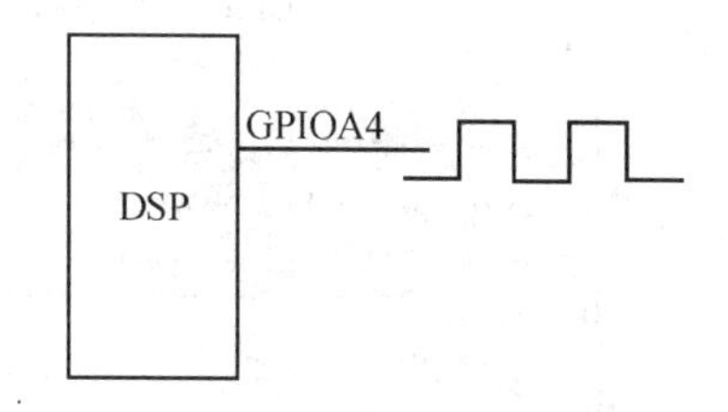

图4-50 定时器计数模式硬件接线原理图

系统的硬件接线实物图如图4-51所示。

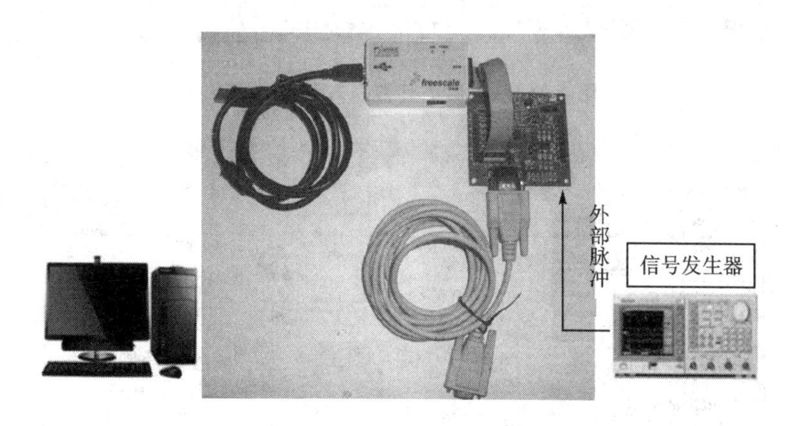

图4-51 定时器计数模式硬件接线示意图

定时器计数模式的具体实验步骤如下：

① 添加组件TimerInt，然后按照图4-52和图4-53进行具体设置。

② 添加组件PulseAccumulator，将GPIOA4设置为脉冲输入引脚。具体参数设置信息如图4-54所示。

③ 添加DSP_Func_MFR库函数。

④ 编译后，在Events.c:event文件中写入中断程序，程序如下。

Component Inspector TI1:TimerInt
Component Items Visibility Help
View Regs
Properties Methods Events Comment
Periodic interrupt source TMR0_Compare TMR0_Compare
Interrupt service/event Enabled
Interrupt priority medium priority 1
Interrupt period 50 ms 50 ms
Initialization
Enabled in init. code yes
BASIC ADVANCED EXPERT Component Level: High

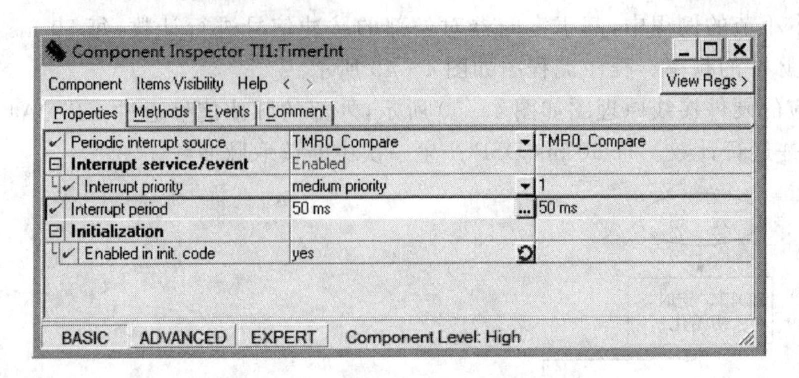

图 4-52 定时器计数模式例程一(一)

Component Inspector TI1:TimerInt
Component Items Visibility Help
View Regs
Properties Methods Events Comment
OnInterrupt generate code
Event procedure name TI1_OnInterrupt
BASIC ADVANCED EXPERT Component Level: High

图 4-53 定时器计数模式例程一(二)

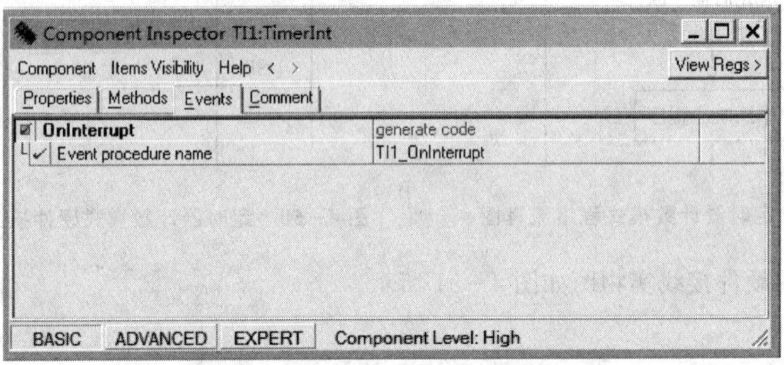

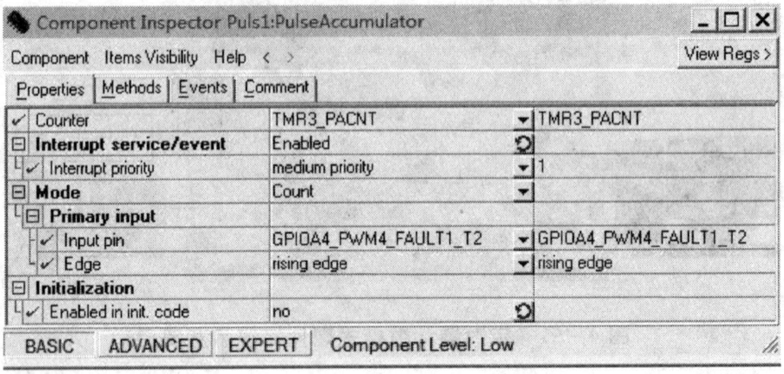

Component Inspector Puls1:PulseAccumulator
Component Items Visibility Help
View Regs
Properties Methods Events Comment
Counter TMR3_PACNT TMR3_PACNT
Interrupt service/event Enabled
Interrupt priority medium priority 1
Mode Count
Primary input
Input pin GPIOA4_PWM4_FAULT1_T2 GPIOA4_PWM4_FAULT1_T2
Edge rising edge rising edge
Initialization
Enabled in init. code no
BASIC ADVANCED EXPERT Component Level: Low

图 4-54 定时器计数模式例程一(三)

```
word count = 0;                          //count,脉冲计数
dword frequency;                         //frequency,频率
void TI1_OnInterrupt(void)
{
    Puls1_GetCounterValue(&count);  //读取计数值
    frequency = L_mult(10,count);   //frequency = 20 * count
```

```
    Puls1_ResetCounter();           //计数值清零
}
```

4.5.2 定时器计数模式例程二

本小节将通过定时器控制多个 LED 灯闪烁。其实验步骤如下：

① 创建工程。创建一个新的工程 newboard。

② 添加组件。添加一个 BitsIO 组件，具体设置如图 4-55 所示。

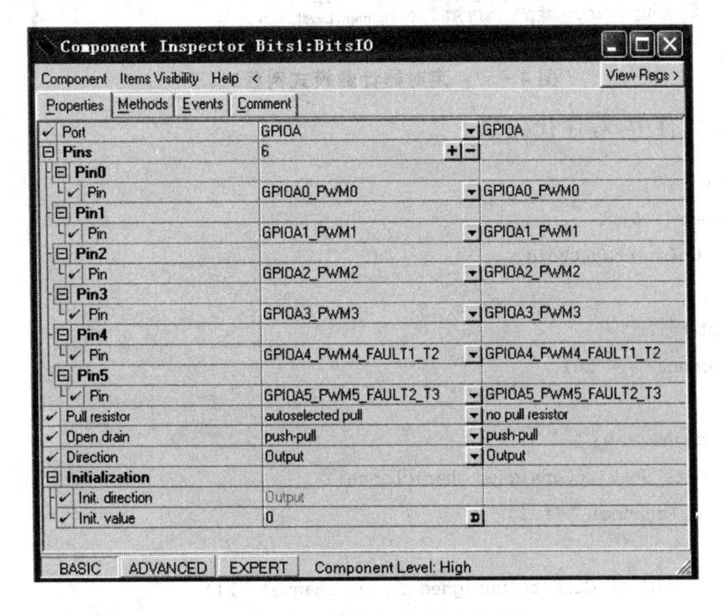

图 4-55　定时器计数模式例程二(一)

再添加一个 TimerInt 组件，具体设置如图 4-56 和图 4-57 所示。

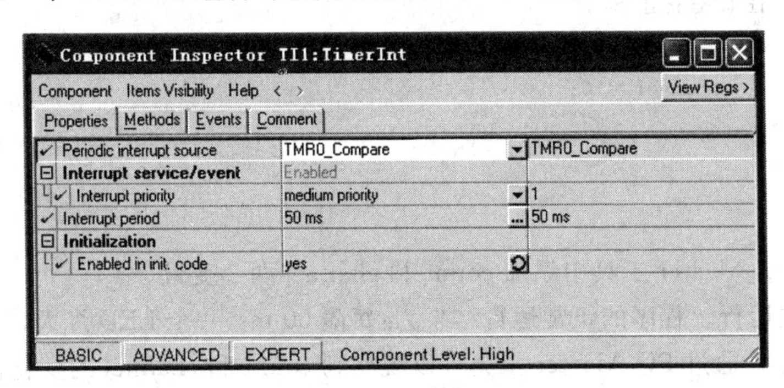

图 4-56　定时器计数模式例程二(二)

再添加一个 PC_Master 组件。添加完成后单击 Make 工具按钮生成代码。

③ 编写程序。编写完成后单击 Make 工具按钮。其中控制 LED 灯闪烁的代码

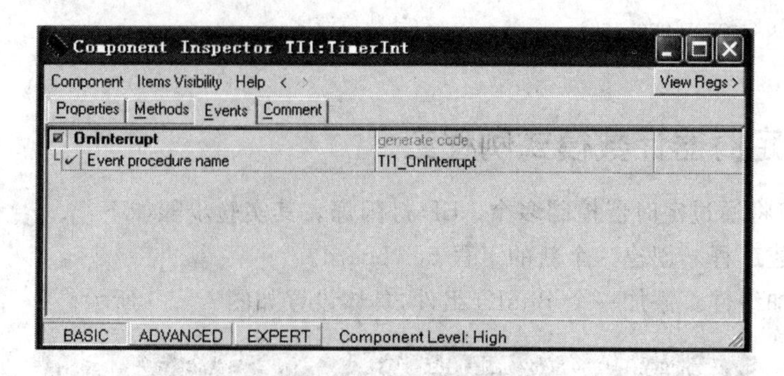

图 4－57　定时器计数模式例程二(三)

在 Events.c 文件中,程序代码如下。

```
int count  =  0;
int channel  =  0;
void TI1_OnInterrupt(void)
{
    count ++;
    if (count >=  20)
    {
        count  =  0;
        Bits_SetBit((unsigned char)channel);
        if (channel >=  1)
        {
            Bits1_ClrBit((unsigned char)( channel - 1));
        }
        channel ++;
        if (channel > 6)
        {
            channel  =  0;
        }
    }
}
```

④ 在 PC_Master 工具中添加 count 和 channel 两个变量。

⑤ 调试运行。程序的正常运行结果为:每隔 50 ms,一个 LED 灯灭,其相邻的一个 LED 灯亮。通过 PC_Master 工具可以观察到 count 和 channel 的变化情况。

4.5.3　定时器其他工作模式

DSP 的定时器组件还可以工作在其他多种模式下,例如正交计数模式和脉冲输出模式等,以满足不同场合的工程应用。

1. 正交模式

当定时器工作在正交计数模式时，输入的两个时钟信号为相差90°的正交信号，该信号一般是由电机轴或机械装置上的旋转或直线传感器产生的。通过对两路正交信号解码，就可以获得相应的计数信息和转向信息。在智能车控制中常用的是码盘或编码器。编码器A相和B相两路输入信号相差90°，通过对这两路正交信号解码，就可以获得小车的速度，以及前进、后退方向的信息。图4-58说明了正交位置增量式编码器的基本操作时序。

正交工作模式可用来测量电机的转速，其具体内容可以参考本章4.11节的详细介绍。

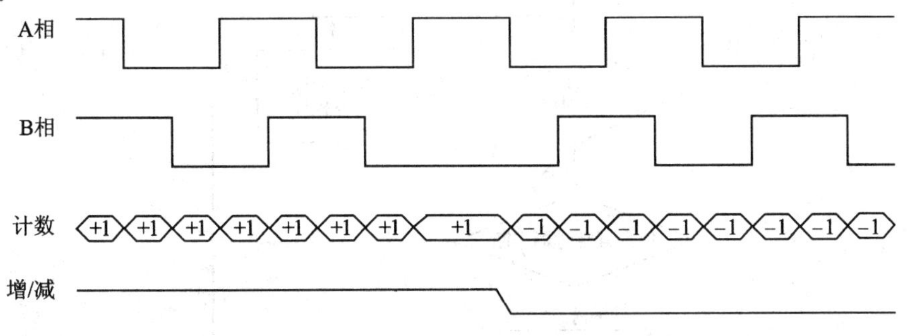

图4-58　正交模式时序图

2. 脉冲输出模式

当定时器工作在脉冲输出模式下，定时器可以输出一串脉冲，脉冲的频率与选定的时钟源的频率一致，输出的脉冲数由所设定的寄存器的初始值和比较值确定。这一工作模式可用来控制步进电机系统。具体相关内容可参考本章4.15节的内容。

4.6　中断控制器

DSP芯片可以响应多种中断事件，中断控制器(ITCN)接受基于总线外设的中断请求(IRQ)信号，并根据用户定义的优先级分配中断请求，然后选择最高优先级的中断请求交给内核。

DSP56F8013共有46个中断源，可以被用户定义为4个不同的优先级类别，每一个中断源无论被设置为哪一个优先级，都会有一个固定的中断向量号。在同一优先级里，中断向量号越小的中断，优先级越高。如果中断控制器检测到多个中断信号，则优先级高的中断先被响应。当中断1服务程序被响应时，如果产生一个高于当前中断优先级的中断2，则会产生中断嵌套。在中断控制器的作用下，程序会跳转至中断2的服务程序。当中断2的服务程序结束时，如果没有其他更高优先级的中断产生，则程序会跳转回中断1服务程序跳转之前的地方。当有多重中断嵌套时，应注意时序问题。

本节将利用中断控制器对LED进行如下形式的控制:GPIOA0接外部开关信号,GPIOA1～GPIOA5五个引脚为输出端口,接LED灯。每隔50 ms,一个LED灯亮,相邻的LED灯灭。当所接外部开关信号由低电平跳至高电平时,LED灯的亮、灭延时1 s。1 s的延时由定时器控制。中断流程图如图4-59所示。

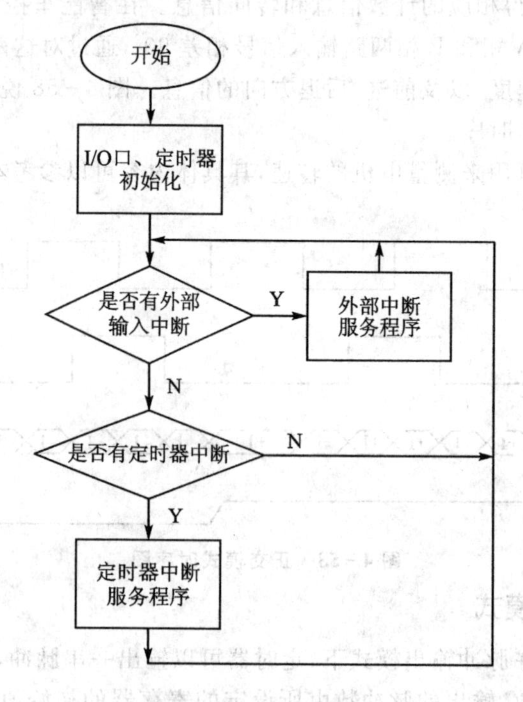

图4-59 中断流程图

对应的中断接线原理图如图4-60所示。

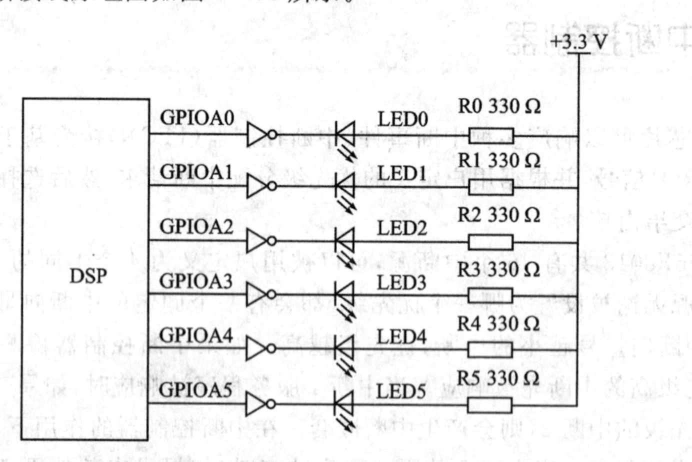

图4-60 中断接线原理图

中断接线实物图如图4-61所示。

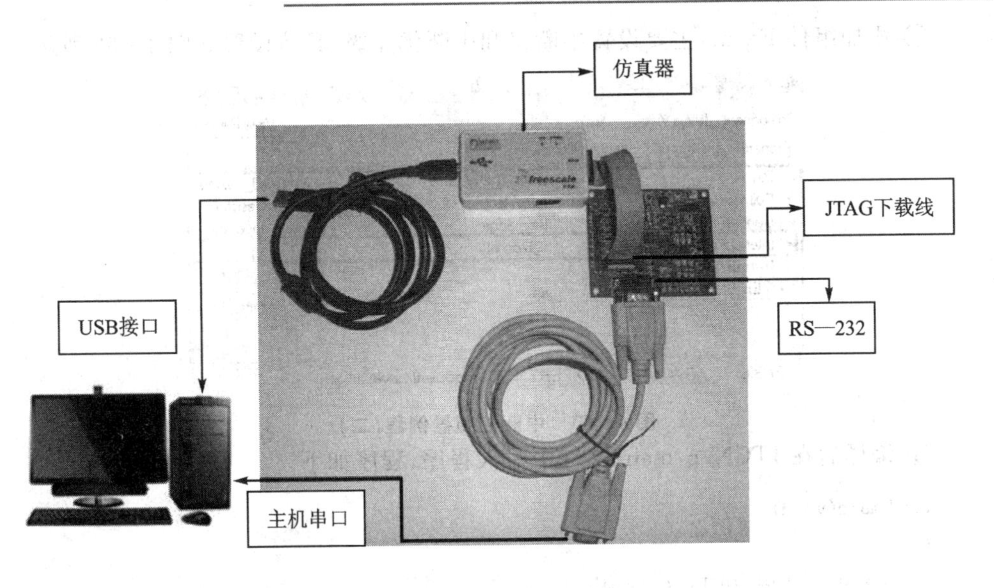

图 4-61 中断接线实物图

中断实验的具体步骤如下：

① 新建工程ITCN,并添加组件TimerInt,分别命名为TI1和TI2,这里主要设置中断优先级和中断周期,具体设置如图4-62所示。

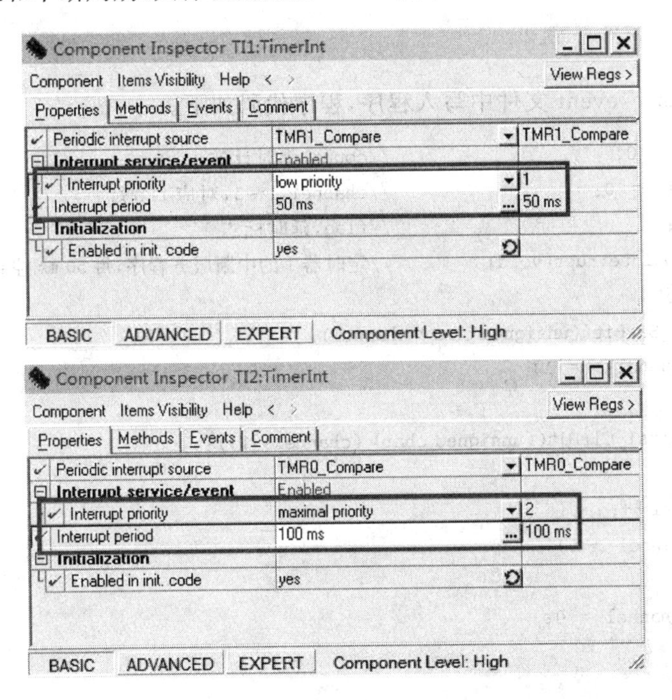

图 4-62 中断控制器例程(一)

② 添加组件 ExInt,主要设置中断口和中断优先级,具体设置如图 4-63 所示。

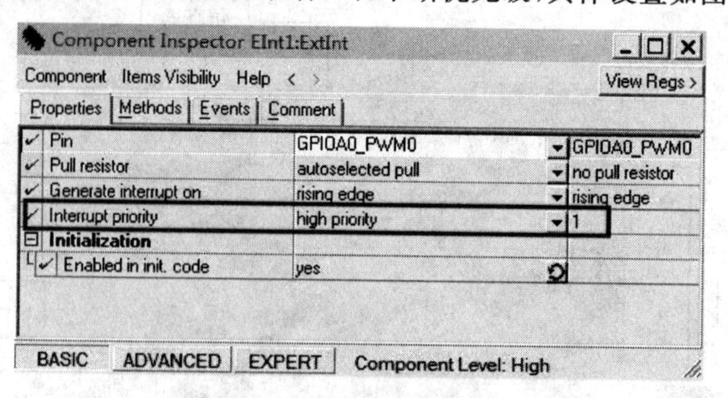

图 4-63 中断控制器例程(二)

③ 编译后在 ITCN. c:main 文件中写入程序,程序如下。

```
void main(void)
{
    PE_low_level_init();
    TI1_Enable();                    //定时器 1 中断使能
    TI2_Disable();                   //关定时器 2 中断
    for(;;)
    {
    }
}
```

在 Events. c:event 文件中写入程序,程序代码如下。

```
int count = 0;                       //count,延时计数
int channel = 0;                     //channel,1~5,对应 LED 灯
bool flag;                           //flag,延时标志
void TI1_OnInterrupt(void)           //定时器 1 的中断服务程序,每 50 ms 控制 LED 灯亮、灭
{
    Bits1_SetBit((unsigned char) channel);
    if(channel >= 1)
    {
        Bits1_ClrBit((unsigned char) (channel - 1));
    }
    channel ++;
    if(channel > 6)
    {
        channel = 0;
    }
}
void EInt1_OnInterrupt(void)         //外部中断服务程序
{
```

```
        EInt1_Disable();                //关外部中断
        TI2_Enable();                   //定时器 2 中断使能,开始 1 s 延时
        flag = 0;                       //延时标志位清零
        while(! flag)                   //1 s 延时等待
        {
        }
        TI2_Disable();                  //关定时器 2 中断
        EInt1_Enable();                 //外部中断使能
    }
    void TI2_OnInterrupt(void)          //定时器 2 中断服务程序,进行 1 s 延时
    {
        count ++;
        if(count >= 10)                 //延时 = 10 × 100 ms = 1 s
        {
            count = 0;
            flag = 1;                   //延时标志位置 1
        }
    }
```

4.7　A/D 转换与定标

在 DSP 运行过程中,需要将外部电压、电流、温度等模拟信号转变为数字信号,才能供程序使用。例如某一时刻的电压为 32 V,而 DSP 程序中的逻辑是当电压超过 30 V 时使某个指示灯变亮。在 DSP 程序中用一个变量 Voltage 表示该电压的数值,此时就需要使用 DSP 的模/数转换功能来将电压转变为具体数字并赋值给变量 Voltage,然后 DSP 程序中可以根据 Voltage 变量是否超过 30 V 去控制指示灯的亮、灭。

本节将讲述 DSP 中模/数转换(Analog Digital Conversion, ADC)的具体使用方法。该模块可以将外部的模拟输入信号转换为数字信号参与 DSP 的运算。DSP56F8013 有一组 12 位双 ADC 模块,每个 ADC 模块通过多路转换器可以连接四路模拟输入信号。模块时钟频率的最大值为 5.33 MHz,周期为 187.5 ns。单次转换时间为 8.5 个 ADC 时钟周期(8.5×187.5 ns = 1.593 μs)。当多次采样时,仅第一个采样需要 8.5 个 ADC 时钟周期,以后每个采样仅需 6 个 ADC 时钟周期(6×187.5 ns=1.125 μs)。

ADC 模块可以通过同步信号与 PWM 同步。在扫描结束时,或者当采样数据超出预先设定的限制范围时,或者在输入模拟信号过零时产生中断。

本节的演示实验基于 56F8013 实验板,ADC 模块由两个 12 位高速多功能模/数转换器组成,总共六路模拟量输入通道。ADC 模块的转换是以参考电压为基准成比

例进行转换的。对于一个模拟信号，ADC 转换输出的数据长度为 12 位，因此转换结果的输出范围为[0,4 095]。但是在 DSP56F8013 中，为了方便信号处理，12 位的转换结果在 16 位的数据总线上会左移三位，即按照 Q15 定标，因此实际转换结果的输出范围为[0,32 760]。实际转换结果为：

$$AD_{VIN} = \frac{V_{in}}{V_{ref}} \times 32\ 760 \tag{4.1}$$

其中，AD_{VIN}为 ADC 的转换结果，V_{in}为单端输入的模拟信号电压幅值，V_{ref}为 ADC 模块的参考电压值。

由于 DSP56F8013 是一款定点 DSP 芯片，也就是说，每一个变量在 DSP 内部均用一个 16 位的整数表示。当需要表示小数时，其常用方法是将该小数扩大若干倍，从而得到一个整数，这样就可以用一个 16 位的整数进行表示了。换句话说，如果想用整型数来表示一个小数，实际上是需要确定变量的小数点在 16 位整型数中的位置。这一过程就是数字定标。通过设定小数点在 16 位数中的不同位置，就可以表示不同范围和不同精度的数了。不同的 Q 值表示的数的范围不同，分辨率也不同：Q 值越大，表示的数的范围越小，分辨率越高；相反，Q 值越小，表示的数的范围越大，分辨率越低。

本节将编写程序实现下列功能：通过 ADC 模块对两路输入信号进行顺序采样，分别用两组指示灯（每组 3 个）来表示采样值的大小。输入电压的范围为 0～3.3 V，对应的转换结果为[0,32 760]，结果按 Q12 定标表示，其表示范围为 0～7.998，将该范围的数取整后的表示范围就是 0～7。此值可以用三个 LED 灯表示出来，每一位的 LED 灯分别表示 4、2、1。亮表示“1”，灭表示“0”。

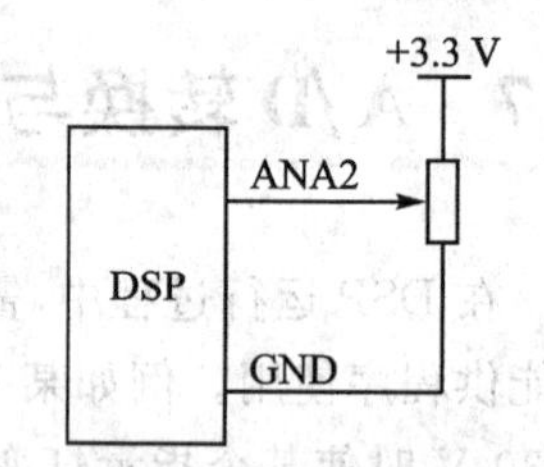

图 4-64 ADC 模块接线原理图

ADC 模块的接线原理图如图 4-64 所示。

ADC 模块的接线实物图如图 4-65 所示。注意，电位器靠近旋钮端的引脚为引脚 3，中间的引脚为引脚 1。引脚 3 接 GND，引脚 2 接 ANA2（位于图示板子方向的左侧），引脚 1 接 3.3 V（位于图示板子方向右侧接线端子靠里的一排，即以引脚 1 开始一排的第 3 个引脚处，此处标有 3.3 V）。

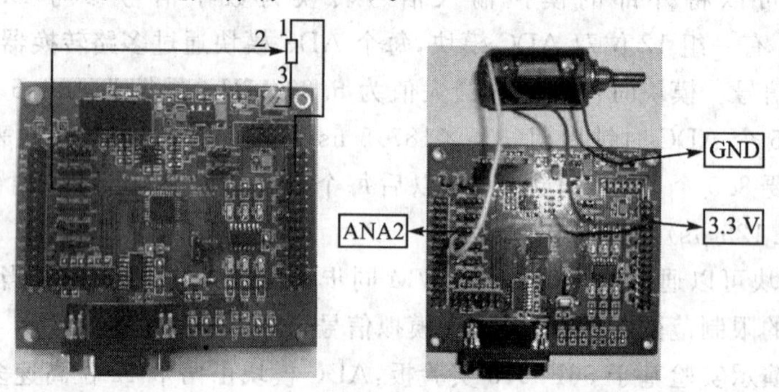

图 4-65 ADC 模块接线实物图

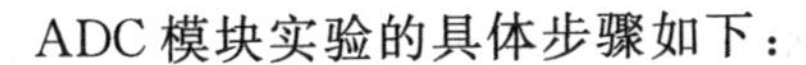

ADC模块实验的具体步骤如下：

① 创建一个工程，名字为ADC。

② 添加组件。右击Processor Expert选项卡中的Components选项，在弹出的快捷菜单中选择Add Component(s)，如图4-66所示。

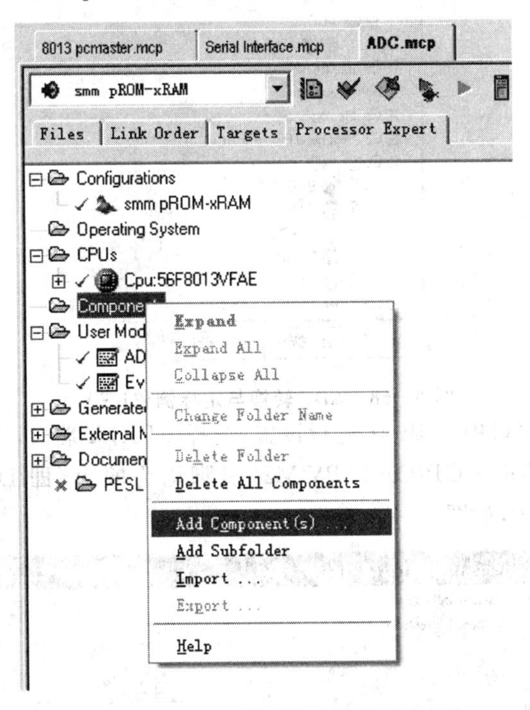

图4-66 ADC转换与定标例程(一)

添加1个ADC模块，结果如图4-67所示。

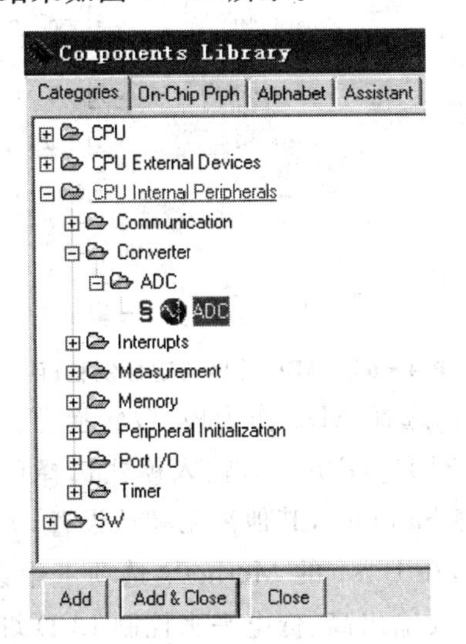

图4-67 ADC转换与定标例程(二)

添加1个BitsIO模块，结果如图4-68所示。

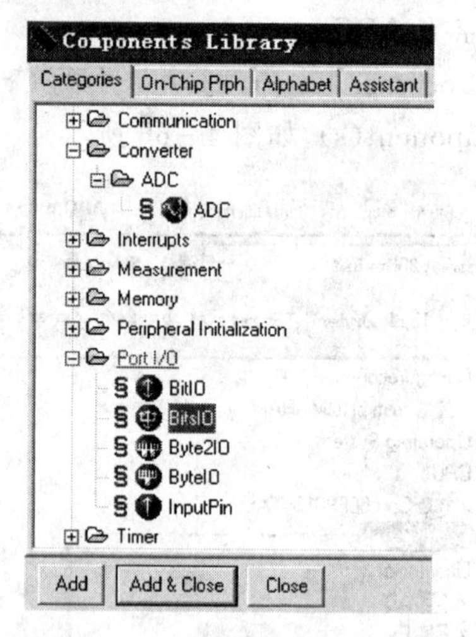

图4-68 ADC转换与定标例程(三)

在组件监视器窗口中对Bits1进行设置：选择GPIOA端口，Bits1的三个引脚选择为GPIOA0_PWM0～GPIOA2_PWM2，引脚均为输出(即Direction设为Output)，初始值设定为0，如图4-69所示。

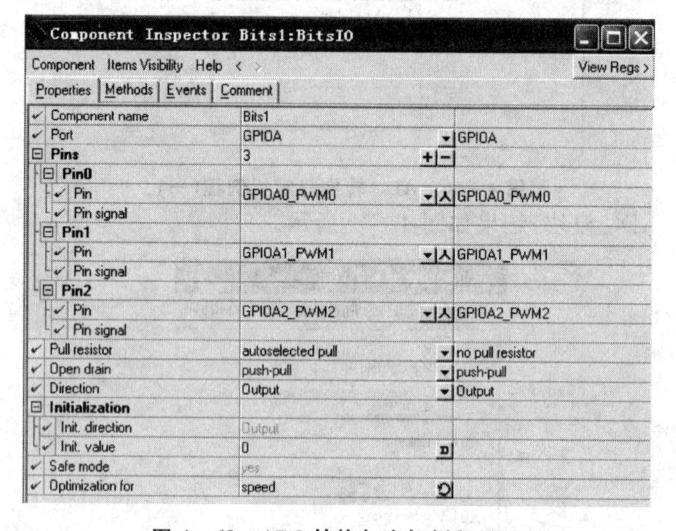

图4-69 ADC转换与定标例程(四)

对AD1模块进行设置：选择ADC作为模/数转换器，选择允许ADC中断，A/D转换通道选择ANA2_VREFH_GPIOC2，输入模式选择单端输入，转换模式选择顺序扫描，A/D samples选择Sample0，其他采用默认设置，如图4-70所示。

在组件监视器窗口中，在Bits1的Methods选项卡中设置需要生成的模块子程序。由于BitsIO模块仅需要输出高、低电平来控制LED灯，因此只需要选中PutVal函数即可，如图4-71所示。

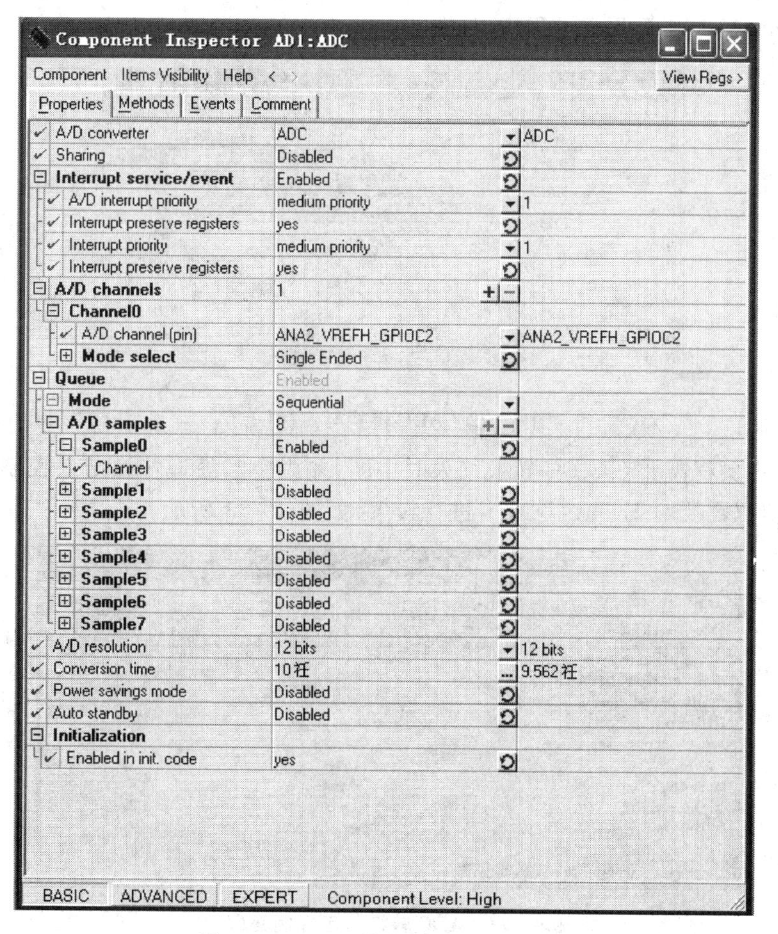

图 4－70 ADC 转换与定标例程(五)

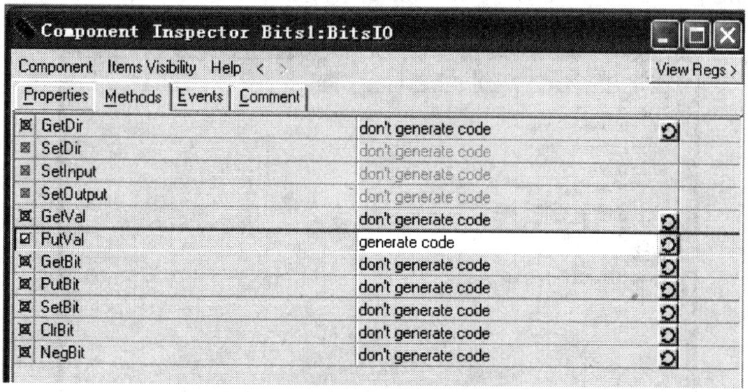

图 4－71 ADC 转换与定标例程(六)

在组件监视器窗口中，在 AD1 模块的 Methods 选项卡中设置需要生成的模块子程序。选中中断使能“Enable”、ADC 启动“Start”、ADC 停止“Stop”、读取转换结果“GetChanValue”等几个子程序，如图 4 - 72 所示。

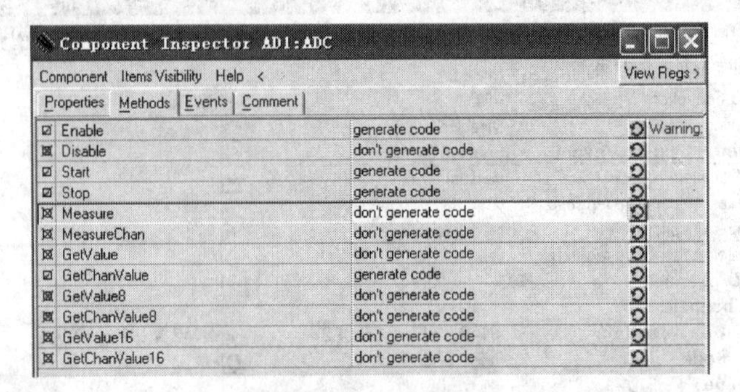

图 4 - 72　ADC 转换与定标(七)

由于本例程需要在 ADC 转换结束时中断，并用中断处理转换结果控制 LED 灯的输出，所以需要对 Events 选项卡进行设置，如图 4 - 73 所示。

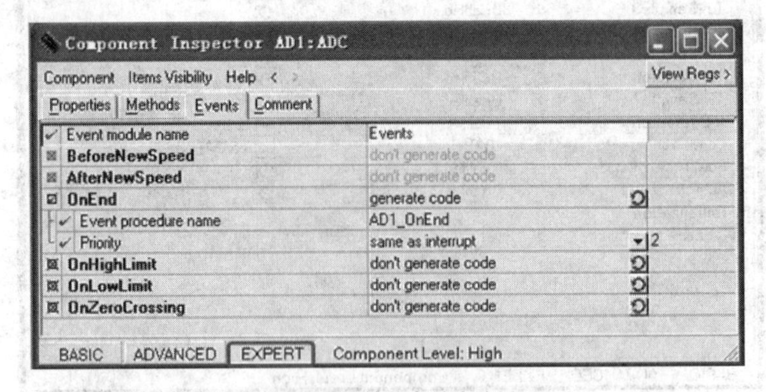

图 4 - 73　ADC 转换与定标例程(八)

添加一个 PC_Master 组件，结果如图 4 - 74 所示。

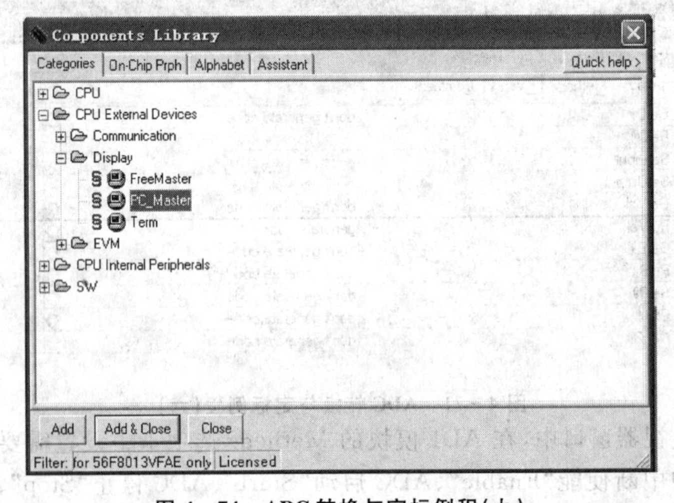

图 4 - 74　ADC 转换与定标例程(九)

③ 编写程序。选择 Project→Make 菜单项，PE 将自动生成组件子程序。编写主程序和 ADC 转换结束中断服务程序。

主程序的参考代码如下。

```
void main(void)
{
    PE_low_level_init();
    AD1_Enable();                      //允许 ADC 中断
    AD1_Start();                       //启动 ADC 转换
    for(;;)                            //等待循环
    {
    }
}
```

ADC 中断服务程序的参考代码如下。

```
int data_temp;
int * pointer;
static int data;
#pragma interrupt called
void AD1_OnEnd(void)
{
    pointer = &data_temp;
    AD1_GetChanValue(0,pointer);       //读取 0 通道转换结果
    data = data_temp/4096;             //0 通道转换结果按 Q12 定标并取整
    Bits1_PutVal((unsigned char)data); //输出 0 通道转换结果并用 LED 显示
}
/* END Events */
```

④ 使用 PC_Master 工具观察 ADC 的转换结果：

ⓐ 找到 PC_Master 的执行文件位于安装根目录下的位置 D:\Program Files\Freescale\FreeMASTER 1.3\PCMaster.exe，双击打开。

ⓑ 从 Project 中导入 MAP 文件。选择 Project→Options 菜单项，单击 MAP files 选项卡，在 Default symbol 文本框中导入程序自动生成的 output 文件夹内的 elf 文件，路径为 E:\experimentation\ADC\output；在 File 下拉列表框中添加第一项，单击“确定”按钮，如图 4-75 所示。此步骤是把目标板上程序中的变量导入到 PC_Master 工具的界面内。

ⓒ 添加要显示的变量。选择 Project→Variables→Generate 菜单项，在弹出的对话框中选择要显示的变量后单击 Generate single variables 按钮，选择完所有要显示的变量后单击 Close 按钮关闭窗口，如图 4-76 和图 4-77 所示。

ⓓ 添加变量值显示窗口。选择 Item→Properties 菜单项，单击 Watch 选项卡，

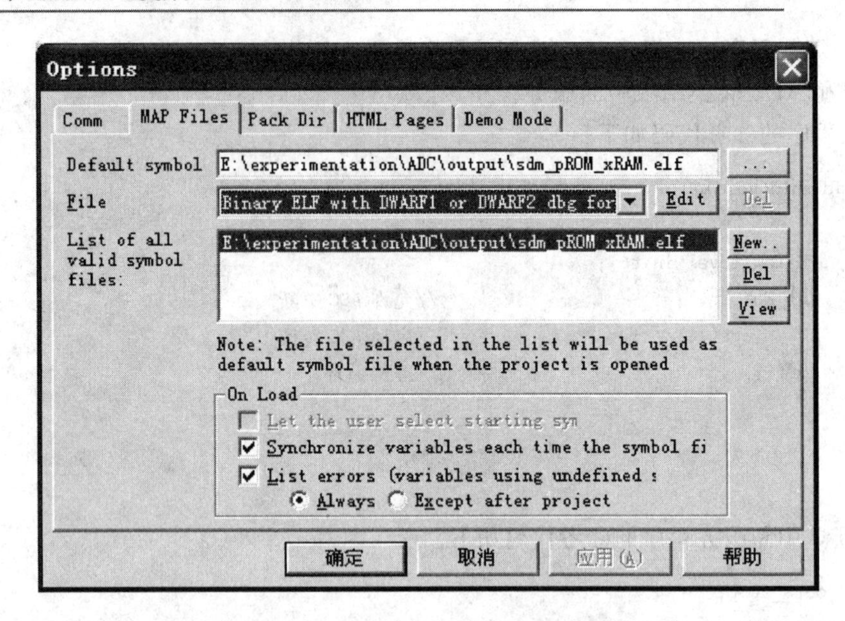

图 4-75　ADC 转换与定标例程(十)

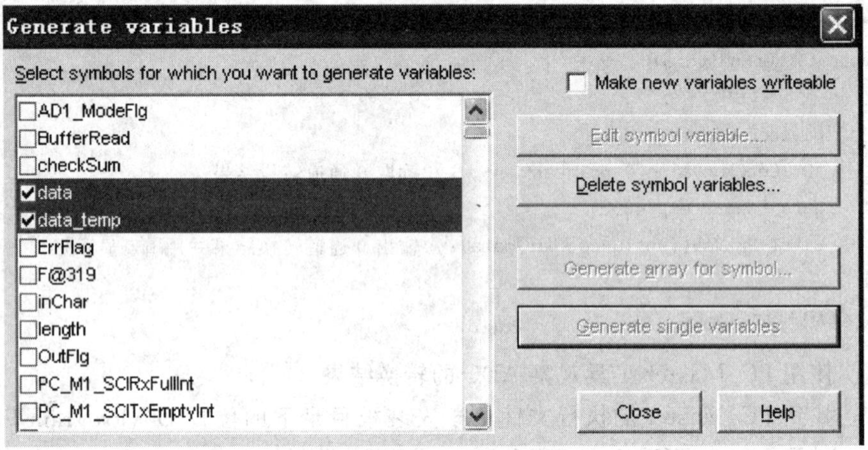

图 4-76　ADC 转换与定标例程(十一)

将左侧列表框中的变量添加到右侧 Watched 列表框中，单击“确定”按钮。在 PC_Master 主界面右下角将显示两个变量的值，如图 4-78 所示。

ⓔ 添加示波器观察变量随时间变化的图形。选择 Item→Create Scope 菜单项，单击 Setup 选项卡，选择变量和曲线的颜色，单击“确定”按钮，如图 4-79 所示。

双击主界面左侧的 New scope，在 PC_Master 主界面右上角的示波器中将显示各变量的曲线，如图 4-80 所示。

⑤ 调试运行。编译、链接后，将程序下载到目标板上，单击运行工具按钮，程序开始运行。调节两个电位器可改变电位器的输出电压，通过三个指示灯可以判断输

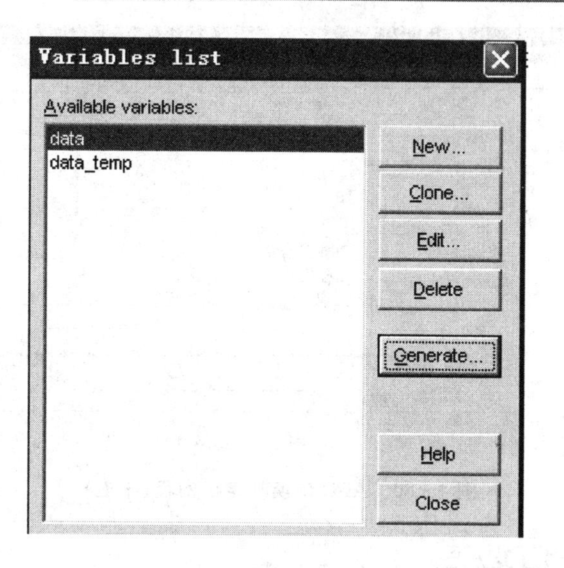

图 4－77　ADC 转换与定标例程(十二)

Name	Value	Unit	Period
data	4	DEC	1000
data_temp	18808	DEC	1000

图 4－78　ADC 转换与定标例程(十三)

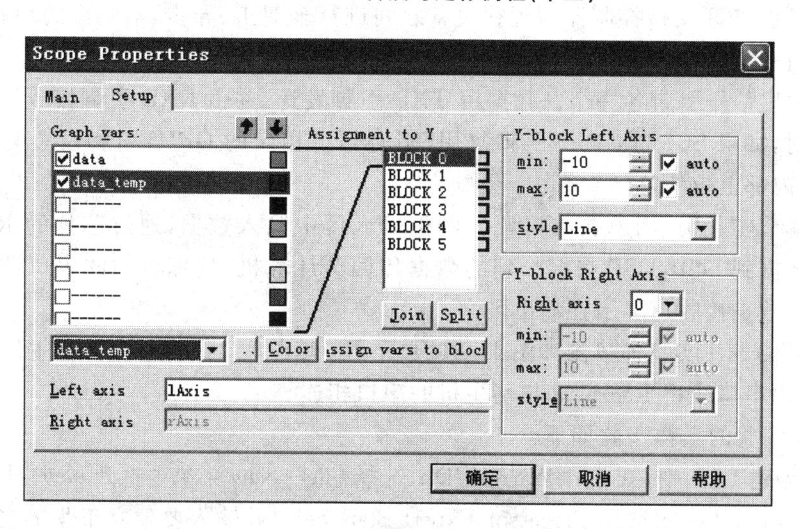

图 4－79　ADC 转换与定标例程(十四)

入电压实际值的大小，通过 PC_Master 可以读出输入电压定标后的值。

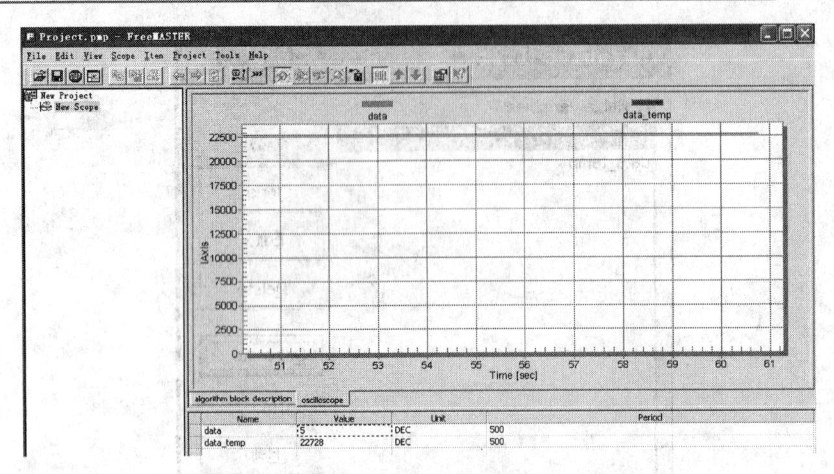

图 4-80 ADC 转换与定标例程(十五)

4.8 SCI 串行通信

DSP56F8013 系列 DSP 的串行通信接口(SCI)是一个通用的异步接收器/发送器类型的异步通信接口,通过 RS—232、RS—485 等串行通信协议与主机系统通信。当加上硬件驱动电路后,SCI 能够在较长的距离上通信。多个 DSP 可以通过 SCI 相互连接组成串行通信网络。

DSP 的 SCI 支持控制器与远程设备之间进行全双工、异步、不归零的串行通信。尽管采用一个波特率发生器,但 SCI 的发送器和接收器是相互独立工作的。SCI 有输入和输出信号引脚各一个。数据由 TXD 引脚发送,并由 RXD 引脚接收。在初始化 SCI 时,如果 SCI 与 GPIO 引脚复用,则必须将相应的 GPIO 引脚设置为 SCI 功能,并将内部上拉使能。

在本节实验中,用户在串口调试助手输入区中输入数据,通过芯片的 RS—232 口传输数据到 DSP,DSP 将接收到的数据传回给计算机,计算机中的串口调试助手软件将该数据接收后显示在输出区中。

相应的 SCI 实物连接图如图 4-81 所示,用 USB 串口线将仿真器与主机的 USB 口相连,用串口线将 RS—232 口与主机的串口相连。

SCI 实验的具体步骤如下:

① 创建工程。打开 CodeWarrior IDE,选择 File→New 菜单项打开 New 对话框,如图 4-82 所示。按图选择 Processor Expert Stationery,并输入要建立工程的名称和路径,如工程名为 Serial Interface,保存的路径为 E:\experimentation\Serial interface。

单击"确定"按钮后出现 New Project 对话框,选择 CPU 类型为 MC56F8013VFAE,如图 4-83 所示。创建完工程后并没有生成代码,这时需要"Make"一下工程来创建代码。

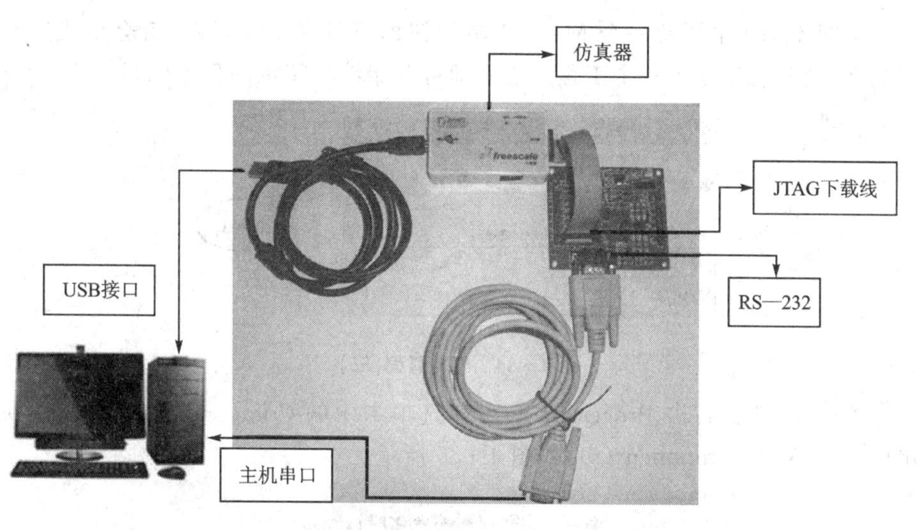

图 4-81　SCI 实物连接图

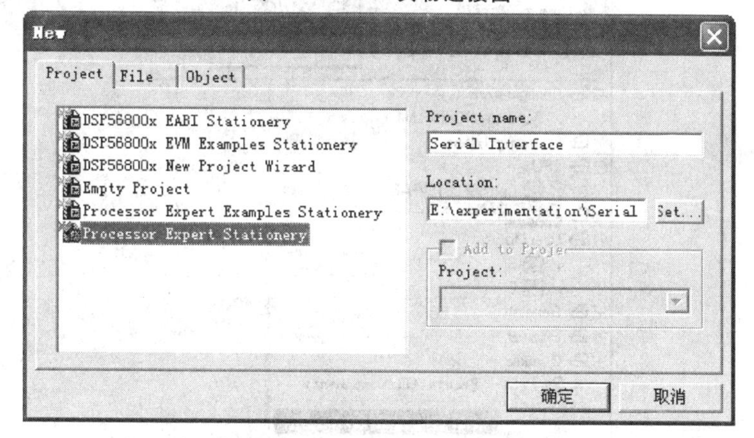

图 4-82　SCI 例程(一)

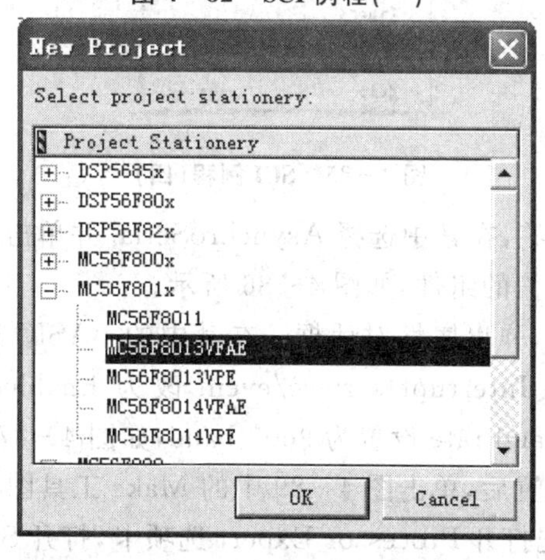

图 4-83　SCI 例程(二)

单击图 4-84 中任意一个 Make 工具按钮即可编译工程，编译后会生成所有的用户文件，至此就建立了一个工程。之后即可开始编写特定的程序代码。

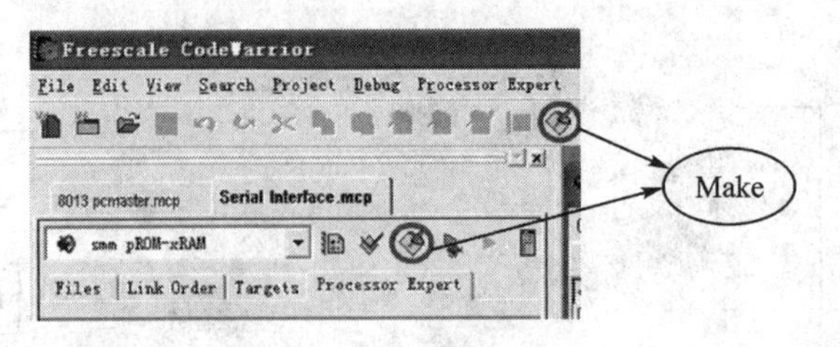

图 4-84　SCI 例程(三)

② 添加组件。右击 Processor Expert 选项卡中的 Components，在弹出的快捷菜单中选择 Add Component(s)，如图 4-85 所示。

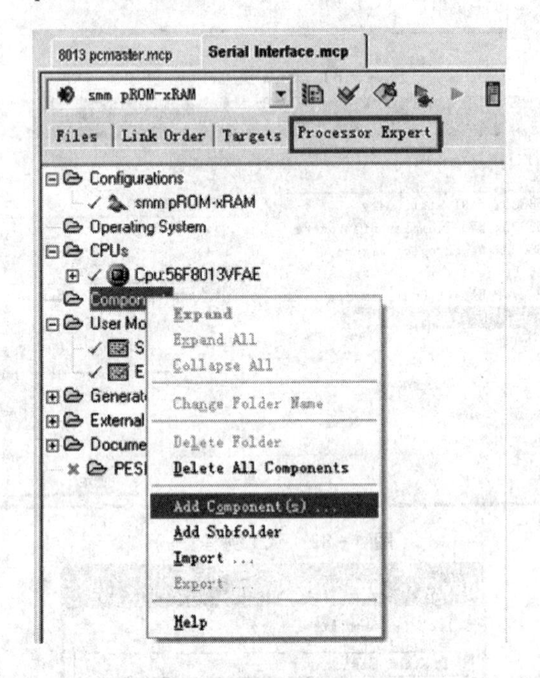

图 4-85　SCI 例程(四)

单击 Categories 标签，在其中选择 AsynchroSerial 并单击 Add & Close 按钮，添加一个用于同步串行通信的组件，如图 4-86 所示。

双击所添加的组件，弹出属性对话框。在其中的 BASIC 选择卡中设置其属性。主要修改以下选项：将 Interrupt service/event 改为 Enabled，Input 和 Output 的 buffer Size 均为 8，将 Baud rate 设置为 9600 baud，如图 4-87 和图 4-88 所示。

在完成上述属性设置后，单击图 4-89 中的 Make 工具图标，生成程序代码。

③ 编写程序。首先打开 Processor Expert 选项卡，打开 Serial_Interface. c：main 文件，如图 4-90 所示。

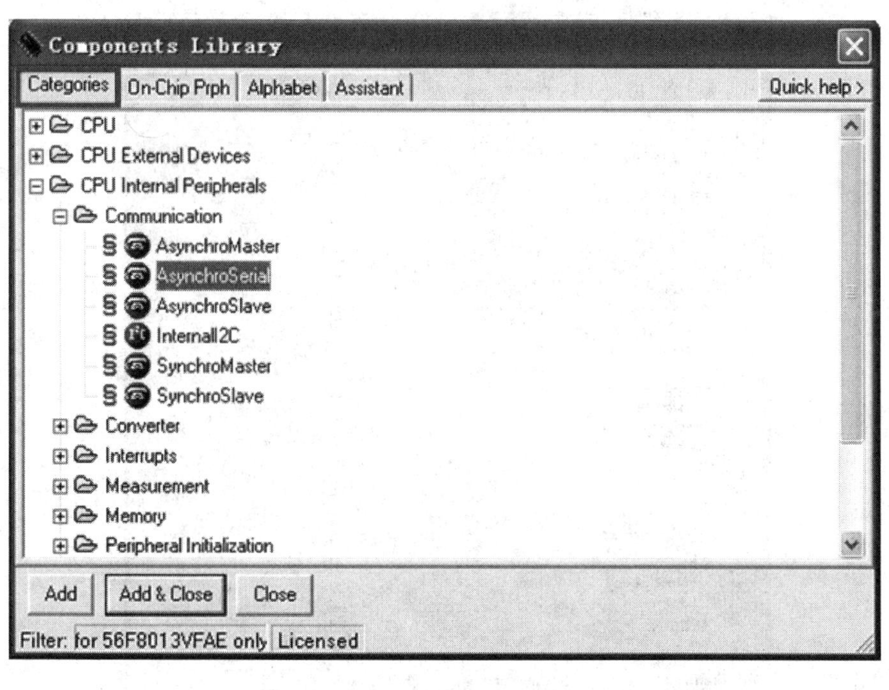

图 4－86　SCI 例程(五)

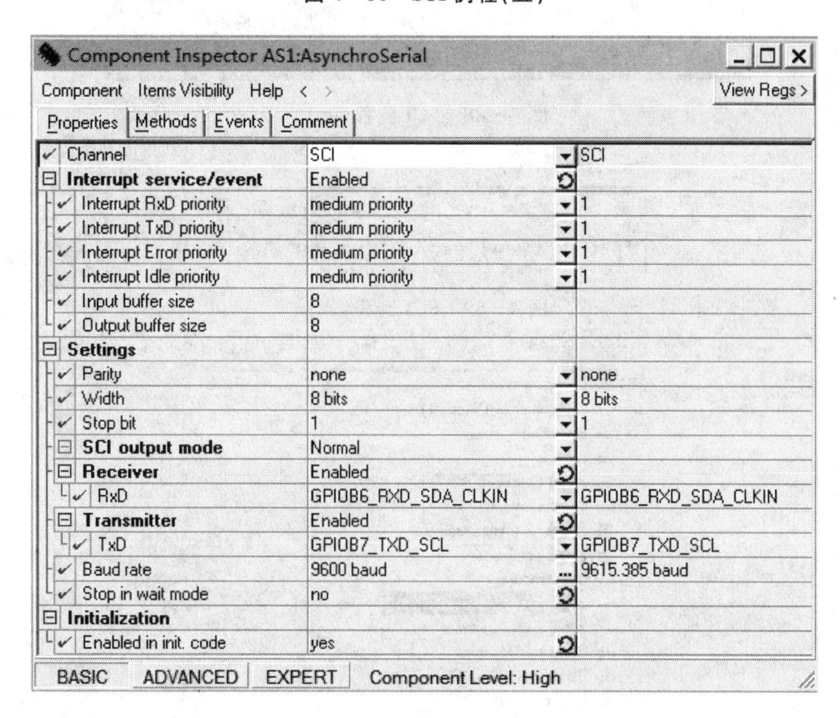

图 4－87　SCI 例程(六)

Component Inspector AS1:AsynchroSerial

Component　Items Visibility　Help　View Regs >

Properties | Methods | Events | Comment

Component name	AS1		
Channel	SCI		SCI
Interrupt service/event	Enabled		
Interrupt RxD	INT_SCI_RxFull		INT_SCI_RxFull
Interrupt RxD priority	medium priority		1
Interrupt RxD preserve registers	yes		
Interrupt TxD	INT_SCI_TxEmpty		INT_SCI_TxEmpty
Interrupt TxD priority	medium priority		1
Interrupt TxD preserve registers	yes		
Interrupt Error	INT_SCI_RxError		INT_SCI_RxError
Interrupt Error priority	medium priority		1
Interrupt Error preserve registers	yes		
Interrupt Idle	INT_SCI_TxIdle		INT_SCI_TxIdle
Interrupt Idle priority	medium priority		1
Interrupt Idle preserve registers	yes		
Input buffer size	8		
Output buffer size	8		
Handshake			
CTS	Disabled		
RTS	Disabled		
Settings			
Parity	none		none
Width	8 bits		8 bits
Stop bit	1		1
SCI output mode	Normal		
LIN slave mode	Disabled		
Receiver	Enabled		
RxD	GPIOB6_RXD_SDA_CLKIN		GPIOB6_RXD_SDA_CLKIN
RxD pin signal			
Transmitter	Enabled		
TxD	GPIOB7_TXD_SCL		GPIOB7_TXD_SCL
TxD pin signal			
Baud rate	9600 baud	...	9615.385 baud
Break signal	Disabled		

BASIC　ADVANCED　EXPERT　Component Level: High

图 4－88　SCI 例程(七)

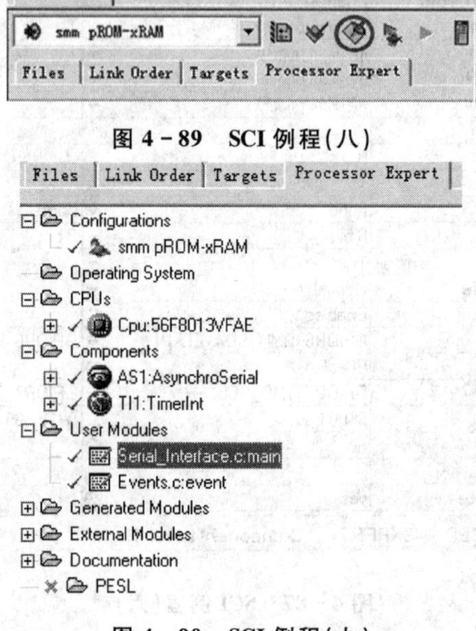

图 4－89　SCI 例程(八)

图 4－90　SCI 例程(九)

把需要的函数从相应组件下拖至主函数中。还可以在 Serial_Interface. c:main 文件中直接输入程序,如图 4-91 所示。

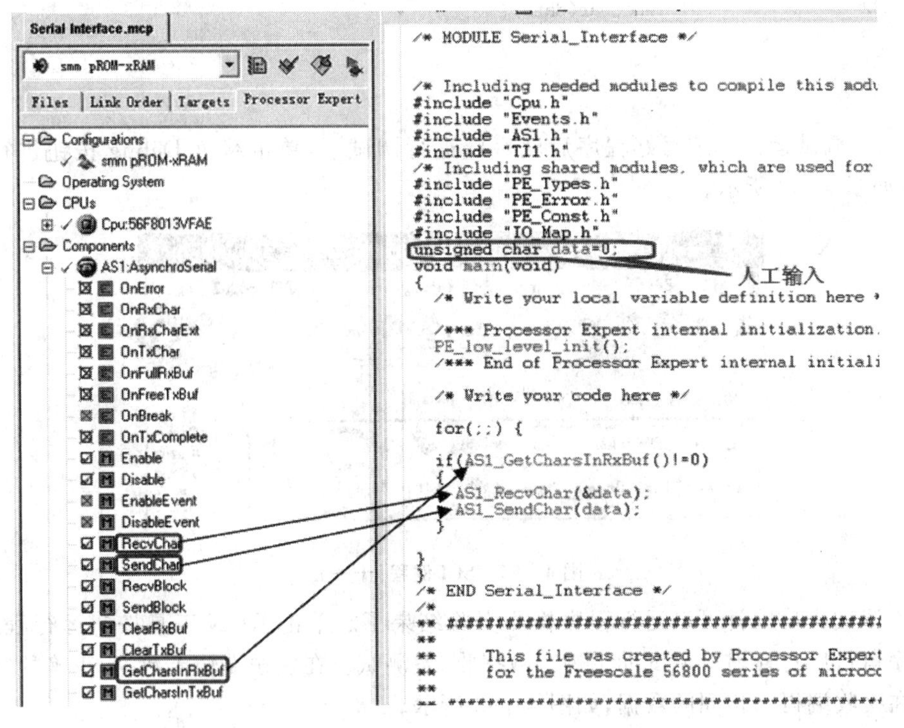

图 4-91 SCI 例程(十)

编写的程序代码如下所示,第 19 行检测是否收到一个字符,如果收到则在第 21 行将收到的字符放入变量 data 中,并在第 22 行将 data 重新发送给计算机,由此实现预定的程序功能。

```
 1 #include "Cpu.h"
 2 #include "Events.h"
 3 #include "AS1.h"
 4 /*  Including shared modules, which are used for whole project */
 5 #include "PE_Types.h"
 6 #include "PE_Error.h"
 7 #include "PE_Const.h"
 8 #include "IO_Map.h"
 9 unsigned char data = 0;
10 void main(void)
11 {
12      /* Write your local variable definition here */
13      /*** Processor Expert internal initialization. DON'T REMOVE THIS CODE!!! ***/
14      PE_low_level_init();
15      /* * * End of Processor Expert internal initialization. * * */
16      /* Write your code here */
17      for(;;)
18      {
```

```
19        if(AS1_GetCharsInRxBuf() != 0)
20        {
21            AS1_RecvChar(&data);
22            AS1_SendChar(data);
23        }
24    }
25 }
```

④ 调试运行。编写好程序后就可以进行调试了，单击绿色 Debug 按钮进行调试，如图 4-92所示。

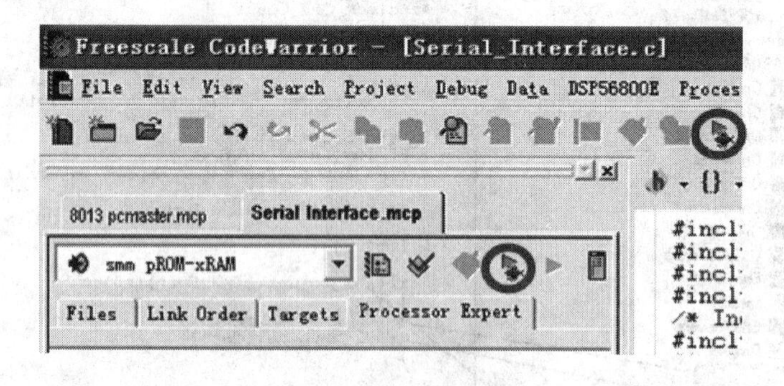

图 4-92 SCI 例程(十一)

调试成功后就可以运行程序检测实验结果了。单击 RUN 工具按钮运行程序，程序运行后打开串口调试助手进行数据收/发测试。在发送端输入数据，正确的结果是在接收端得到相同的数据，如图 4-93 所示。

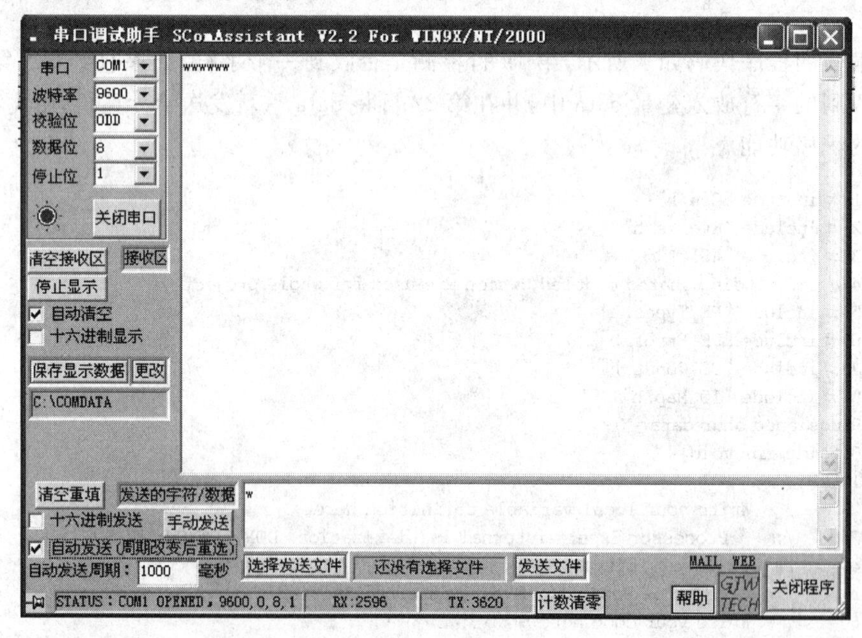

图 4-93 SCI 例程(十二)

4.9 SPI串行外设接口

串行外设接口(Serial Peripheral Interface,SPI)模块用于DSP控制器与外设之间,或者与其他处理器之间的全双工、同步、串行通信。SPI与SCI都属于串行通信,其主要区别在于SCI为异步通信,即通信双方事先约定好波特率,而不必传输时钟信号;SPI属于同步通信,通信双方之间同时要传递时钟信号。与异步串行通信相比,同步串行通信的传输速率可以更高,误码率更低。

SPI接口一般使用4个引脚,分别为主机输出/从机输入引脚MOSI、主机输入/从机输出引脚MISO、从机选择引脚SS及串行时钟引脚SCLK。这些引脚在不使用SPI模块时,可以作为GPIO引脚使用。4个引脚的作用分别如下。

主出/从入引脚MOSI:是主机输出/从机输入数据线。当DSP被设置为主机方式时,主机送向从机的数据从该引脚输出;当DSP被设置为从机方式时,来自主机的数据从该引脚输入。

主入/从出引脚MISO:是主机输入/从机输出数据线。当DSP被设置为主机方式时,来自从机的数据从该引脚输入主机;当DSP被设置为从机方式时,送向主机的数据从该引脚输出。

从机选择引脚SS:也被称为片选引脚,低电平有效。若一个DSP的SPI工作在从机方式,该引脚电平为0,则表示主机选择了该从机。对于单主单从系统,可以不对该引脚进行控制;而对于单主多从系统,从机的SS引脚与主机的I/O口相连,主机通过对I/O口的操作来改变从机SS引脚的电平,从而选择从机。

串行时钟引脚SCLK:用于控制主机与从机之间的数据传输。串行时钟信号由主机的内部总线时钟分频获得,主机的SCLK引脚输出给从机的SCLK引脚,控制整个数据的传输速度。在主机启动一次传送的过程中,从SCLK引脚输出自动产生的8个时钟周期信号,SCLK信号的一个跳变进行一位数据的移位传输。

DSP中的SPI模块可分别工作于主机方式和从机方式,通过配置相关寄存器可实现工作方式的切换。

本节将演示如何通过SPI接口与SCA100T倾角传感器进行数据传输。DSP与SCA100T通过SPI进行连接。SCA100T倾角传感器通过主入/从出引脚(MISO)、主出/从入引脚(MOSI)、时钟引脚(SCK)和片选引脚(CSB)与DSP相连,可实现SPI通信。DSP工作于主机方式,向传感器发送片选信号。当片选信号为低电平有效时,DSP与传感器进行通信,SPI接线原理图如图4-94所示。

DSP的SPI工作流程图如图4-95所示。

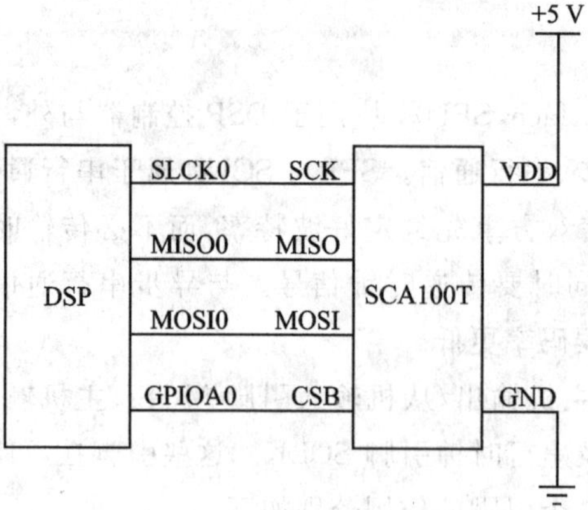

图 4-94 SPI 接线原理图

(a) 主程序 (b) 1 ms中断程序

图 4-95 DSP 的 SPI 工作流程图

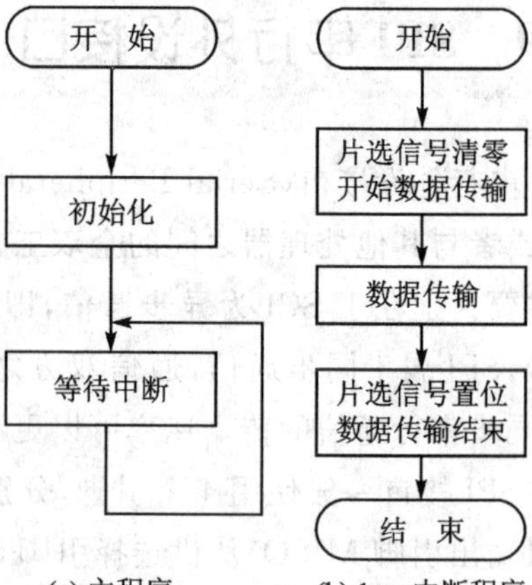

SPI 实验的具体步骤如下：

① 新建工程 SPI，并在 SPI 中添加组件 SWSPI 进行设置，具体设置如图 4-96 所示。

② 添加组件 BitIO，作为传感器 SCA100T 的片选信号，设置如图 4-97 所示。

③ 添加组件 TimerInt 并进行设置，具体设置如图 4-98 所示。

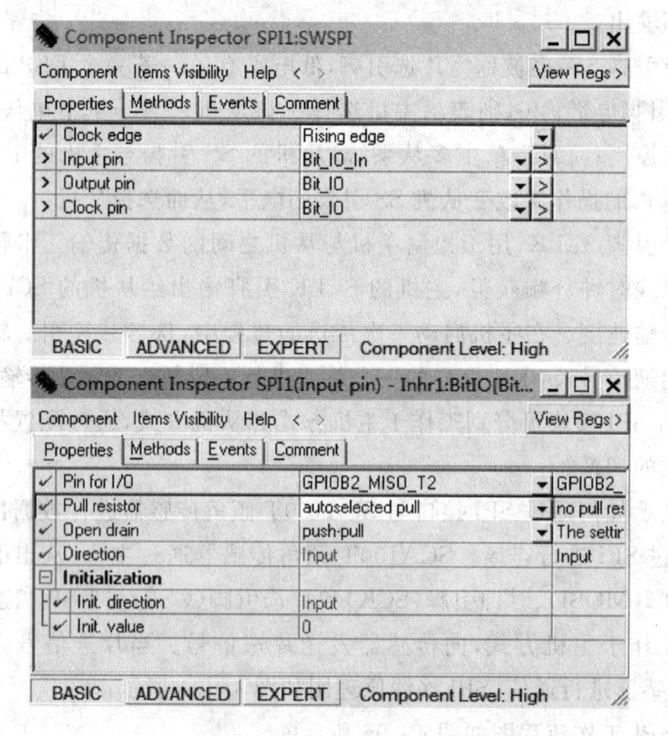

图 4-96 SPI 例程(一)

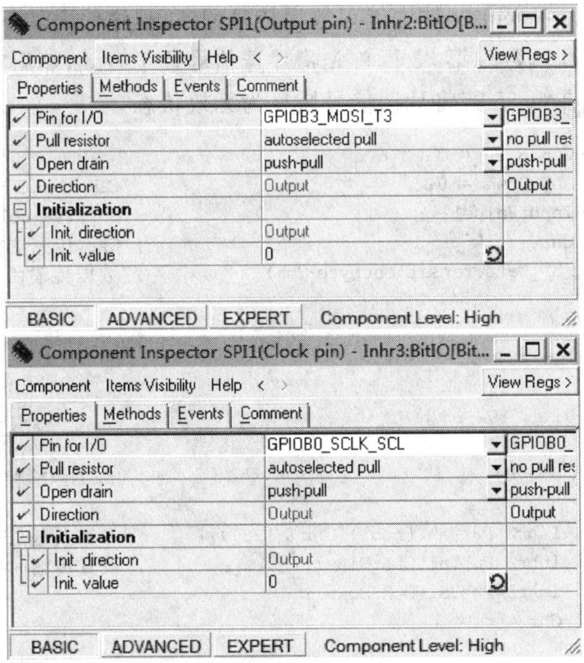

Component Inspector SPI1(Output pin) - Inhr2:BitIO[B...

Component　Items Visibility　Help　<　>　View Regs >

Properties | Methods | Events | Comment

Property	Value	
Pin for I/O	GPIOB3_MOSI_T3	GPIOB3_
Pull resistor	autoselected pull	no pull res
Open drain	push-pull	push-pull
Direction	Output	Output
Initialization		
Init. direction	Output	
Init. value	0	

BASIC　ADVANCED　EXPERT　Component Level: High

Component Inspector SPI1(Clock pin) - Inhr3:BitIO[Bit...

Component　Items Visibility　Help　<　>　View Regs >

Properties | Methods | Events | Comment

Property	Value	
Pin for I/O	GPIOB0_SCLK_SCL	GPIOB0_
Pull resistor	autoselected pull	no pull res
Open drain	push-pull	push-pull
Direction	Output	Output
Initialization		
Init. direction	Output	
Init. value	0	

BASIC　ADVANCED　EXPERT　Component Level: High

图 4－96　SPI 例程(一)(续)

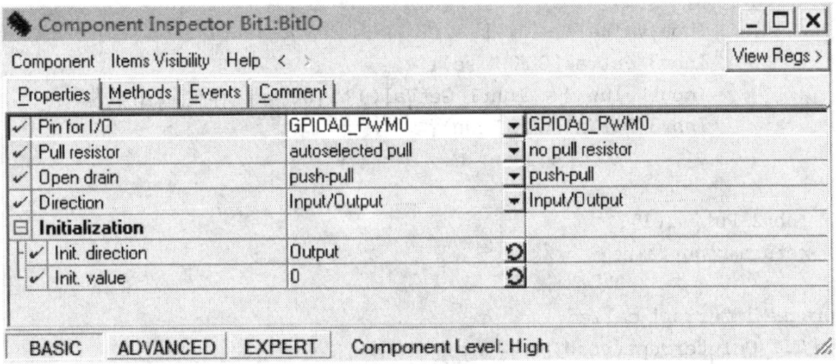

Component Inspector Bit1:BitIO

Component　Items Visibility　Help　<　>　View Regs >

Properties | Methods | Events | Comment

Property	Value	
Pin for I/O	GPIOA0_PWM0	GPIOA0_PWM0
Pull resistor	autoselected pull	no pull resistor
Open drain	push-pull	push-pull
Direction	Input/Output	Input/Output
Initialization		
Init. direction	Output	
Init. value	0	

BASIC　ADVANCED　EXPERT　Component Level: High

图 4－97　SPI 例程(二)

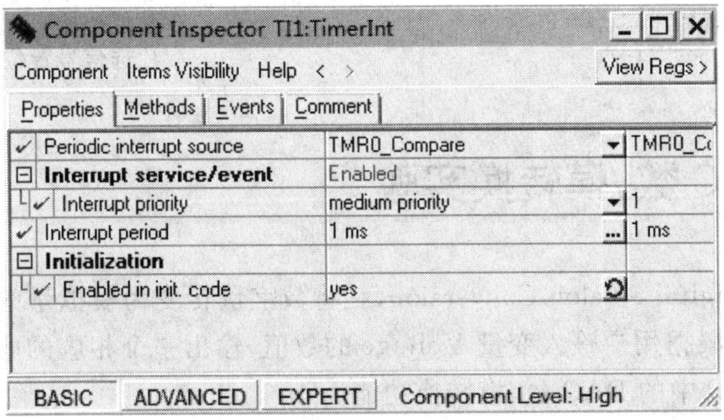

Component Inspector TI1:TimerInt

Component　Items Visibility　Help　<　>　View Regs >

Properties | Methods | Events | Comment

Property	Value	
Periodic interrupt source	TMR0_Compare	TMR0_C
Interrupt service/event	Enabled	
Interrupt priority	medium priority	1
Interrupt period	1 ms	1 ms
Initialization		
Enabled in init. code	yes	

BASIC　ADVANCED　EXPERT　Component Level: High

图 4－98　SPI 例程(三)

④ 在 Events.c:event 文件中编写数据传输程序，程序代码如下所示。在每次发生中断后，执行中断函数。第 33 行首先将片选信号置于有效，然后在第 34 行执行数据读取操作，最后在第 35 行将片选信号恢复为无效状态。

```
1 static byte CLK_Rise = 1;
2 static byte CLK_Down = 0;                          //CLK_Rise,CLK_Down,传输时钟信号
3 static byte InputValue1;                           //InputValue1,传输数据
4 static byte Chr;                                   //Chr,传感器控制命令
5 unsigned int SP_DataTransition(byte Chr)           //数据传输函数
6 {
7     byte i;
8     InputValue = 0x00;
9
10    for(i = 0; i<19; i++)
11    {
12        if (i < 8)                                 //MOSI 传输控制命令
13        {
14            Inhr2_PutVal((bool)(Chr & 128));       //MOSI 传输控制命令
15            Inhr3_PutVal(CLK_Rise);                //设置传输时钟
16            Inhr3_PutVal(CLK_Down);
17            Chr <<= 1;
18        }
19        else                                       //MISO 传输数据
20        {
21            InputValue <<= 1;
22            Inhr3_PutVal(CLK_Rise);
23            InputValue += Inhr1_GetVal()?1:0;      //存储输出数据
24            Inhr3_PutVal(CLK_Down);
25        }
26    }
27    Inhr2_PutVal(1);
28    return InputValue;
29 }
30 #pragma interrupt called
31 void TI1_OnInterrupt(void)
32 {
33    Bit1_ClrVal();                                 //片选信号清零,数据传输开始
34    SP_DataTransition(Chr);                        //数据传输
35    Bit1_SetVal();                                 //片选信号置位,数据传输结束
36 }
```

4.10　DAC 数/模转换实验

DAC，即 Digital Analog Conversion，是将数字量转变为模拟量的操作。例如有如下一个需求，根据用户输入变量 Voltage 的数值，输出一个相应的电压信号。此时就需要使用 DSP 中的 DAC 数/模转换功能。

DSP 芯片仅可以输出 0 或 3.3 V 两种电压信号，而无法输出其他电压，因此不能

直接输出模拟电压信号。然而，由于DSP芯片的引脚可以输出宽度可变的脉冲信号，根据PWM原理，在对该信号进行低通滤波后，其输出的电压信号将变为0～3.3 V之间的一个电压信号，由此实现了从数字信号向模拟信号的转换。当然，如果对滤波电路进行特定的设计，增加运放等模拟信号运算电路，则可以进一步改变输出电压的范围。

由此可见，DAC的关键是控制DSP引脚输出特定的PWM脉冲信号。

在本节实验中，基于实验板控制DSP输出不同占空比的PWM信号，该信号经过电路板上的滤波电路以后，输出相应的模拟信号数值。具体来说，使用DSP的DA0/DA1输出PWM波，经过滤波后，其模拟电压值与PWM信号的占空比成正比。

PWM信号电压为0～3.3 V，其占空比为0～100%，经过低通滤波，得到模拟量信号。低通滤波器电路的输入/输出关系为：0%占空比对应1.24 V，100%占空比对应－1.24 V。

DAC实物接线图如图4－99所示，该实验需要5 V供电，特别需要注意的是，在下载完程序后需先拔除下载器，再接上5 V电源。

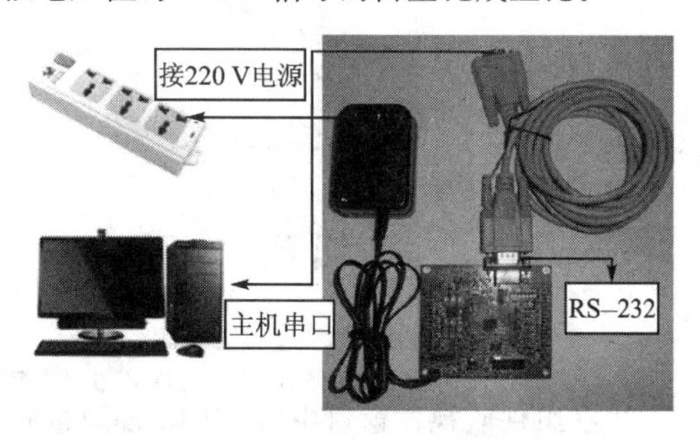

图4－99　DAC实物接线图(输出模拟信号)

为了便于观察输出的模拟信号波形，本实验使用示波器对模拟信号进行检测，其实物连接图如图4－100所示。其中DA0/DA1位于图示板子位置右侧接线端子的第二排，GND位于左侧接线端子的第三排外侧。

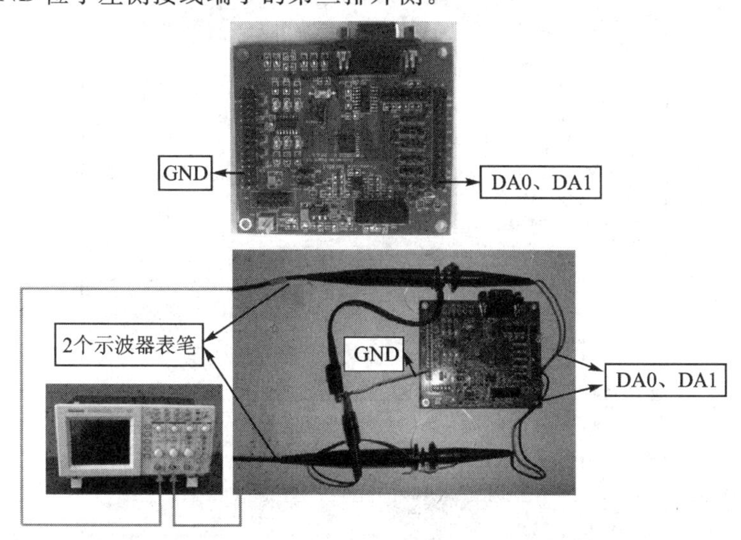

图4－100　DAC实物接线图(用示波器检测模拟信号)

DAC实验的具体步骤如下：

① 创建工程。打开CodeWarrior IDE，选择File→New菜单项，选择Processor Expert Stationery，并输入要建立工程的名称和路径，该工程名为DAC。

② 添加组件。首先右击 Processor Expert 选项卡中的 Components，在弹出的快捷菜单中选择 Add Component(s)，添加 1 个 PWM 组件，如图 4-101 所示。

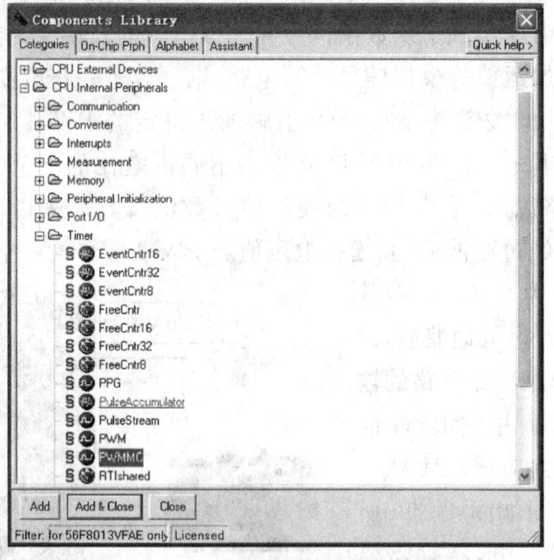

图 4-101　DAC 数/模转换例程(一)

③ 在组件监视器窗口中对 PWM 模块进行设置：选择中心对齐方式、独立通道模式、中断使能、开关频率为 10 kHz，如图 4-102 所示。

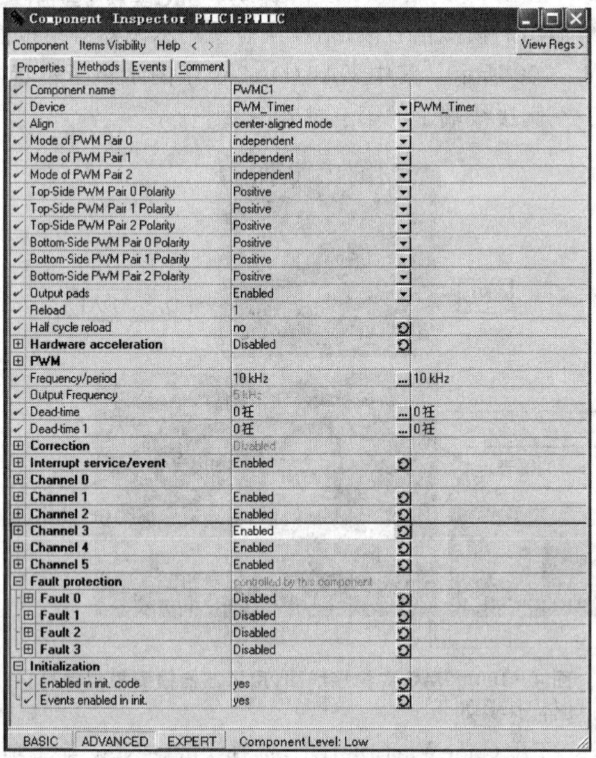

图 4-102　DAC 数/模转换例程(二)

④ 添加DSP_Func_TFR组件,如图4-103所示。

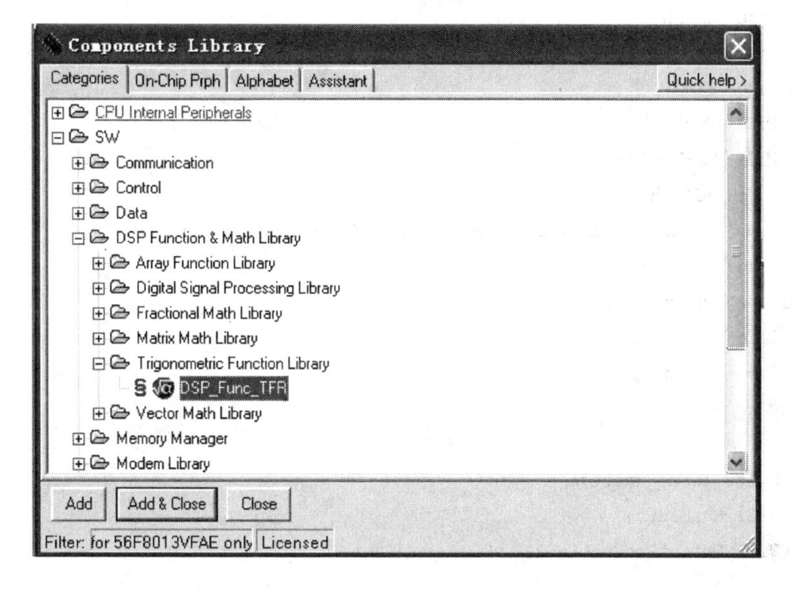

图4-103 DAC数/模转换例程(三)

⑤ 在组件监视器窗口中,在PWM组件的Methods选项卡中设置需要生成的模块子程序,如图4-104所示。

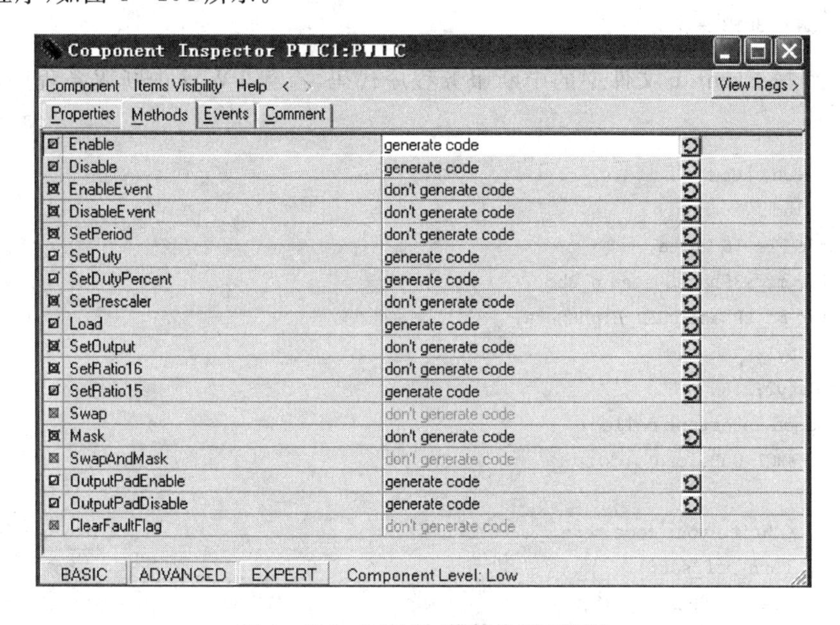

图4-104 DAC数/模转换例程(四)

⑥ 选择Project→Make菜单项,PE将自动生成组件子程序。

⑦ 编写主程序,主程序代码如下。

```
/* Including needed modules to compile this module/procedure */
#include "Cpu.h"
#include "Events.h"
#include "PWMC1.h"
#include "TFR1.h"
#include "MFR1.h"
#include "MEM1.h"
/* Including shared modules, which are used for whole project */
#include "PE_Types.h"
#include "PE_Error.h"
#include "PE_Const.h"
#include "IO_Map.h"
void main(void)
{
    PE_low_level_init();
    PWMC1_Enable();
    PWMC1_OutputPadEnable();
    for(;;)
    {
    }
}
/* END _8013 */
```

⑧ 编写 Event.c 文件中的中断服务程序代码，重载 PWM 中断服务程序，如下所示。


```
#include "Cpu.h"
#include "Events.h"
static Frac16 theta;
static mc_s3PhaseSystem p_abc;
static mc_sPhase pUS0_AlphaBeta;
int Duty1;
int Duty2;
#pragma interrupt called
void PWMC1_OnReload(void)
{
    /* Write your code here ... */
    __turn_off_sat();
    theta = theta + 131;                          //10 Hz
    __turn_on_sat();
    Duty1 = TFR1_tfr16SinPIx(theta)/2 + 16384;    //计算定子电压的 alpha 轴分量
    Duty2 = TFR1_tfr16CosPIx(theta)/2 + 16384;
    __turn_off_sat();
```

```
    if(Duty1<0) Duty1 = 0;
    if(Duty2<0) Duty2 = 0;
    PWMC1_SetRatio15(0,Duty1);                    //A相上桥壁开关管占空比
    PWMC1_SetRatio15(1,Duty2);                    //B相上桥壁开关管占空比
    PWMC1_Load();
}
```

⑨ 编译运行,将程序装载置DSP中。

⑩ 移除Freescale仿真器,接上5 V电源,打开示波器,把示波器探头连接在DA输出口DA0/DA1上,观察输出波形。示波器观察到的DA0/DA1波形如图4-105所示,表明DAC完成了从数字量到模拟量的变换。

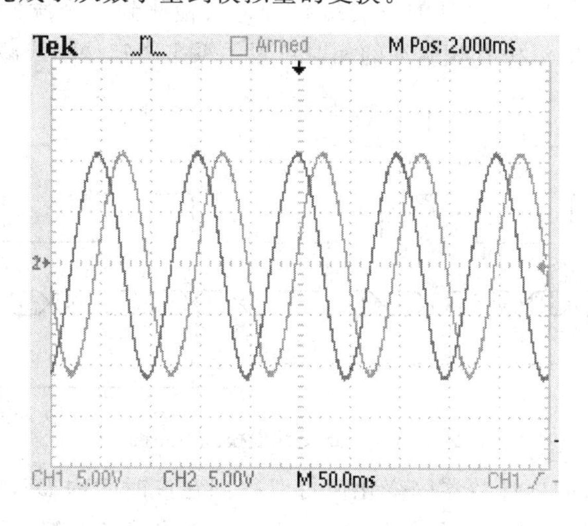

图4-105 DAC数/模转换例程输出波形

4.11 电机转速检测

对电机转速进行测量是电机控制中经常进行的操作。在智能车的控制中,为了使小车按照预期的路线前进,一方面需要对小车的转向进行控制,另一方面需要对小车的速度进行控制。如果只采用开环的速度控制,就无法判断小车的速度是否达到期望值,因此必须引入闭环控制。要想采用闭环控制,就必须知道小车的当前速度,所以,忽略车轮的滑动,通过对电机转速进行检测可以获得小车的速度。

一般来说可以在电机上安装速度传感器。随着电机速度的不同,速度传感器输出不同的信号,DSP通过对该信号进行采集即可获取此时的速度信息。光电编码器是一种常用的速度传感器。

按照工作原理可以将编码器分为绝对式编码器和增量式编码器。绝对式编码器的每一个位置对应于一个确定的数字码,因此其测量只与起始和终止位置有关,而与

过程无关,因此,其抗干扰性和可靠性较强,但是成本也较高。而增量式编码器则先将位移转换成周期性的电脉冲信号,再把该电信号转变成计数脉冲,用脉冲的个数来表示位移的大小,其成本相对较低,可广泛用于对电机转子位置信息要求不高的场合。

在增量式光电编码器中,在每个工作周期里都会输出两路相差90°电角度的脉冲,通过对这两路脉冲的解码,可以得到电机的转速和转向。其分辨率取决于每转的脉冲数,也就是码盘的线数。

增量式光电编码器的两路输入信号为典型的正交信号,可以用DSP中定时器的正交计数模式进行解码,其工作原理如图4-106所示,其中A相和B相的信号均为脉冲信号,二者相差90°。DSP的正交编码器每次检测到一个脉冲边沿后均会改变计数值,并且根据A相和B相脉冲的相对位置关系来决定增加或减少计数值。

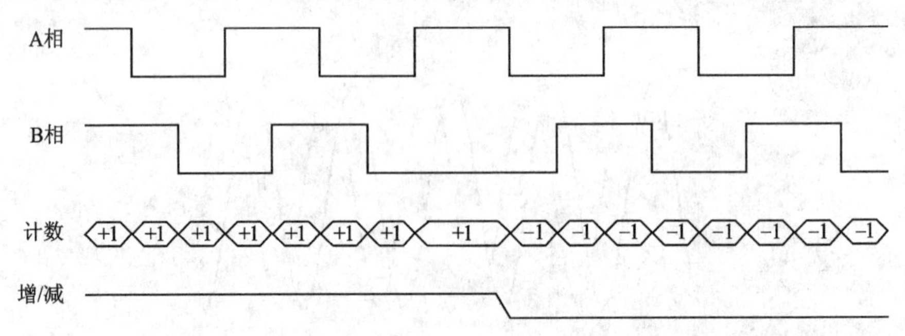

图4-106 正交计数模式时序图

通过在一定时间内计数器的变化值可以得到在该时间内DSP接收到的脉冲边沿个数,而电机每转一周,编码器产生的脉冲边沿个数是光电编码器线数的4倍,因此可以计算出电机的转速。

由此可见,电机转速的检测正是依靠编码器输出的两路正交脉冲信号,这两路信号接入DSP的正交解码模块,通过在一定时间里对脉冲数进行计数,就可以估计出电机的转速。例如,对于每周1 000线(1 000 p/r)的编码器,在10 ms的定时中断里对脉冲进行计数,正交模块对脉冲信号的上升沿和下降沿都进行计数,计数完成后通过计算便可得到电机转速,即

$$n = \mathrm{PulseNum}/4/1\,000(\mathrm{p/r})/0.01\ \mathrm{s} \cdot 60 = \mathrm{PulseNum} \cdot 3/2 \qquad (4.2)$$

其中n是电机的转速(r/min)。

电机转速检测实物连接图如图4-107所示,用USB串口线将仿真器与主机的USB口相连以实现程序下载,用串口线将RS—232与主机的串口相连用于观察电机的转速。

电机转速检测电路原理图如图4-108所示,两个码盘的信号分别接DSP的GPIOB2和GPIOB3。

图4-109为相应码盘与DSP的实物连接图。

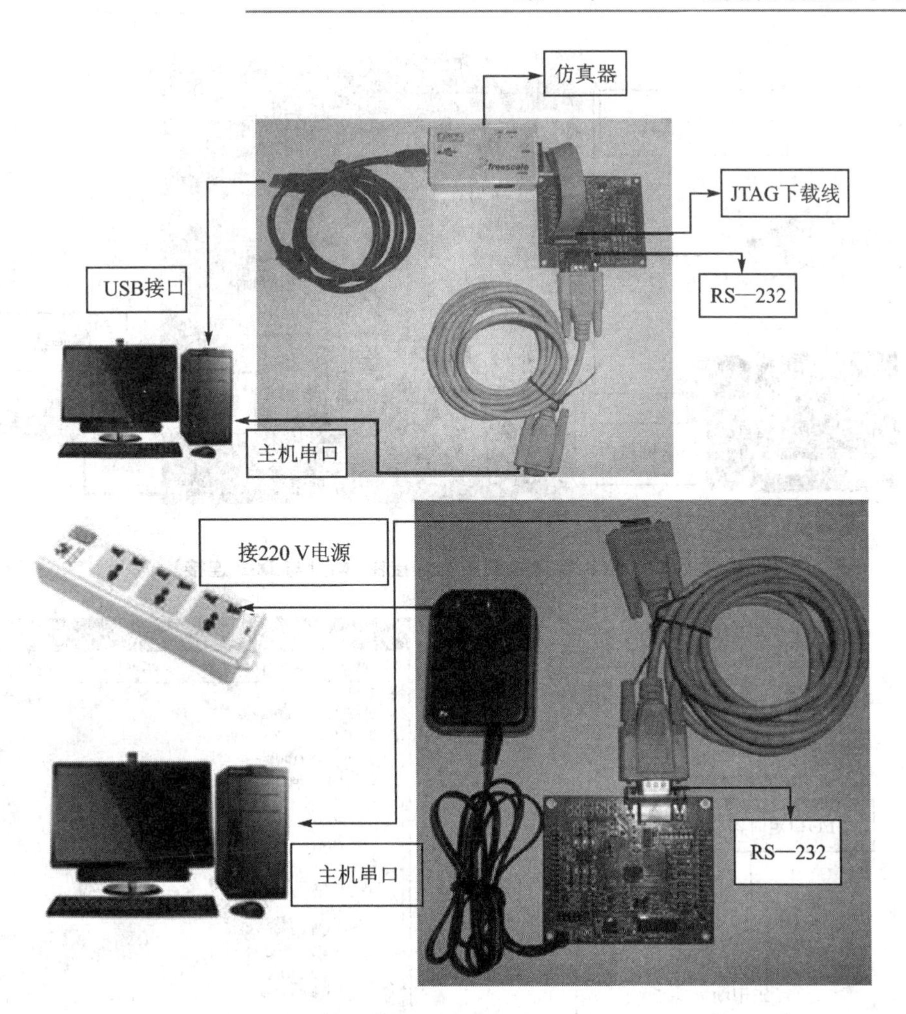

图 4-107 电机转速检测实物连接图

电机转速检测程序实现流程图如图 4-110 所示。主程序在每次定时器发生中断后读取计数器的数值,并计算出相应的电机转速。

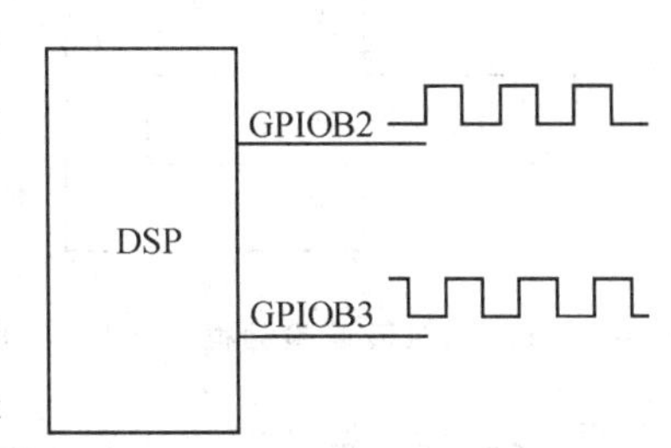

图 4-108 电机转速检测电路原理图

电机转速检测实验的具体步骤如下:

① 创建工程。打开 CodeWarrior IDE,选择 File → New 菜单项,选择 Processor Expert Stationery,并输入要建立工程的名称和路径,该工程名为 Speed_Detection。

② 添加组件。首先右击 Processor Expert 选项卡中的 Components,在弹出的快捷菜单中选择 Add Component(s),添加 1 个 PulseAccumulator 组件,如图 4-111 所示。

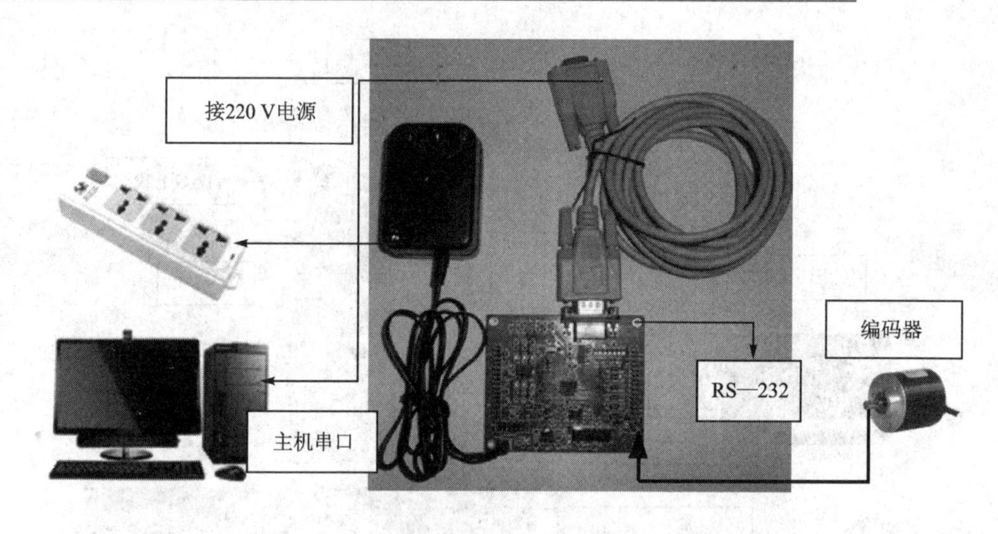

图 4-109 电机转速检测实物连接图(码盘与 DSP 连接)

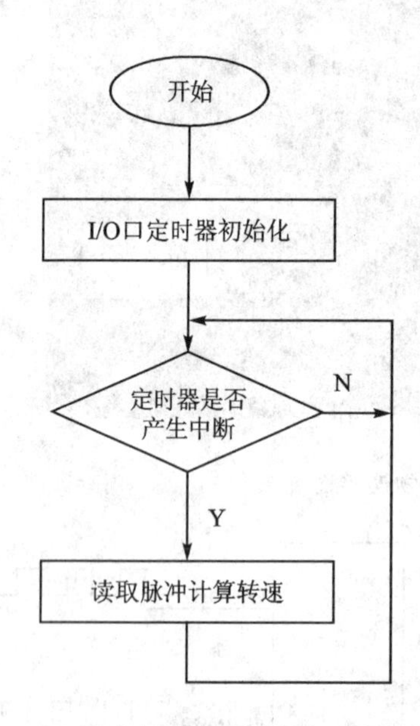

图 4-110 电机转速检测程序实现流程图

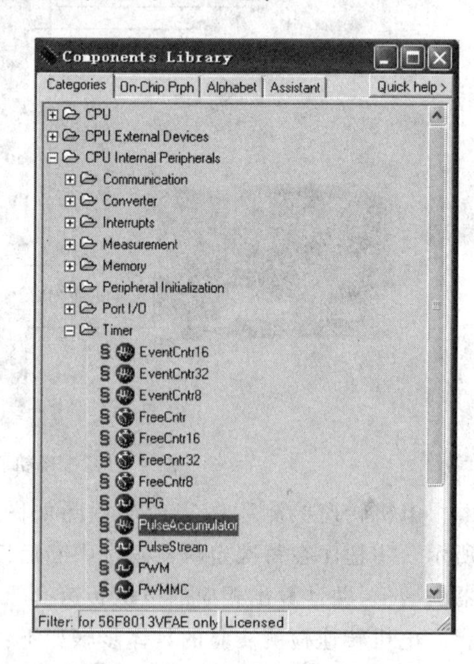

图 4-111 电机转速检测例程(一)

③ 在组件监视器窗口中对 PulseAccumulator 模块进行设置:运行模式为正交解码模式,两输入端口分别为 GPIOB2 和 GPIOB3,并设置定时器的工作模式、输入信号引脚和计数方向等,具体设置如图 4-112 所示。

④ 添加定时中断 TimeInt 组件,如图 4-113 所示。

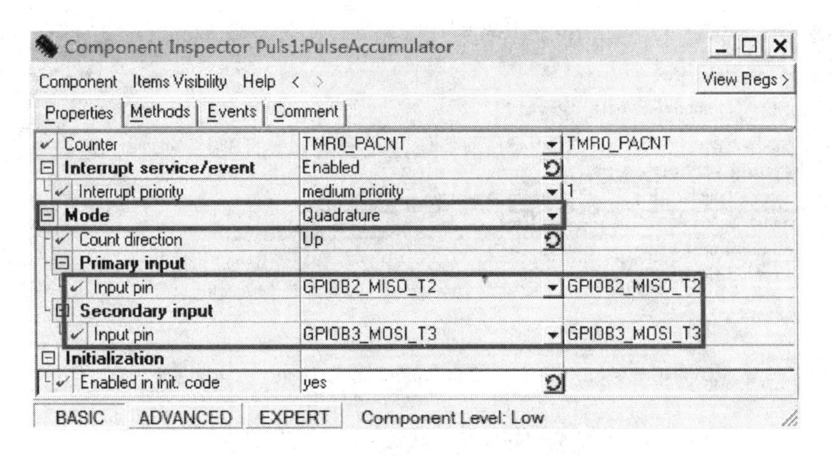

图 4-112　电机转速检测例程(二)

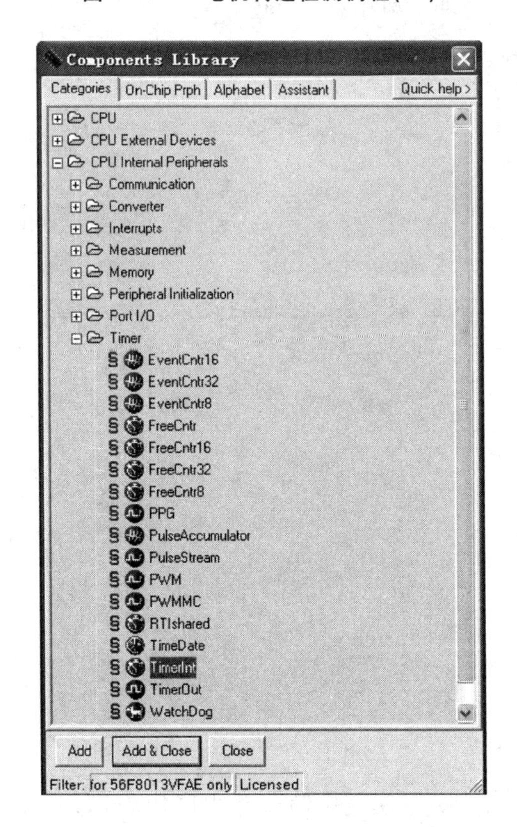

图 4-113　电机转速检测例程(三)

⑤ 设置定时器的中断周期为 10 ms,如图 4-114 所示。

⑥ 选择 Project→Make 菜单项,PE 将自动生成组件子程序。

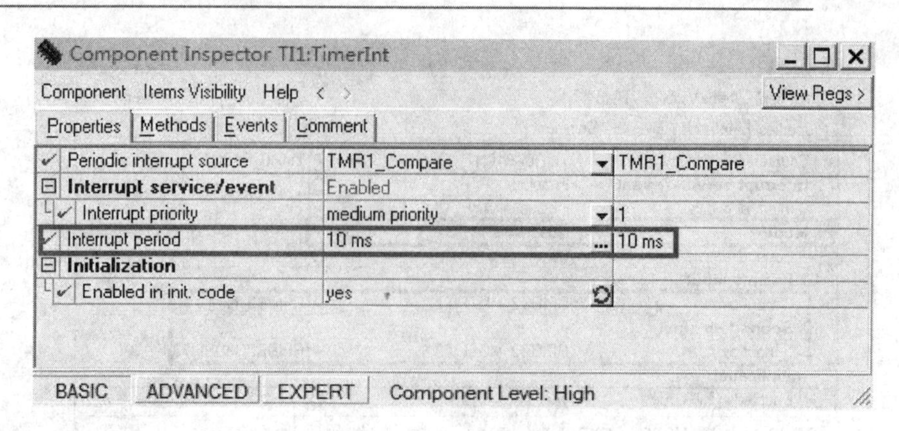

图 4-114 电机转速检测例程(四)

⑦ 编写主程序代码,如下所示。

```
/* Including needed modules to compile this module/procedure */
#include "Cpu.h"
#include "Events.h"
#include "Puls1.h"
#include "TI1.h"
#include "PC_M1.h"
#include "Inhr1.h"
/* Including shared modules, which are used for whole project */
#include "PE_Types.h"
#include "PE_Error.h"
#include "PE_Const.h"
#include "IO_Map.h"
void main(void)
{
    PE_low_level_init();
    for(;;)
    {
    }
}
/* END Get_speed */
```


⑧ 在 Event.c 文件中编写定时中断服务程序代码,如下所示,第 6 行将会读取脉冲个数,第 7 行计算得到电机的转速。

```
1 word PulseNum = 0;                 //PulseNum,脉冲数
2 int Speed = 0;                     //Speed,速度
3 #pragma interrupt called
4 void TI1_OnInterrupt(void)
```

```
5 {
6     Puls1_GetCounterValue(&PulseNum);        //读取正交脉冲数
7     Speed = (int)PulseNum * 3/2;             //计算转速
8     Puls1_ResetCounter();                    //正交计数器清零
9 }
```

⑨ 编译运行。

⑩ 移除Freescale仿真器,接上电源,打开PC_Master工具。通过PC_Master查看所计算的转速值。从工程中导入程序自动生成的、output文件夹内的elf文件,如图4-115所示。

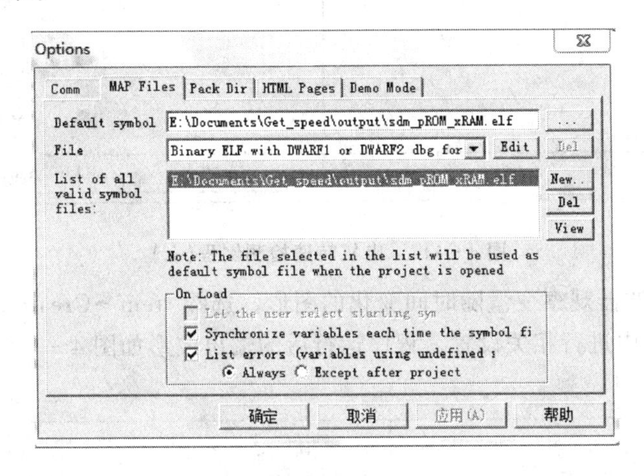

图4-115 电机转速检测例程(五)

⑪ 添加要显示的变量。Project→Variables→Generate菜单项,在弹出的如图4-116所示的对话框中选择要显示的变量。所添加的变量只能是全局变量。

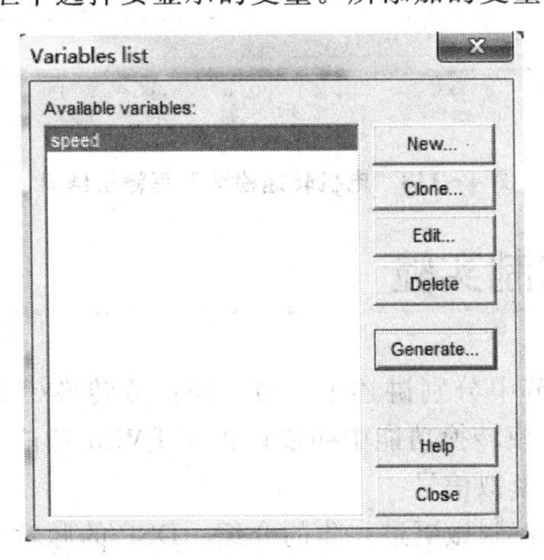

图4-116 电机转速检测例程(六)

⑫ 添加变量值显示窗口。选择 Item→Properties→Watch 菜单项，在如图 4－117 所示窗口中进行设置。

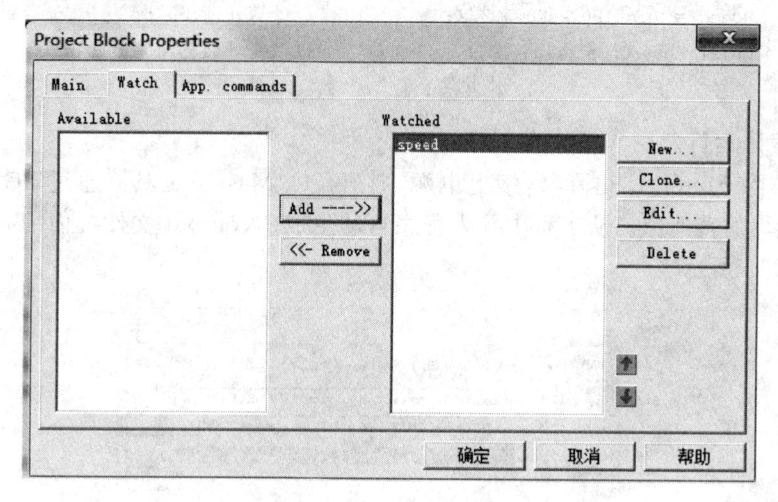

图 4－117　电机转速检测例程(七)

⑬ 添加示波器观察变量随时间变化的图形。选择 Item→Create Scope 菜单项，在 Main 选项卡中进行相关设置。程序运行后的输出波形如图 4－118 所示。

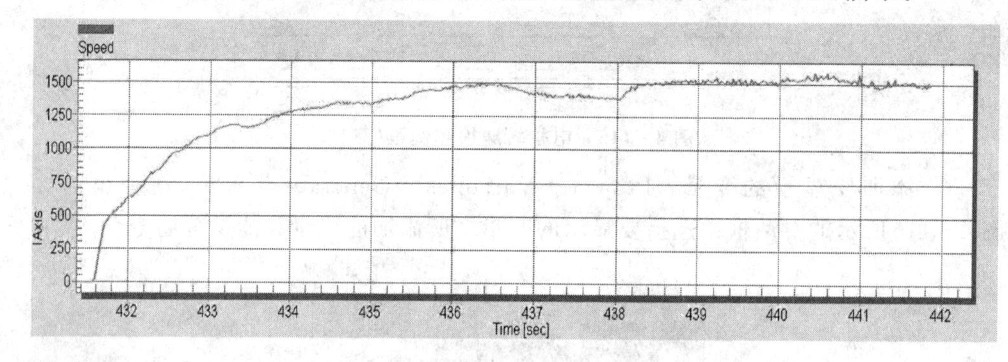

图 4－118　电机转速检测例程输出结果

4.12　PWM 控制实验

在 4.7 节和 4.10 节中分别讲述了 DSP 的模/数转换(ADC)功能和数/模转换(DAC)功能，其中在数/模转换功能中初步认识了 PWM 功能，并通过低通滤波器得到了与数字量相对应的模拟信号。

本节将对 PWM 的控制做更进一步的介绍。DSP 的脉宽调制模块(PWM)在功能上具有以下外部引脚：

① PWM0～PWM5 是六路 PWM 通道的输出引脚；

② FAULT0～FAULT3 是故障状态输入引脚；

③ IS0～IS2 是电流状态引脚，用于在互补通道方式下进行死区补偿。

PWM 源可以产生两个 CPU 中断请求：

① 重载标志(PWMF)。PWMF 在每个参数重载周期开始时置 1。重载中断使能位 PWMRIE 允许 PWMF 产生 CPU 中断请求。PWMF 和 PWMRIE 都位于 PWM 的控制寄存器(PMCTL)中。

② 故障标志(FFLAG0～FFLAG3)。当 FAULTx 引脚上出现逻辑高电平时，FFLAGx 位置位。故障引脚中断使能位 FIE0～FIE3 允许 FFLAGx 标志位产生 CPU 中断请求。FFLAG0～FFLAG3 位于故障状态寄存器(PMFSA)中。FIE0～FIE3 位于故障控制寄存器(PMFCTL)中。

PWM 的结构框图如图 4-119 所示。

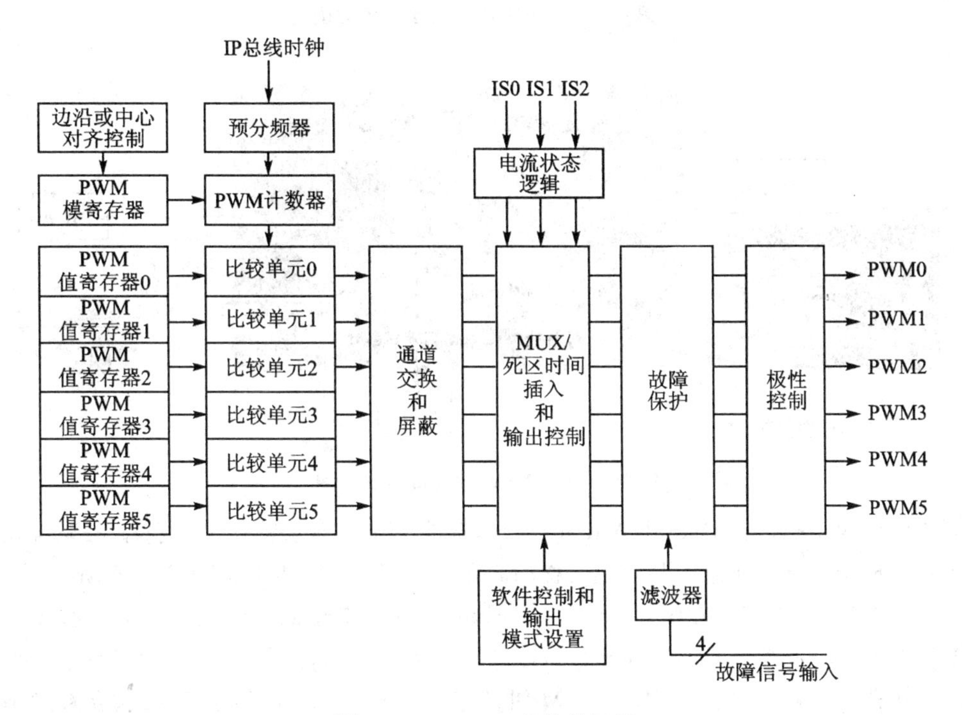

图 4-119 PWM 的结构框图

本节将利用程序输出两路互补的 PWM 波形，每路 PWM 波形的占空比呈正弦规律变化。在实验电路板中，PWM0～PWM5 位于图示板子左侧两排接线端子右边的 6 个孤立端子处，GND 位于左侧接线端子第三排外侧，如图 4-120 所示。

采用示波器观察 PWM 端口的输出波形，PWM 控制接线实物图如图 4-121 所示。

PWM 控制实验的具体步骤如下：

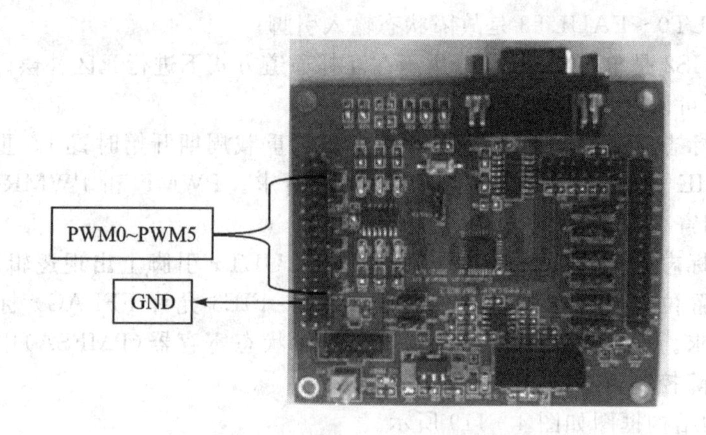

图 4-120 PWM 控制接线示意图

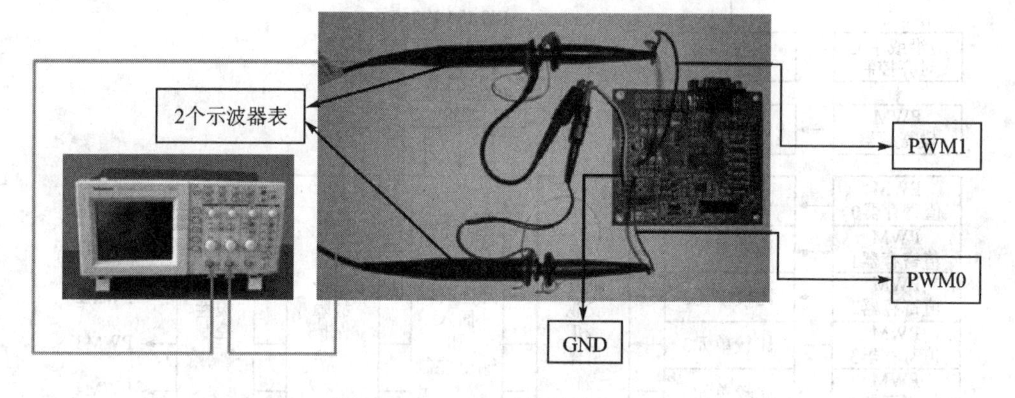

图 4-121 PWM 控制接线实物图

① 创建工程。打开 CodeWarrior IDE,选择 File→New 菜单项。选择 Processor Expert Stationery,并输入要建立工程的名称和路径,该工程名为 PWM Control。

② 添加组件。首先右击 Processor Expert 选项卡中的 Components,在弹出的快捷菜单中选择 Add Component(s),添加 1 个 PWM 组件,如图 4-122 所示。

③ 在组件监视器窗口中对 PWM 组件进行设置:选择中心对齐方式、互补通道模式、半周期重载、中断使能、开关频率 10 kHz、死区时间 3 μs,如图 4-123 所示。

④ 添加 DSP_Func_TFR 组件,如图 4-124 所示。

在添加 DSP_Func_TFR 组件时,还需要两个附加组件,单击 OK 按钮添加即可,如图 4-125 所示。

⑤ 在组件监视器窗口中,在 PWM 组件的 Methods 选项卡中设置需要生成的模块子程序,如图 4-126 所示。

⑥ 选择 Project→Make 菜单项,PE 将自动生成组件子程序。

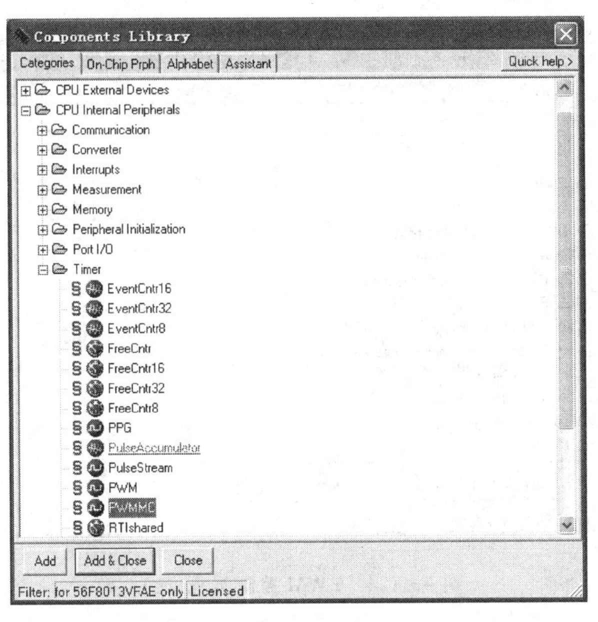

图 4-122　PWM控制例程(一)

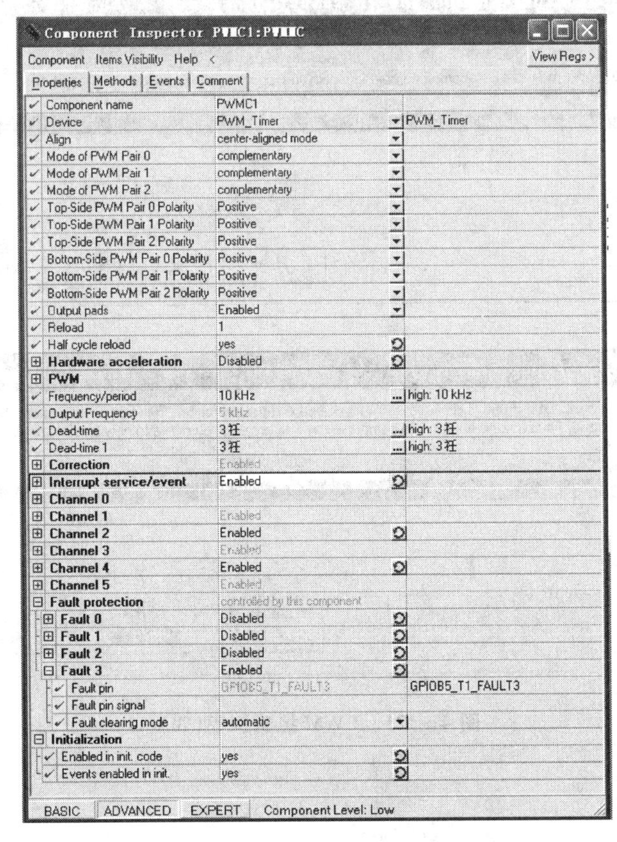

图 4-123　PWM控制例程(二)

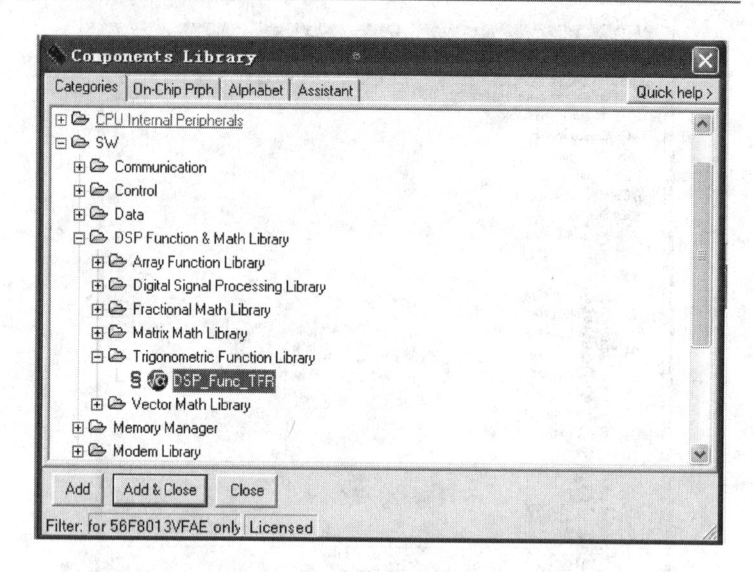

图 4-124　PWM 控制例程(三)

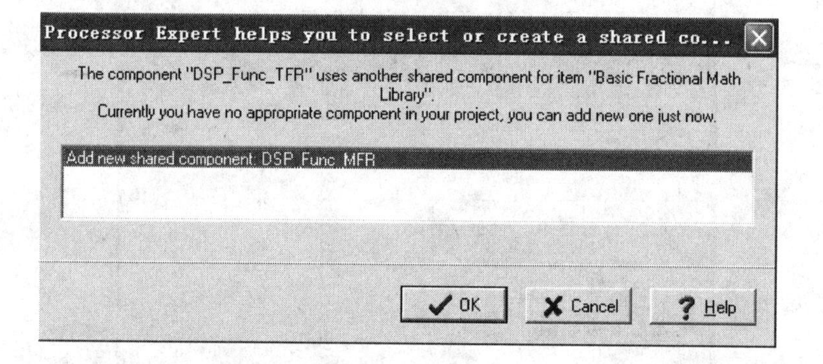

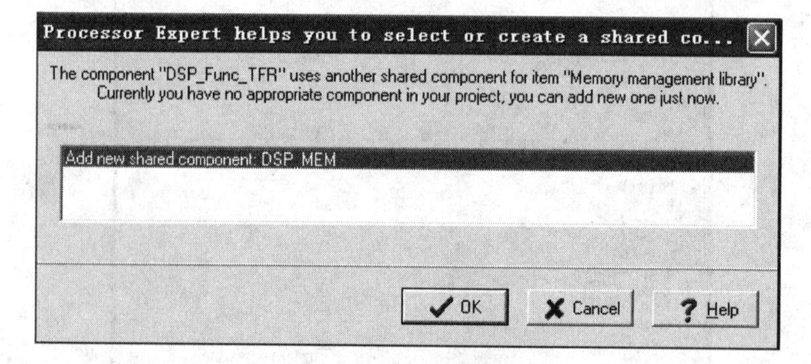

图 4-125　PWM 控制例程(四)

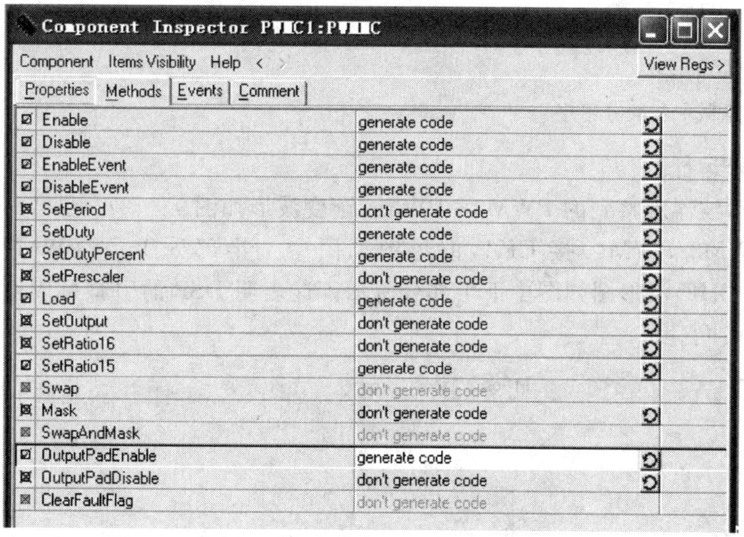

Component Inspector PWMC1:PWMC

Component　Items Visibility　Help　View Regs >

Properties　Methods　Events　Comment

Enable	generate code
Disable	generate code
EnableEvent	generate code
DisableEvent	generate code
SetPeriod	don't generate code
SetDuty	generate code
SetDutyPercent	generate code
SetPrescaler	don't generate code
Load	generate code
SetOutput	don't generate code
SetRatio16	don't generate code
SetRatio15	generate code
Swap	don't generate code
Mask	don't generate code
SwapAndMask	don't generate code
OutputPadEnable	generate code
OutputPadDisable	don't generate code
ClearFaultFlag	don't generate code

图4-126　PWM控制例程(五)

⑦ 编写主程序,如下所示。

```
void main(void)
{
    PE_low_level_init();
    PWMC1_Enable();                    //PWM模块使能
    PWMC1_OutputPadEnable();           //PWM输出使能
    for(;;)
    {
    }
}
```

⑧ 在Event.c文件中编写PWM中断服务程序,如下所示。

```
Frac16 angle = 0;
Frac16 duty;
#pragma interrupt called
void PWMC1_OnReload(void)
{
    duty = TFR1_tfr16SinPIx(angle);
    PWMC1_SetRadio15(0, duty);
    PWMC1_SetRadio15(2, 32767 - duty);
    PWMC1_SetRadio15(4, angle);
    angle = angle + 1;
    if (angle > 32767)
    {
```

```
            angle = 0;
        }
        PWMC1_Load();
}//PWM 重载中断服务程序
```

⑨ 编译运行。

⑩ 从示波器观察到的 PWM0～PWM5 渐变波形如图 4-127～图 4-129 所示。PWM0(PWM2/PWM4)接 CH1,波形图如图中上半部分所示;PWM1(PWM3/PWM5)接 CH2,波形图如图中下半部分所示。这表明 DSP 的引脚可以输出所期望占空比的脉冲宽度。

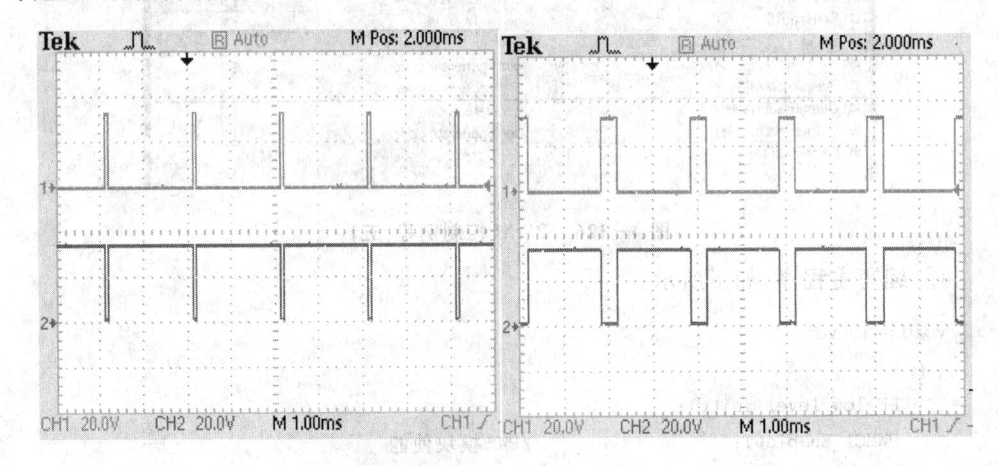

图 4-127　PWM 控制占空比为 10%和 20%时的波形

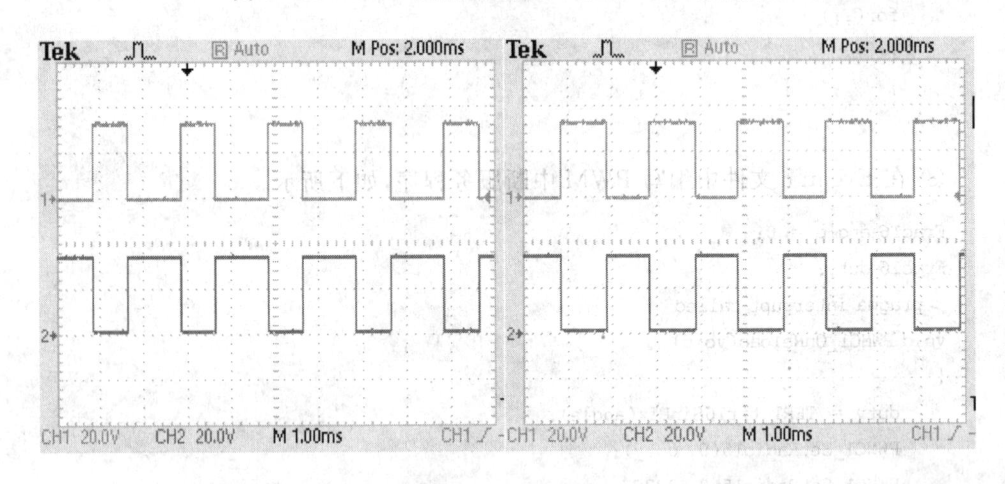

图 4-128　PWM 控制占空比为 40%和 50%时的波形

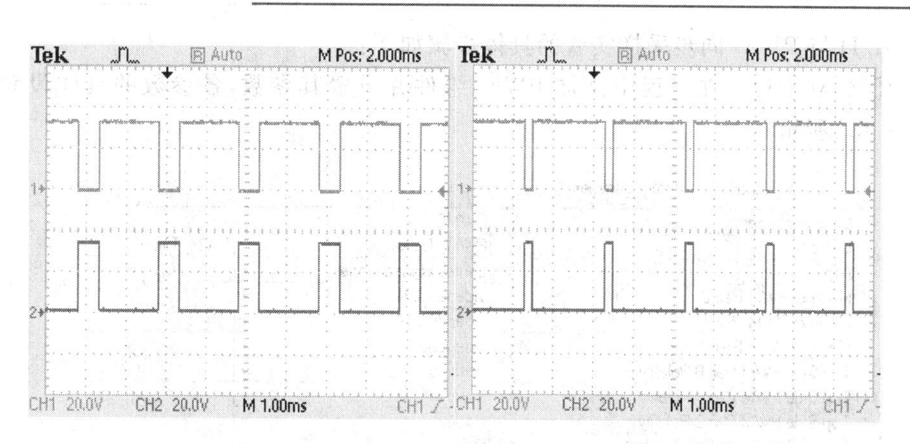

图 4－129　PWM 控制占空比为 80%和 90%时的波形

4.13　A/D 与 PWM 同步采样

在电机控制系统中，一般需要采用 PWM 来控制功率器件的开通和关断，以改变变换器输出的电压或电流，从而实现对电机的控制。而在电机运行过程中，控制系统也需要检测电机的电流来做出相应的判断。在 PWM 控制功率器件的开通和关断时，会给电机的电流带来很大干扰。如果此时对电流进行采样，则采样值会很不准确，甚至采到错误的信号。DSP 提供了用 PWM 来控制 ADC 同步采样的功能，也就是说，用 PWM 的同步信号来控制 ADC 采样的时刻。在合适的时刻对电流进行采样，可以避免采到干扰值。

本节将演示如何实现 PWM 与 A/D 同步工作，系统的实物连接图如图 4－130 所示。

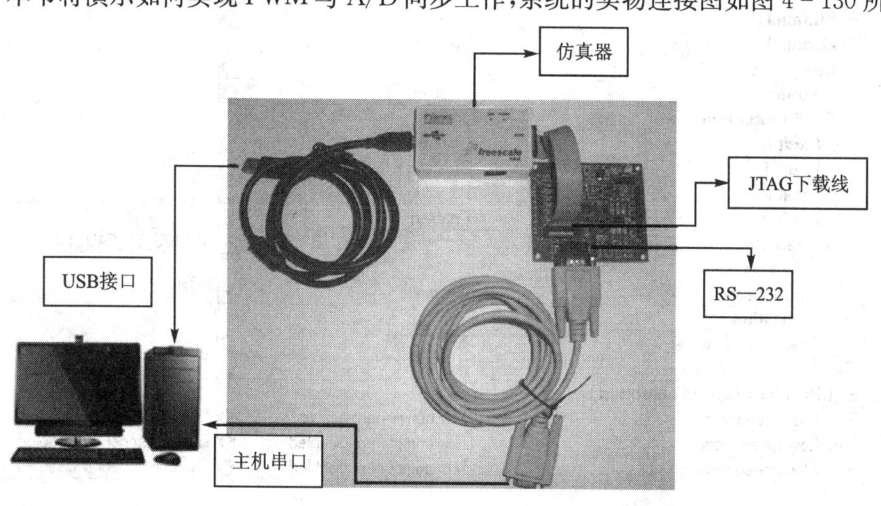

图 4－130　A/D 与 PWM 同步采样实物连接图

A/D与PWM同步采样实验的具体步骤如下：

① 建立工程。在工程中添加PWM组件并设置其参数，各参数的具体设置如图4-131所示。

Properties | Methods | Events | Comment

Component name	PWMC1	
Device	PWM_Timer	PWM_Timer
Align	center-aligned mode	
Mode of PWM Pair 0	independent	
Mode of PWM Pair 1	independent	
Mode of PWM Pair 2	independent	
Top-Side PWM Pair 0 Polarity	Positive	
Top-Side PWM Pair 1 Polarity	Positive	
Top-Side PWM Pair 2 Polarity	Positive	
Bottom-Side PWM Pair 0 Polarity	Positive	
Bottom-Side PWM Pair 1 Polarity	Positive	
Bottom-Side PWM Pair 2 Polarity	Positive	
Write Protect	no	
Output pads	Enabled	
Enable in Wait mode	no	
Enable in EnOnCE mode	no	
Reload	1	
Half cycle reload	no	
Hardware acceleration	Disabled	
PWM clock rate	PWM_System_clock	PWM_System_clock
PWM		
Frequency/period	10 kHz	high: 10 kHz
Output Frequency	5 kHz	
Same frequency in modes	no	
Dead-time	0祍	high: 0祍
Dead-time 1	0祍	high: 0祍
Correction	Disabled	
Interrupt service/event	Enabled	
Channel 0		
Channel 1	Disabled	
Channel 2	Disabled	
Channel 3	Disabled	
Channel 4	Disabled	
Channel 5	Disabled	
Fault protection	controlled by this component	
Fault 0	Disabled	
Fault 1	Disabled	
Fault 2	Disabled	
Fault 3	Enabled	
Fault pin	GPIOB5_T1_FAULT3	GPIOB5_T1_FAULT3
Fault pin signal		
Fault clearing mode	automatic	
Initialization		
Enabled in init. code	yes	
Events enabled in init.	yes	
CPU clock/speed selection		
High speed mode	This component enabled	This component is enabled
Low speed mode	This component disabled	This component is disabled
Slow speed mode	This component disabled	This component is disabled

图4-131 A/D与PWM同步采样例程(一)

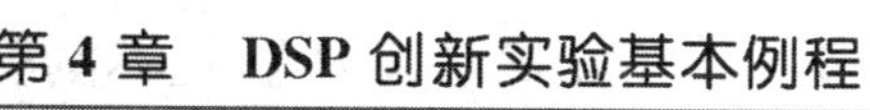

在Properties选项卡中，Align（对齐方式）可以选择中心对齐（center-aligned mode）或者边缘对齐（edge-aligned mode）两种方式，这里选择中心对齐方式。需要注意的是，中心对齐与边缘对齐除了在输出频率上不同外，其同步信号也不同。将Output pads使能，Reload选择1（代表在1个PWM周期内PWM重载一次）。Frequency/Period可以按照需要选择，这里选择10 kHz，由于是中心对齐方式，因此这里的实际输出为5 kHz。Dead-time（死区）按照需要进行设置，这里设置为0。将Interrupt service/event（中断服务和事件）使能。Channel按照需要进行设置，这里只输出一路Channel 0。其他设置按照图4-131中进行设置即可。

在Methods选项卡中，需要用到的函数有SetDutyPercent、Load、OutputPad-Enable和OutputPadDisable，如图4-132所示。

Properties | Methods | Events | Comment

Method	Setting
Enable	don't generate c
Disable	don't generate c
EnableEvent	don't generate c
DisableEvent	don't generate c
SetPeriod	don't generate c
SetDuty	don't generate c
SetDutyPercent	generate code
SetPrescaler	don't generate c
Load	generate code
SetOutput	don't generate c
SetRatio16	don't generate c
SetRatio15	don't generate c
Swap	don't generate cod
Mask	don't generate c
SwapAndMask	don't generate cod
OutputPadEnable	generate code
OutputPadDisable	generate code
ConnectPin	don't generate c
ClearFaultFlag	don't generate cod

图4-132 A/D与PWM同步采样例程(二)

在Events选项卡中使能OnReload，并设置消息处理函数为PWMC1_On-Reload，如图4-133所示。

② 增加TMR组件，并进行参数设置，如图4-134所示。在Properties选项卡中，Device选为TMR3；TMR channel 3 input选为PWM（表明TMR3定时器的输入为PWM的同步信号）；在Clock settings中，TMR clock rate选为TMR_System_clock，Primary source选为prescaler（IP BUS clock），Secondary source选为counter 3 input pin；Operation mode选为Triggered count mode（触发计数模式）；Count once选为count repeatedly（重复计数）；Count direction选为up。其他按照图4-134中设置即可。在Methods和Events选项卡中的设置按照默认即可。

Properties | Methods | Events | Comment

Item	Value	
Event module name	Events	
BeforeNewSpeed	don't generate code	
AfterNewSpeed	don't generate code	
OnReload	generate code	
Event procedure name	PWMC1_OnReload	
Priority	same as interrupt	2
OnFault0	don't generate code	
OnFault1	don't generate code	
OnFault2	don't generate code	
OnFault3	don't generate code	

图 4-133 A/D与PWM同步采样例程(三)

Properties | Methods | Events | Comment

Item	Value	
Component name	TMR4	
Device	TMR3	TMR3
Settings		
TMR channel 3 input	PWM	
Clock settings		
TMR clock rate	TMR_System_clock	TMR_System_clock
Primary source		
Primary source	prescaler (IP BUS clock)	
Secondary source		
Secondary source	counter 3 input pin	
Operation mode	Triggered count mode	
Count once	count repeatedly	
Count length	count till compare, then reinitializ	
Count direction	up	
Master mode	Disabled	
External OFLAG force	Disabled	
Forced OFLAG value	0	
Force OFLAG output	yes	
Output enable	no	
Output polarity	true	
Input polarity	true	
Co-channel initialization	Disabled	
Input capture mode	Disabled	
OutputMode	set on compare, cleared on sec	
Compare load control 1	Disabled	
Compare load control 2	Disabled	
Debug mode action	Normal operation	
Pins	0	
Interrupts		
Timer Channel		
Registers		
Timer Compare register 1	30000	
Timer Compare register 2	0	
Timer Capture register	0	
Timer Load register	0	
Timer Counter register	0	
Timer Comparator Load register 1	0	
Timer Comparator Load register 2	0	
Initialization		
Call Init method	yes	
Enable peripheral clock	yes	

图 4-134 A/D与PWM同步采样例程(四)

注意:由于该定时器用于与ADC同步,所以Device只能选为TMR3,当选为其他定时器时,软件系统会给出错误提示。另外,若希望修改该定时器的定时时间,只需修改Timer Compare register 1的值即可,该值越大,定时的时间就越长,实际情况可以按照需要来设定。

③ 增加A/D组件,并设置参数,如图4-135所示。在Properties选项卡中,将中断服务使能,A/D channels按照需要进行选择,这里为了实验,只选择一路,A/D channel(pin)按照需要选择端口,这里选择ANB0_GPIOC4。Mode选为顺序采样(Sequential),A/D samples按照需要进行选择。A/D resolution设为自动选择即可,

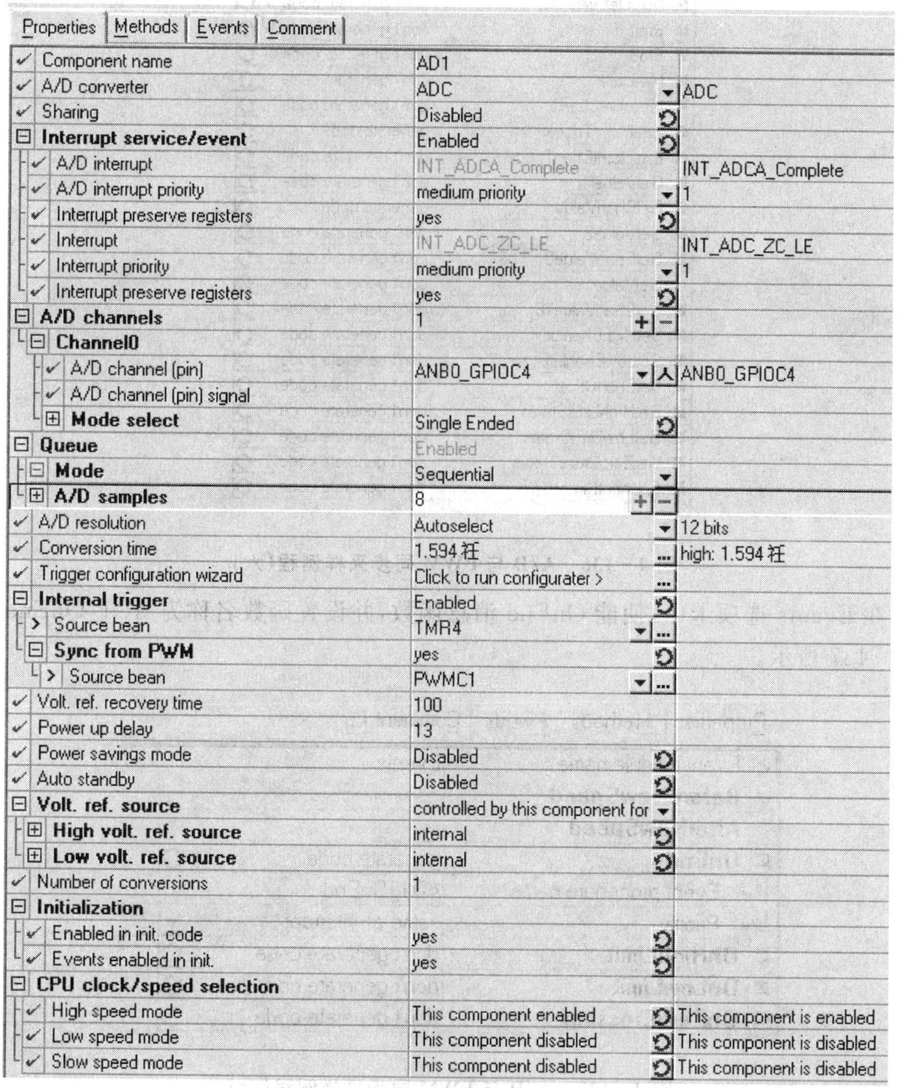

Properties | Methods | Events | Comment

Component name	AD1	
A/D converter	ADC	ADC
Sharing	Disabled	
Interrupt service/event	Enabled	
A/D interrupt	INT_ADCA_Complete	INT_ADCA_Complete
A/D interrupt priority	medium priority	1
Interrupt preserve registers	yes	
Interrupt	INT_ADC_ZC_LE	INT_ADC_ZC_LE
Interrupt priority	medium priority	1
Interrupt preserve registers	yes	
A/D channels	1	
Channel0		
A/D channel (pin)	ANB0_GPIOC4	ANB0_GPIOC4
A/D channel (pin) signal		
Mode select	Single Ended	
Queue	Enabled	
Mode	Sequential	
A/D samples	8	
A/D resolution	Autoselect	12 bits
Conversion time	1.594 衽	high: 1.594 衽
Trigger configuration wizard	Click to run configurater >	
Internal trigger	Enabled	
Source bean	TMR4	
Sync from PWM	yes	
Source bean	PWMC1	
Volt. ref. recovery time	100	
Power up delay	13	
Power savings mode	Disabled	
Auto standby	Disabled	
Volt. ref. source	controlled by this component for	
High volt. ref. source	internal	
Low volt. ref. source	internal	
Number of conversions	1	
Initialization		
Enabled in init. code	yes	
Events enabled in init.	yes	
CPU clock/speed selection		
High speed mode	This component enabled	This component is enabled
Low speed mode	This component disabled	This component is disabled
Slow speed mode	This component disabled	This component is disabled

图4-135 A/D与PWM同步采样例程(五)

Conversion time 选为 1.594 μs。将 Internal trigger(内部触发)使能,Source bean 选为前面已经添加好的定时器 TMR4,Sync from PWM 选为 yes,Source bean 选为前面已经添加好的 PWM 组件 PWMC1。Number of conversions 选为 1。

在 Methods 选项卡中,将 EnableIntTrigger 和 GetChanValue 生成函数即可,如图 4-136 所示。

Properties | Methods | Events | Comment

Method	Setting
Enable	don't generate code
Disable	don't generate code
EnableEvent	don't generate code
DisableEvent	don't generate code
Start	don't generate code
Stop	don't generate code
Measure	don't generate code
MeasureChan	don't generate code
EnableIntTrigger	generate code
EnableIntChanTrigger	don't generate code
GetValue	don't generate code
GetChanValue	generate code
GetValue8	don't generate code
GetChanValue8	don't generate code
GetValue16	don't generate code
GetChanValue16	don't generate code
SetHighChanLimit	don't generate code
SetLowChanLimit	don't generate code
SetChanOffset	don't generate code
GetHighLimitStatus	don't generate code
GetLowLimitStatus	don't generate code
GetZeroCrossStatus	don't generate code
ConnectPin	don't generate code

图 4-136　A/D 与 PWM 同步采样例程(六)

在 Events 选项卡中,使能 OnEnd 消息函数,并设置函数名称为 AD1_OnEnd,如图 4-137 所示。

Properties | Methods | Events | Comment

Event	Setting	
Event module name	Events	
BeforeNewSpeed	don't generate code	
AfterNewSpeed	don't generate code	
OnEnd	generate code	
Event procedure name	AD1_OnEnd	
Priority	same as interrupt	2
OnHighLimit	don't generate code	
OnLowLimit	don't generate code	
OnZeroCrossing	don't generate code	

图 4-137　A/D 与 PWM 同步采样例程(七)

④ 增加 BitIO 组件，并进行参数设置，如图 4－138 所示。该组件并不是实现 PWM 控制 ADC 同步采样必须的组件，而只是一个为了测试实验结果而增加的一个组件。在这里，利用该组件的输出来验证实验的结果是否正确。在 Properties 选项卡中，Pin for I/O 选为 GPIOA5_PWM5_FAULT2_T3，Direction 选为 Output，其他按照图 4－138 设置即可。

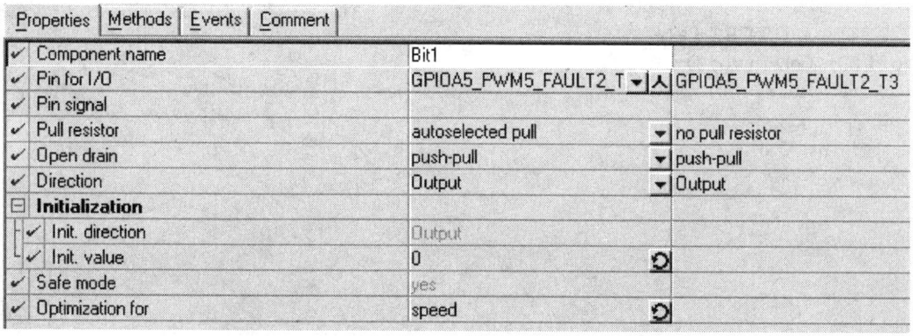

Properties | Methods | Events | Comment

Component name	Bit1	
Pin for I/O	GPIOA5_PWM5_FAULT2_T	GPIOA5_PWM5_FAULT2_T3
Pin signal		
Pull resistor	autoselected pull	no pull resistor
Open drain	push-pull	push-pull
Direction	Output	Output
Initialization		
Init. direction	Output	
Init. value	0	
Safe mode	yes	
Optimization for	speed	

图 4－138　A/D 与 PWM 同步采样例程(八)

在 Methods 选项卡中，将 ClrVal 和 SetVal 生成函数即可，如图 4－139 所示。

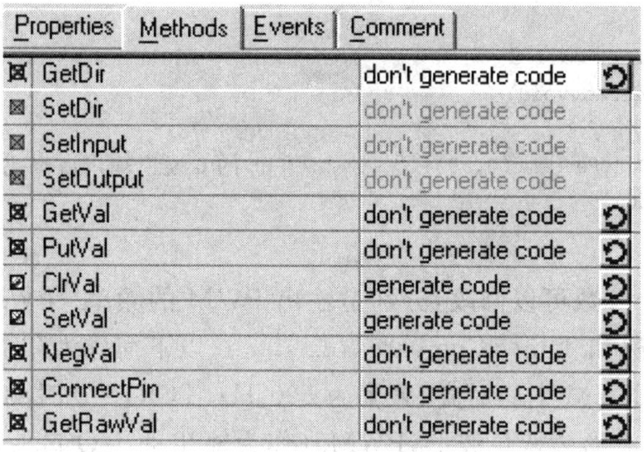

Properties | Methods | Events | Comment

Method	Setting
GetDir	don't generate code
SetDir	don't generate code
SetInput	don't generate code
SetOutput	don't generate code
GetVal	don't generate code
PutVal	don't generate code
ClrVal	generate code
SetVal	generate code
NegVal	don't generate code
ConnectPin	don't generate code
GetRawVal	don't generate code

图 4－139　A/D 与 PWM 同步采样例程(九)

⑤ 单击 Make 工具按钮生成程序代码，手动添加用户代码。main 函数代码如下。

```
void main(void)
{
    PE_low_level_init();
    AD1_EnableIntTrigger();             //ADC 内部触发使能
    PWMC1_OutputPadEnable();            //PWM 输出引脚使能
    for(;;)
    {
    }
```

```
}
```

⑥ 编写 Events. c 中的函数代码如下。

```
#include "Cpu.h"
#include "Events.h"
int value = 0;
int i = 0;
#pragma interrupt called
void AD1_OnEnd(void)
{
    if (i == 0)
    {
        i = 1;
        Bit_ClrVal();
    }
    else
    {
        i = 0;
        Bit_SetVal();                    //每执行一次中断,Bit1 引脚输出变化一次
    }
    AD1_GetChanValue(0, &value);         //读取 0 通道转换结果
}
#pragma interrupt called
void PWMC1_OnReload(void)
{
    PWMC1_SetDutyPercent(0,50);          //PWM 的 0 通道输出占空比为 50 %
    PWMC1_Load();
}
```


程序中有三个参数可以修改,分别是输出 PWM 的频率、PWM 的对齐方式(中心对齐或边缘对齐)和 Timer Compare Register 1(以下简称为 TCR1)的值。

图 4-140 是 PWM 中心对齐、频率为 500 Hz、TCR1=0 时测得的输出波形,其中,PWM0 的输出波形为蓝色波形,PWM5(作为输出的 I/O 口使用)的输出波形为黄色波形(以下所有图形如无特殊说明,PWM0 的输出波形均为蓝色波形,PWM5 的输出波形均为黄色波形)。按照程序中的设定,PWM5 的值有跳变即说明此时进入了 AD1_OnEnd 中断,所以可将 PWM5 跳变的时刻作为 A/D 采样完成的时刻。由于 TCR1=0,即无延时,说明 PWM 的同步信号同时触发了 ADC 采样的开始信号;而当中心对齐时,PWM 的同步信号位于每个高电平的正中间。从图 4-140 可以看到,黄色波形的跳变都是在蓝色波形为高电平的中间位置,所以,该图可以说明每一个 PWM 同步信号触发了一次 ADC 的采样。

为了进一步验证 PWM 同步信号与 ADC 采样信号的关系,可将 PWM 设为边缘对齐,频率仍为 500 Hz,TCR1=0,得到的输出波形如图 4-141 所示。由于边缘对齐的 PWM 的同步信号位于每个 PWM 波形的上升沿,所以图中黄色波形的跳变都

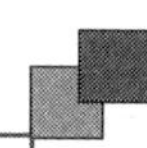

发生在PWM上升沿的附近。

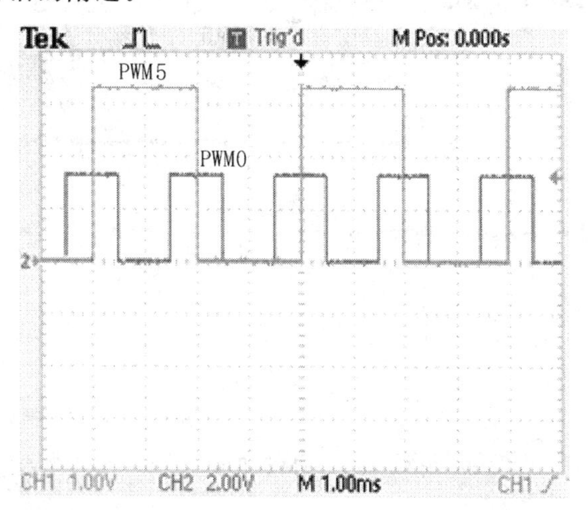

图4-140 PWM中心对齐，频率为500 Hz，TCR1=0

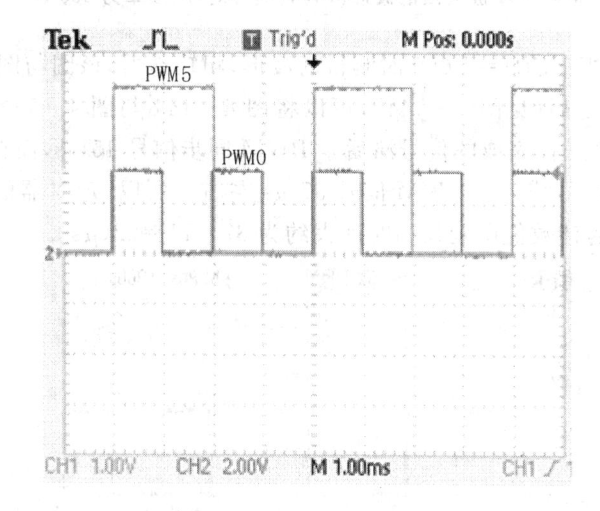

图4-141 PWM边缘对齐，频率为500 Hz，TCR1=0

将图4-141放大后进行观察，波形如图4-142所示，在蓝色波形的上升沿(PWM同步信号)出现大约15 μs之后，黄色波形跳变(A/D采样完成)才出现，这并不是由定时器延迟造成的(此时TCR1=0，延迟时间为0)，而是由A/D采样转换时间导致的。因为当PWM同步信号出现时，A/D采样被触发，但是A/D采样需要一定的转换时间才能触发AD1_OnEnd中断，所以就有了这个15 μs的延迟，从而验证了我们的设计：PWM的同步信号可以触发A/D采样。

除了验证PWM的同步信号可以触发A/D采样外，还需验证定时器可以控制采样的时机。这里将PWM设为边缘对齐，频率设为500 Hz，通过调节TCR1来观察实验效果，以确定能否通过调节TCR1的值来调节采样的时机。

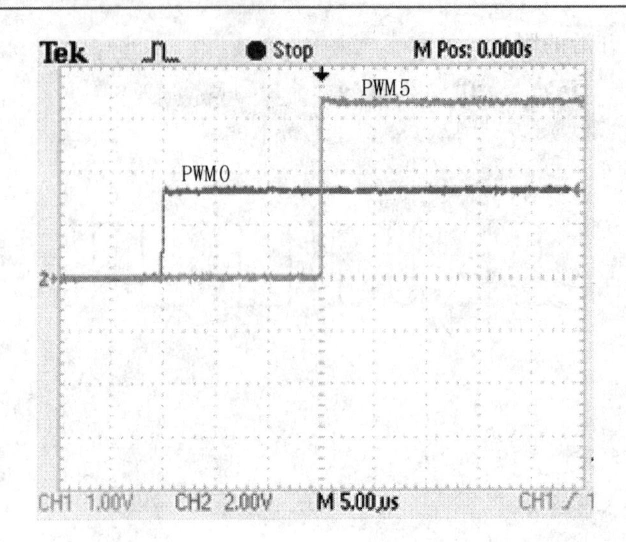

图 4-142　图 4-141 放大后的波形(PWM 边缘对齐,频率为 500 Hz,TCR1=0)

图 4-143 是当 TCR1=1 000 时测得的波形,粗略地看,该图与图 4-141 差别不大,但是将其放大之后(见图 4-144),可以将图 4-144 与图 4-142 进行对比。在图 4-142中,A/D 采样完成的信号滞后于 PWM 同步信号 15 μs,而在图 4-144 中,A/D 采样完成的信号滞后于 PWM 信号 37 μs 左右。所以,定时器的设置在这里发挥了作用,1 000 的计数值所延长的时间大约为 37－15＝22(μs)。

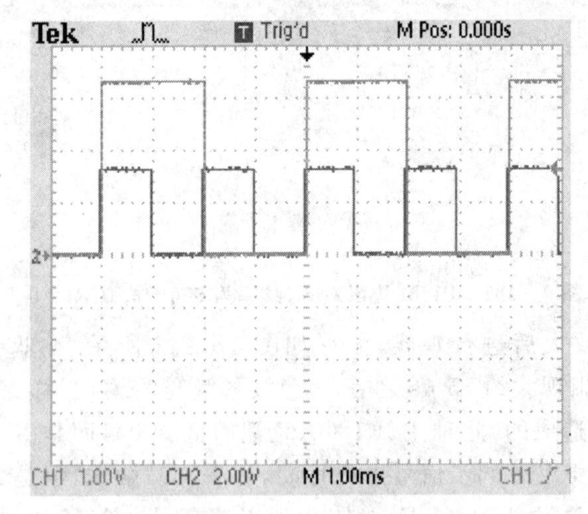

图 4-143　PWM 边缘对齐,频率为 500 Hz,TCR1=1 000

为了进一步验证定时器的作用,将 TCR1 设定为 10 000,得到的输出波形如图 4-145所示。从图 4-145 可以看到,这次黄色波形的跳变相比于蓝色波形的上升沿有了明显的滞后,该滞后就是定时器作用的结果。从放大之后(见图 4-146)的波形上可以读出，该滞后大约为320 μs。

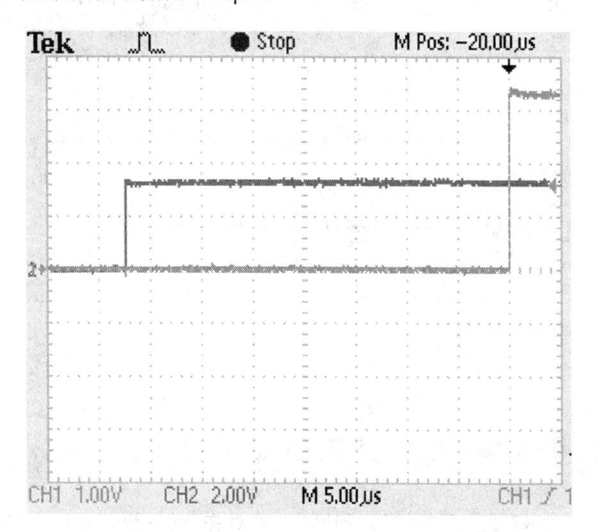

图4-144 图4-143放大后的波形(PWM边缘对齐，频率为500 Hz，TCR1=1 000)

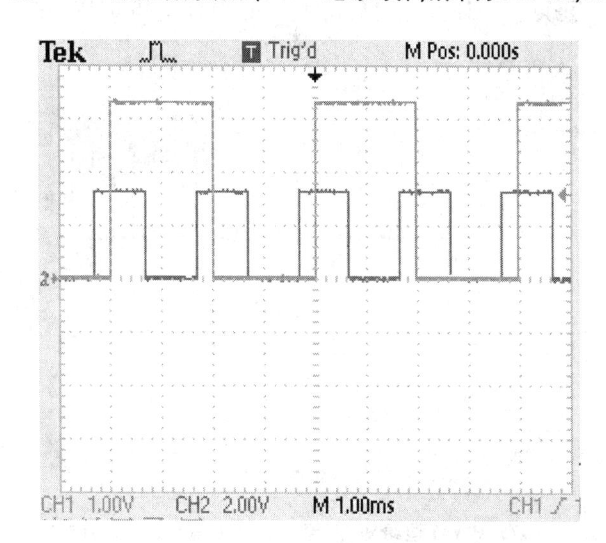

图4-145 PWM边缘对齐，频率为500 Hz，TCR1=10 000

另外，也要考虑到，这个延迟的时间是有限制的，因为一个PWM周期的时间是有限制的。如果在这个PWM周期内触发的A/D采样并没有在这个周期内完成，那么在下一个PWM周期又会触发一个A/D采样的开始信号，这样会造成采样值的丢失。如图4-147所示是TCR1=65 535时的输出波形，从图中可以看到，A/D采样完成的信号明显少于PWM的同步信号，这说明由于延迟时间太长，造成了采样值的丢失。

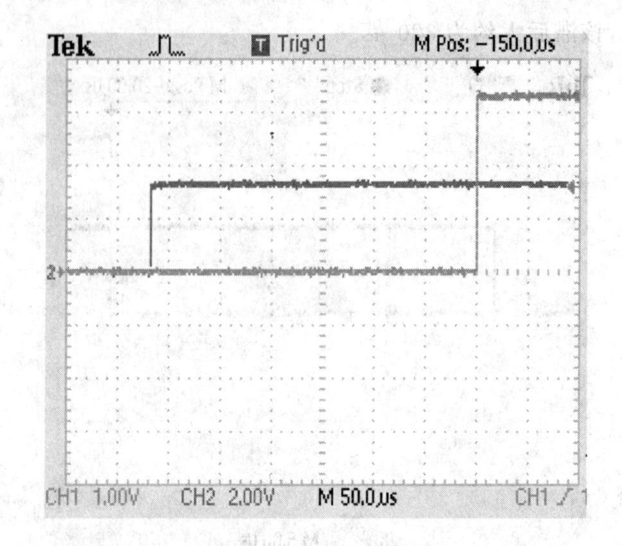

图 4-146　图 4-145 放大后的波形(PWM 边缘对齐,频率为 500 Hz,TCR1=10 000)

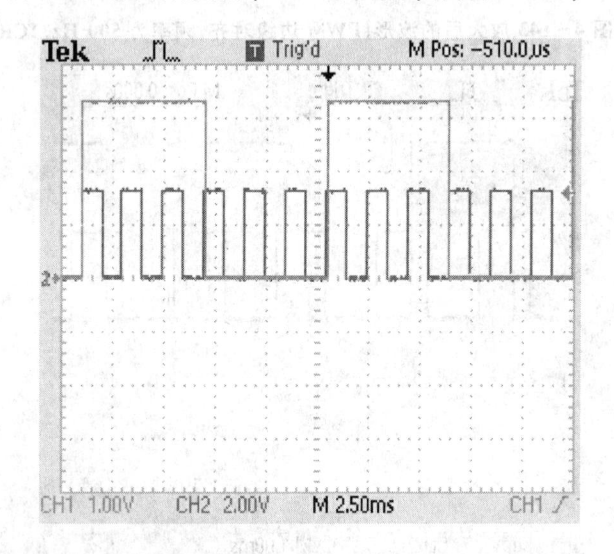

图 4-147　PWM 边缘对齐,频率为 500 Hz,TCR1=65 535

4.14　PWM 与直流电机控制

DSP56F8013 的 PWM 模块有六个输出引脚,即六个 PWM 通道。这六个 PWM 通道既可以被配置为三对互补通道,也可以被配置为六个独立的 PWM 通道,或者为互补通道与独立通道相结合的方式。当两个互补的 PWM 信号用来驱动同一个桥臂的上、下两个开关器件时,考虑到器件关断需要一定时间,为防止桥臂直通,需要通过编程在互补的 PWM 输出中插入死区。

DSP的相关寄存器可以对PWM的参数进行配置，例如可以控制输出为边沿对齐方式或中心对齐方式，可以控制开关周期和占空比。

当PWM脉冲用于控制桥臂相应的器件动作时，即达到了控制输出电压的目的。由直流电机特性可知，当电机励磁和负载不变时，若增加转子两端的电压，则转速上升，直至其反电势与电压、电流达到新的平衡。由此可知，加在直流电机两端的电压越大，转速就越大。

若把两路PWM配置为互补模式，且两路输出分别接在电机的两端，则由冲量等效可知，当输出占空比为50%时，加在电机两端的电压为0，电机不转；当输出占空比大于50%时，加在电机两端的电压为正，电机正转，且占空比越大，电机转速也越大；当输出占空比小于50%时，加在电机两端的电压为负，电机反转，且占空比越小，电机反转的转速越大。

DSP输出的PWM用来控制半桥芯片L293D，该芯片内部含有多个半桥变换器电路，可用于驱动小型电机。L293D接入的VCC(即直流母线电压)范围为4.5～36 V，最大输出电流为1 A，其内部电路原理图如图4-148所示。

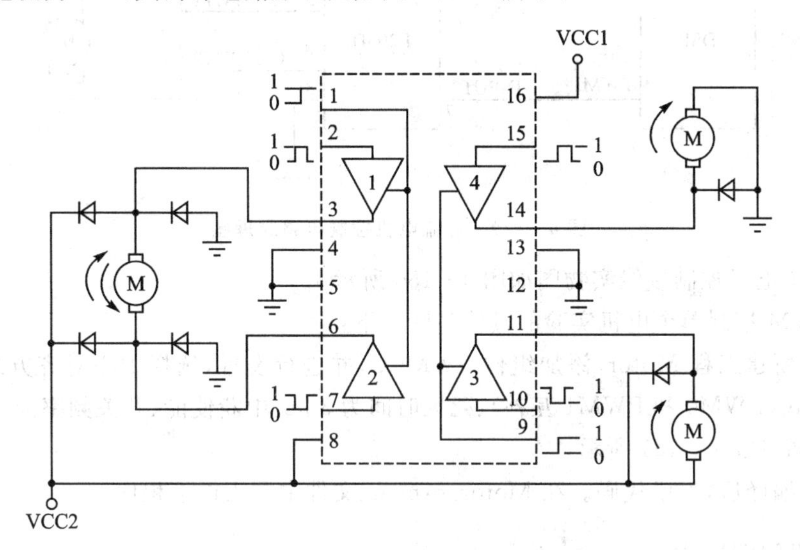

图4-148　芯片L293D内部电路原理图

L293D的输入、输出、使能三者的关系如表4-2所列。

表4-2　L293D功能表

Input	En	Output
高电平	高电平	VCC
低电平	高电平	GND
×	低电平	高阻态

DSP 芯片产生两路互补的 PWM 波，控制 L293D 的输出电压信号，用来驱动一个直流电机。改变车轮电机两端输入的 PWM 波的占空比，即可使电机调速。当占空比为 50%时，电机不转；当占空比大于 50%时，电机正转；当占空比小于 50%时，电机反转。

4.14.1　PWM 控制单个电机

本示例利用 DSP 产生两路互补的 PWM 波，用于控制 L293D 驱动芯片产生驱动信号，来驱动一个直流电机分别进行正转、反转和停车操作。

直流电机控制电路原理图如图 4－149 所示。两路互补的 PWM 的输出分别与 L293D 的输入相连，其输出接电机的两端。由于 L293D 使能高电平有效，故其使能端(引脚 1)与电源端(引脚 8)均接至 VCC。

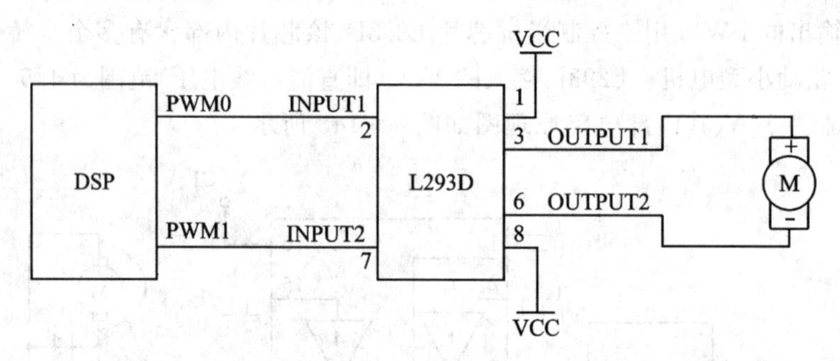

图 4－149　直流电机控制电路原理图

单个电机控制接线实物图如图 4－150 所示。

PWM 控制单个电机实验的具体步骤如下：

① 新建工程 Motor，添加组件 PWMCC，并进行设置，选择中心对齐方式、互补通道模式(PWM0 和 PWM1 互补)、死区时间为 3 μs、中断使能、开关频率为 10 kHz，具体设置如图 4－151 所示。

② 编译后，生成代码。在 Motor.c：mian 文件中写入以下程序。

```
void main(void)
{
    PE_low_level_init();
    PWMC1_Enable();                //PWM 模块使能
    PWMC1_OutputPadEnable();       //PWM 输出使能
    for(;;)
    {
    }
}
```

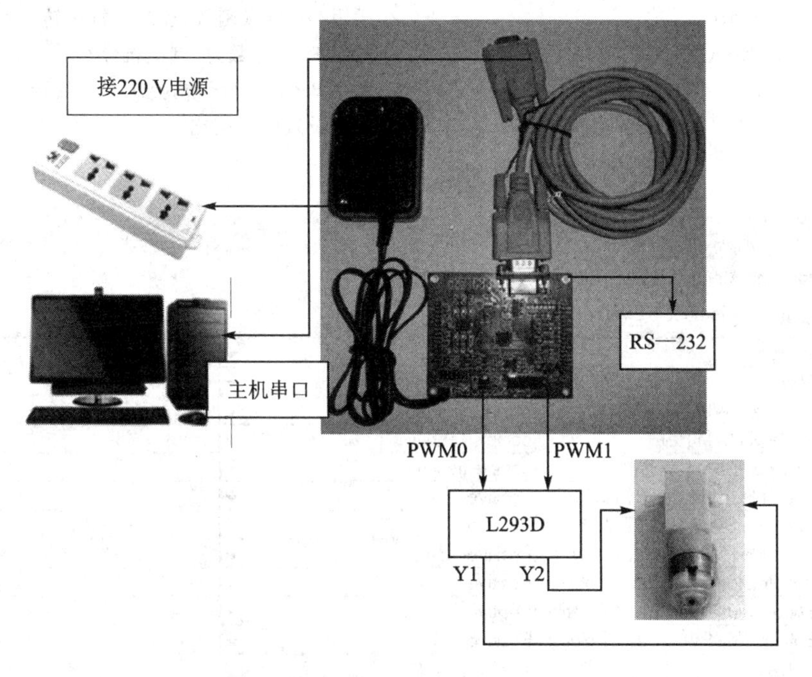

图4-150 单个电机控制接线实物图

③ 在Event.c文件中写入以下程序。其中包含四个函数Forward()、Stop()、Backward()及PWMC1_OnReload()。前三个函数用来控制电机的运动,分别为正向、停止和反向。最后一个函数是在PWM中断时执行的函数,在该函数中,可以通过调用Forward()、Stop()或Backward()三个函数来更新PWM的占空比,最终实现对电机的控制。

```
int Mode = 0;
void Forward(void)                          //电机正转函数
{
    PWMC1_SetDutyPercent(0,75);             //设置占空比为75%
}
void Stop(void)                             //电机停车函数
{
    PWMC1_SetDutyPercent(0,50);             //设置占空比为50%
}
void Backward(void)                         //电机反转函数
{
    PWMC1_SetDutyPercent(0,25);             //设置占空比为25%
}
void PWMC1_OnReload(void)
{
```

```
    Forward();                              //调用 Forward 函数,控制电机正转
    //Stop();                               //调用 Stop 函数,控制电机停车
    //Backward();                           //调用 Backward 函数,控制电机反转
    PWMC1_Load();                           //载入设置的占空比
}
```

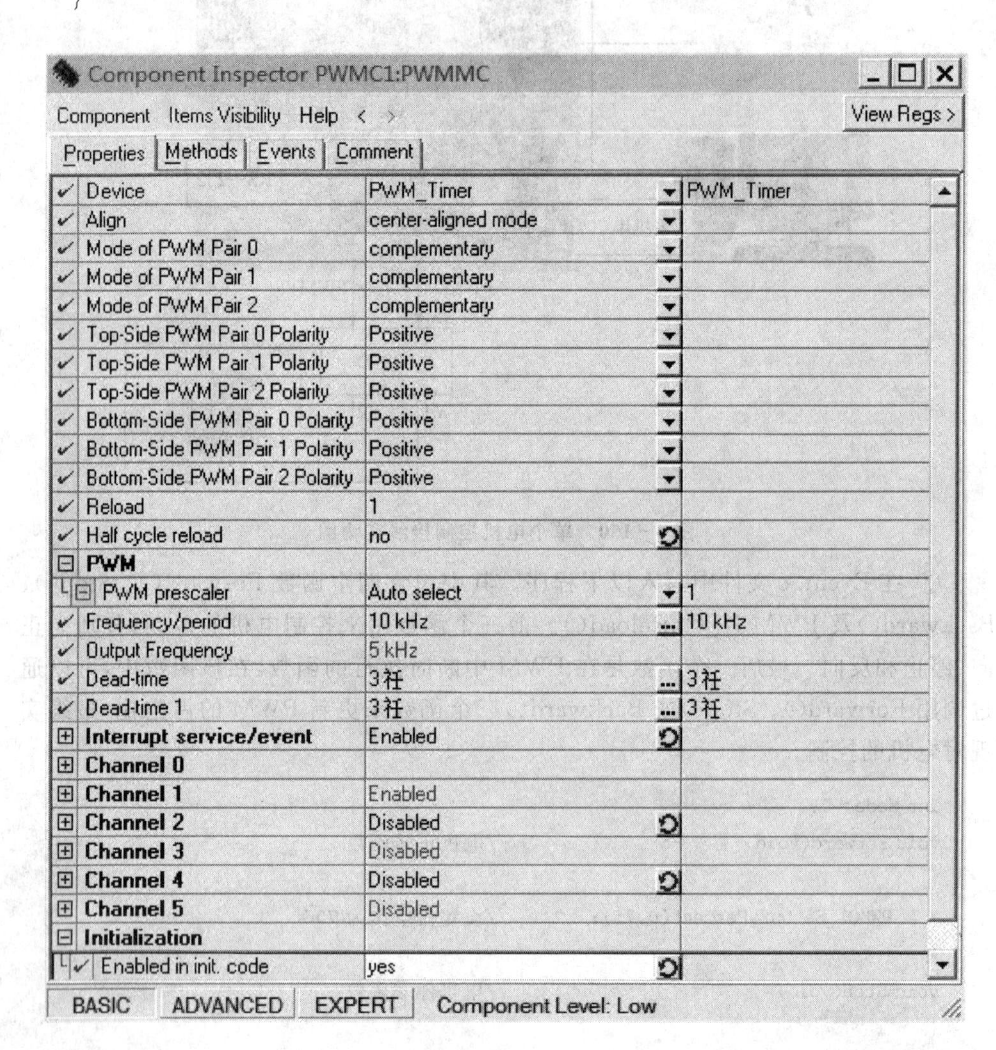

图 4-151 PWM控制单个电机例程(一)

4.14.2 PWM控制两个电机

本示例将演示如何通过DSP的多个PWM信号控制两个电机工作,这也是控制电动车运动的一个基础,系统连接实物图如图4-152所示,用USB串口线将仿真器与主机的USB口相连,用串口线将RS—232与主机的串口相连。

当程序运行时,系统需要+5 V供电,这可通过使用适配器从220 V交流电源转

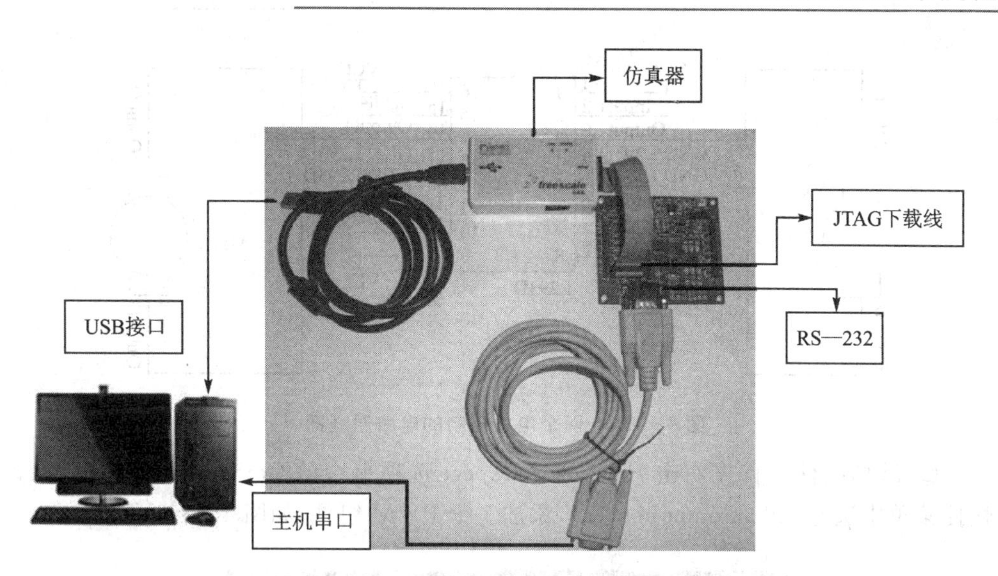

图 4-152 两个电机控制系统连接实物图

换而来。当下载完程序后，应拔除仿真器，接上+5 V电源，如图4-153所示。

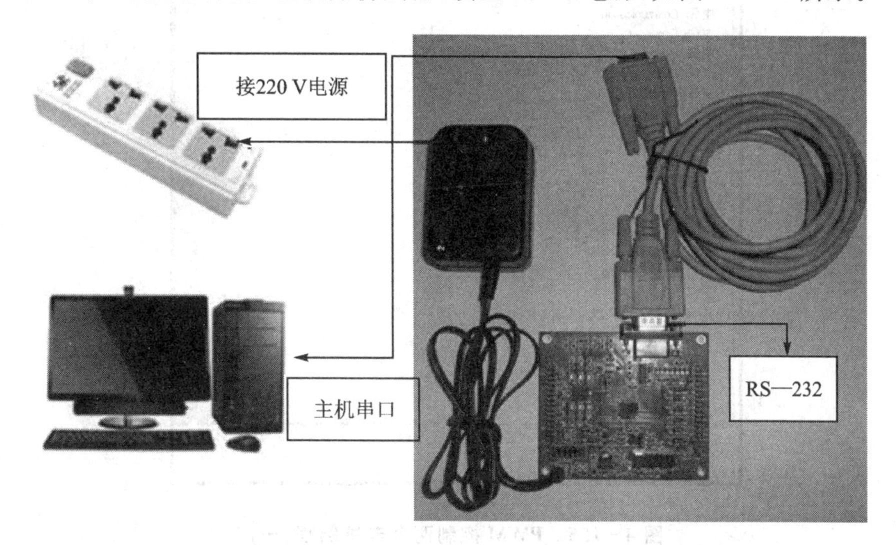

图 4-153 两个电机控制系统供电接线实物图

PWM控制两个电机的电路原理图如图4-154所示，驱动芯片仍然采用L293D。其中INPUT1和INPUT2连接主控芯片PWM引脚的Channel0和Channel1，INPUT3和INPUT4连接主控芯片PWM引脚的Channel2和Channel3。

两个电机控制实验的具体步骤如下：

① 创建工程。打开CodeWarrior IDE，选择File→New菜单项。选择Processor Expert Stationery，并输入要建立工程的名称和路径，工程命名为MotorControl。

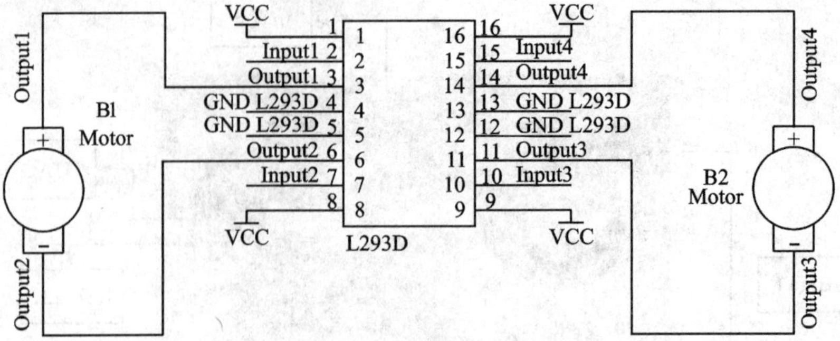

图4-154　两个电机控制的电路原理图

② 添加组件。首先右击 Processor Expert 选项卡中的 Components，在弹出的快捷菜单中选择 Add Component(s)，添加1个PWM组件，如图4-155所示。

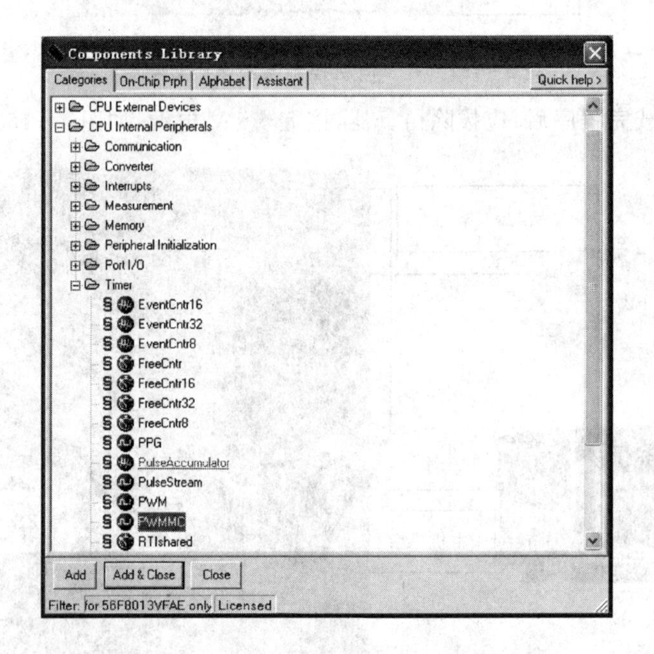

图4-155　PWM控制两个电机例程(一)

③ 在组件监视器窗口中对PWM组件进行设置：选择中心对齐方式、互补通道模式(Channel0与Channel1互补，Channel2与Channel3互补)、死区时间为3 μs、中断使能、开关频率为10 kHz，如图4-156所示。

④ 选择 Project→Make 菜单项，PE将自动生成组件子程序。

⑤ 编写主程序代码，如下所示。

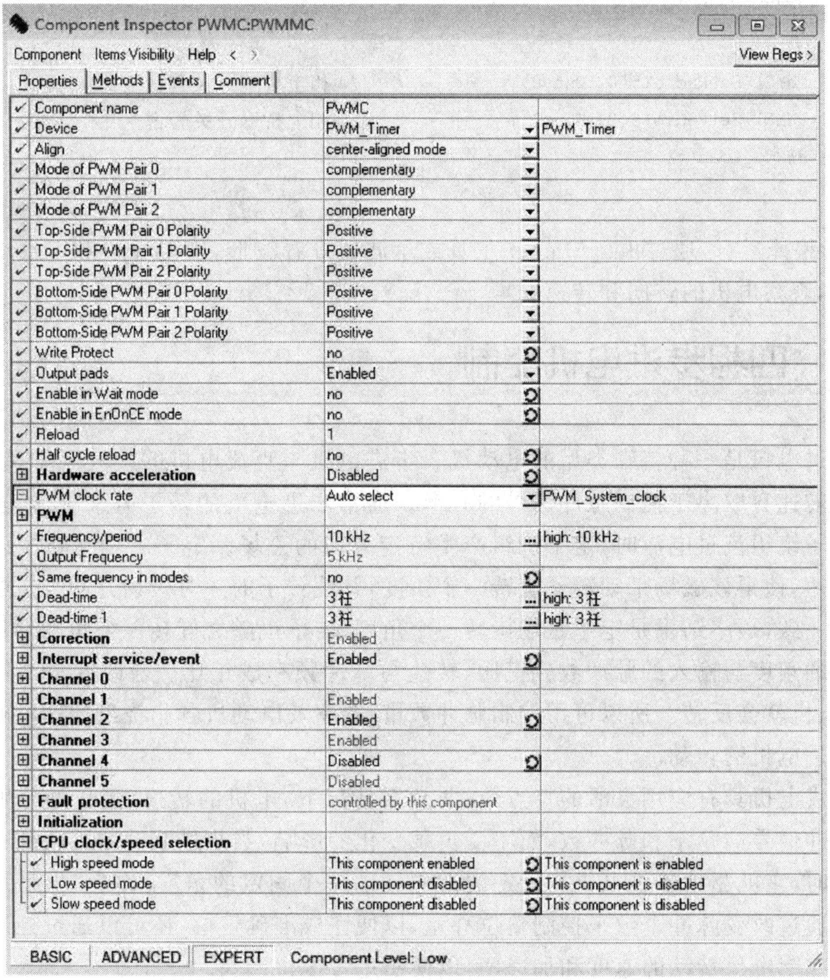

Component Inspector PWMC:PWMMC

Component　Items Visibility　Help　<　>　View Regs >

Properties | Methods | Events | Comment

Property	Value	
Component name	PWMC	
Device	PWM_Timer	PWM_Timer
Align	center-aligned mode	
Mode of PWM Pair 0	complementary	
Mode of PWM Pair 1	complementary	
Mode of PWM Pair 2	complementary	
Top-Side PWM Pair 0 Polarity	Positive	
Top-Side PWM Pair 1 Polarity	Positive	
Top-Side PWM Pair 2 Polarity	Positive	
Bottom-Side PWM Pair 0 Polarity	Positive	
Bottom-Side PWM Pair 1 Polarity	Positive	
Bottom-Side PWM Pair 2 Polarity	Positive	
Write Protect	no	
Output pads	Enabled	
Enable in Wait mode	no	
Enable in EnOnCE mode	no	
Reload	1	
Half cycle reload	no	
Hardware acceleration	Disabled	
PWM clock rate	Auto select	PWM_System_clock
PWM		
Frequency/period	10 kHz	high: 10 kHz
Output Frequency	5 kHz	
Same frequency in modes	no	
Dead-time	3衦	high: 3衦
Dead-time 1	3衦	high: 3衦
Correction	Enabled	
Interrupt service/event	Enabled	
Channel 0		
Channel 1	Enabled	
Channel 2	Enabled	
Channel 3	Enabled	
Channel 4	Disabled	
Channel 5	Disabled	
Fault protection	controlled by this component	
Initialization		
CPU clock/speed selection		
High speed mode	This component enabled	This component is enabled
Low speed mode	This component disabled	This component is disabled
Slow speed mode	This component disabled	This component is disabled

BASIC　ADVANCED　EXPERT　Component Level: Low

图 4-156　PWM 控制两个电机例程(二)

```
void main(void)
{
    PE_low_level_init();
    PWMC1_Enable();                    //PWM 模块使能
    PWMC1_OutputPadEnable();           //PWM 输出使能
    for(;;)
    {
    }
}
```

⑥ 编写 PWM 重载中断服务程序如下,该函数位于 Event.c 文件中。

```
int Duty0;                              //Channel10 占空比,Channel11 与其互补
int Duty2;                              //Channel12 占空比,Channel13 与其互补
#pragma interrupt called
```

```
void PWMC1_OnReload(void)
{
    PWMC1_SetRadio15(0, Duty0);                  //A 相上桥壁开关管占空比
    PWMC1_SetRadio15(2, Duty2);                  //B 相上桥壁开关管占空比
    PWMC1_Load();
}
```

⑦ 编译运行，通过 PC_Master 工具或示波器查看波形，给 Duty0 和 Duty2 赋予不同值，观察电机的转向和转速。

4.15 四相步进电机控制

步进电机是一种特殊类型的电动机。步进电机与直流电机的最大区别是，步进电机的转速只取决于控制脉冲信号的频率。通常步进电机的转子为永磁体，当步进电机定子绕组流过电流时，定子绕组产生特定方向的磁场。定子磁场与转子磁场的相互作用，使得该磁场带动转子旋转一个角度，并使转子的一对磁场方向与定子的磁场方向一致，最终结果是定子磁场旋转一个角度，转子也随之旋转一个角度。步进电机旋转的角度与输入的脉冲数成正比，转速与脉冲频率成正比。若改变绕组通电的顺序，电机就会反转。所以可用控制脉冲数量、频率及电动机各相绕组的通电顺序来控制步进电机的转动。

步进电机具有应用灵活的特点，在非超载情况下，电机的转速、停止的位置只取决于脉冲信号的频率和脉冲数，而不受负载变化的影响，当步进驱动器接收到一个脉冲信号时，它就驱动步进电机按设定的方向转动一个固定的角度，称为“步距角”，因此可以通过改变脉冲个数来控制角位移量，以便完成准确定位；还可以通过控制脉冲频率来控制电机转动的速度和加速度，以便于进行电机调速。

根据相数的不同，可将步进电机分为两相电机、三相电机和四相电机等。相数指产生不同对极 N、S 磁场的励磁线圈对数。根据拍数的不同，可将步进电机分为三拍、四拍、六拍和八拍等。拍数指步进电机内部磁场完成一个周期性变化所需的脉冲数。不同型号的步进电机，其相数和拍数都不同，但其控制原理相同。型号为 28BYJ—48 的步进电机是一个四相八拍电机，分为 A、B、C、D 四相。要想控制其转动，第一拍给 A 相通电，转子齿与 A 相定子齿对齐；第二拍给 A 相继续通电，同时给 B 相通电，A、B 各自建立的磁场形成一个合成磁场，这时转子齿既不对准 A 相，也不对准 B 相，而是对准 A、B 两极轴线的角平分线；第三拍使 A 相断电，仅使 B 相保持通电，这时，转子齿转动与 B 相定子齿对齐。以此类推，绕组以 A—AB—B—BC—C—CD—D—DA 的时序依次通电，磁场旋转一周，转子前进一个齿距。因此，要想控制步进电机转动的速度，就要控制其脉冲频率。要想控制步进电机反转，则只需按照相反的时序控制电机的绕组。

本示例将基于DSP实现对28BYJ—48型步进电机的控制，其电路原理图如图4-157所示。由于DSP的GPIO口驱动能力有限，在DSP与步进电机之间需要添加一个驱动芯片ULN2003，以便用该驱动芯片的输出来控制步进电机转动。28BYJ—48型步进电机共有五根接线，其中四根为控制电机转动的信号线，还有一根为步进电机的电源线。电源线接5 V电源，信号线依次接入脉冲信号以控制步进电机转动。

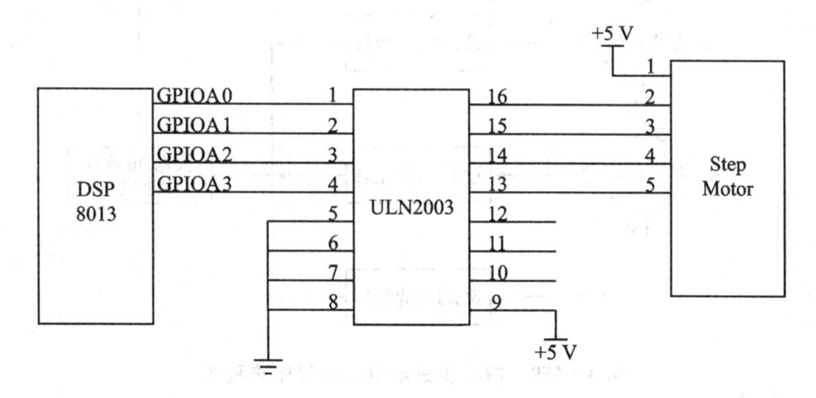

图4-157 四相步进电机控制电路原理图

实验电路板的接线实物图如图4-158所示。

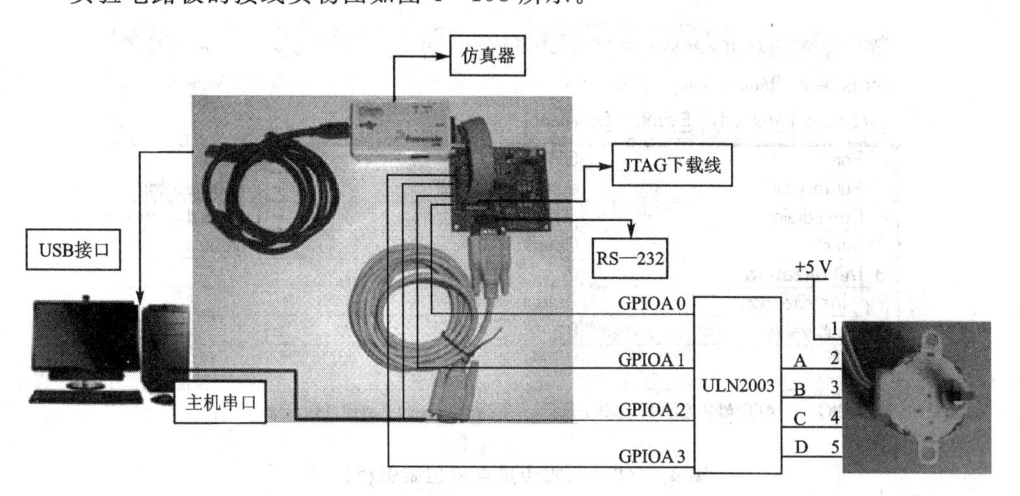

图4-158 四相步进电机控制接线实物图

程序具体实现的功能如下：通过驱动芯片ULN2003来控制步进电机28BYJ—48。设置定时器：控制步进电机停转2 s之后，再正转10 s，反转10 s。要想控制步进电机正转和反转，可以按照步进电机的工作时序将对应的控制量存入数组。只要顺序输出数组或逆序输出数组就可控制步进电机正转或反转。程序流程图如图4-159所示。

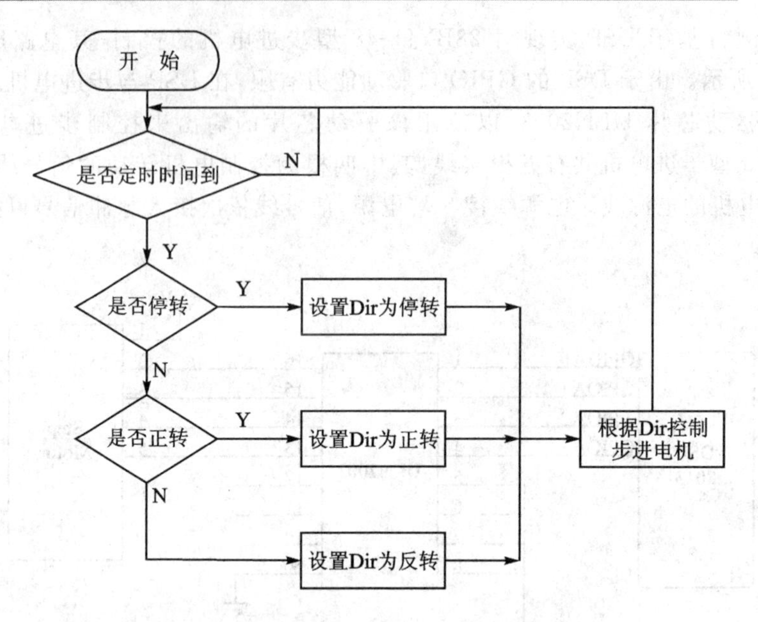

图 4-159 四相步进电机控制程序流程图

四相步进电机控制实验的具体步骤如下：

① 新建工程 Step_Motor，添加组件 ByteIO，具体设置如图 4-160 所示。

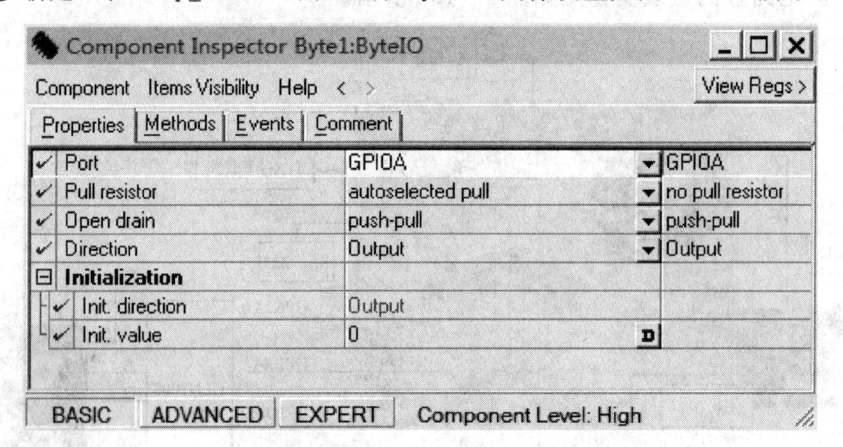

图 4-160 四相步进电机控制例程(一)

② 添加组件 TimerInt，中断时间设为 100 ms，具体设置如图 4-161 所示。

③ 编译后在 Step_Motor.c:main 文件中写入主程序，程序如下所示。其中函数 Delay(int speed)是步进电机两次运动之间的时间间隔，因此其延迟时间越短，步进电机转得越快。变量 Dir 用于控制步进电机的运动状态，当 Dir 为 0 时，步进电机停止旋转；当 Dir 为 1 时，将按照程序第 7 行的定义由 0～7 依次发出数据，此时步进电机正向旋转；当 Dir 为 2 时，通过反向发出数据，步进电机反向旋转。

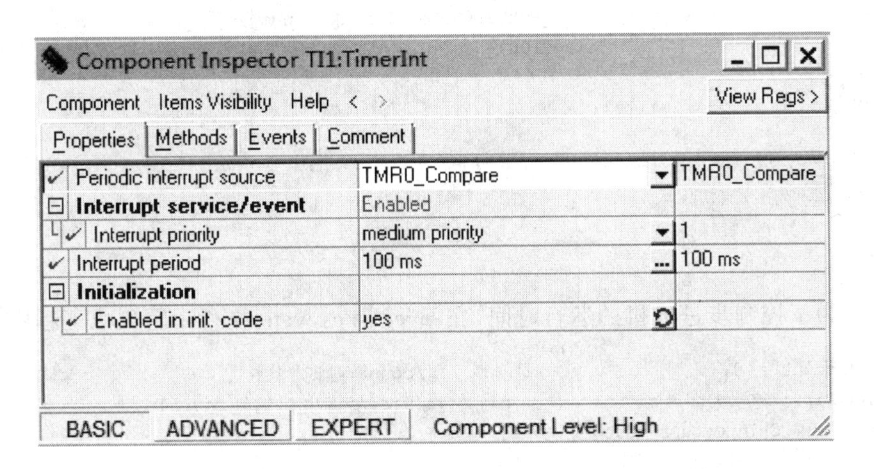

图 4-161　四相步进电机控制例程(二)

```
1 void Delay(int speed);                    //延时函数,决定了步进电机控制脉冲的频率
2 {
3     int j,k;
4     for(j = 0;j<speed;j ++)
5         for(k = 0;k<800;k ++);
6 }
7 unsigned char Motor_Table[8] = {0x08,0x0c,0x04,0x06,0x02,0x03,0x01,0x09};
8 //步进电机对应的八种控制输出状态
9 extern int Dir;                             //Dir,步进电机转动方向
10 void main(void)
11 {
12     int num;
13     PE_low_level_init();
14     TI1_Enable();                          //定时器使能
15     Dir = 0;                               //步进电机先停转
16     for(;;)
17     {
18         switch(Dir)
19         {
20             case 0:                        //停转
21                 Byte1_PutVal(0);
22                 break;
23             case 1:                        //正转
24                 for(num = 0;num<8;num ++)
25                 {
26                     Byte1_PutVal(Motor_Table[num]);
27                     Delay(100);
28                 }
29                 break;
30             case 2:                        //反转
31                 for(num = 0;num<8;num ++)
32                 {
```

```
33                  Byte1_PutVal(Motor_Table[7 - num]);
34                  Delay(100);
35              }
36              break;
37          default:
38              break;
39      }
40  }
41 }
```

④ 为了控制步进电机的运行时间，在Events.c:event文件中写入以下程序。

```
int count = 0;                              //count,延时计数
int Dir;                                    //Dir,步进电机的转动方向
void TI1_OnInterrupt(void)
{
    count ++;
    if(count == 20)
    {
        Dir = 1;                            //步进电机停转2 s
    }
    else if(count == 120)
    {
        Dir = 2;                            //步进电机正转10 s
    }
    else if(count == 220)
    {
        Dir = 0;                            //步进电机反转10 s
        count = 0;
    }
}
```


4.16 三相混合式步进电机控制

三相混合式步进电机是另一种形式的步进电机。混合式步进电机的转子为永磁体，当切换导通相电流时，将产生特定方向的定子磁场，该磁场与转子相互作用，使转子运动并稳定在特定位置；当不断控制磁场旋转时，将可以控制转子的运动，其运行原理如图4-162所示。

由图4-162可见，为了控制混合式步进电机的旋转，关键是控制电流矢量，这样就可控制电机的旋转方向、速度及转矩。若控制电流矢量做等幅值步进旋转，电机就可步进运行，即实现了步进电机的正弦细分控制。

以期望的电流矢量方向为d轴建立Odq坐标系，对电流进行d轴、q轴的解耦控制，d轴的期望值为电流幅值，q轴的期望值为0，旋转电角度为期望电流矢量的相角。三相混合式步进电机控制电路原理图如图4-163所示。

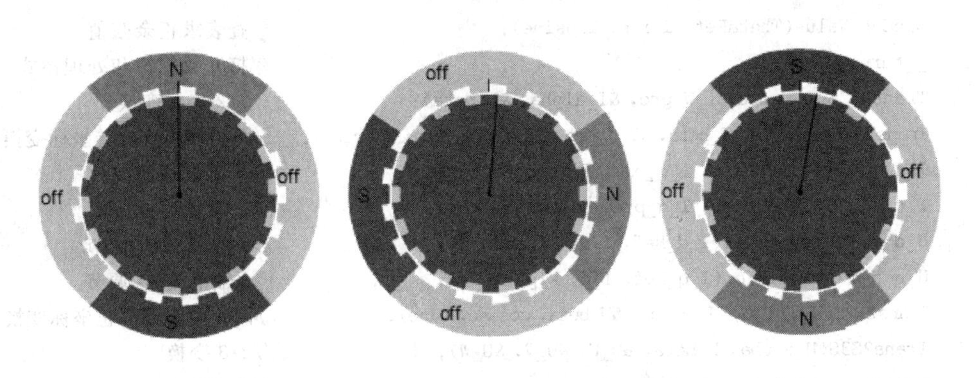

图 4-162　混合式步进电机旋转原理图

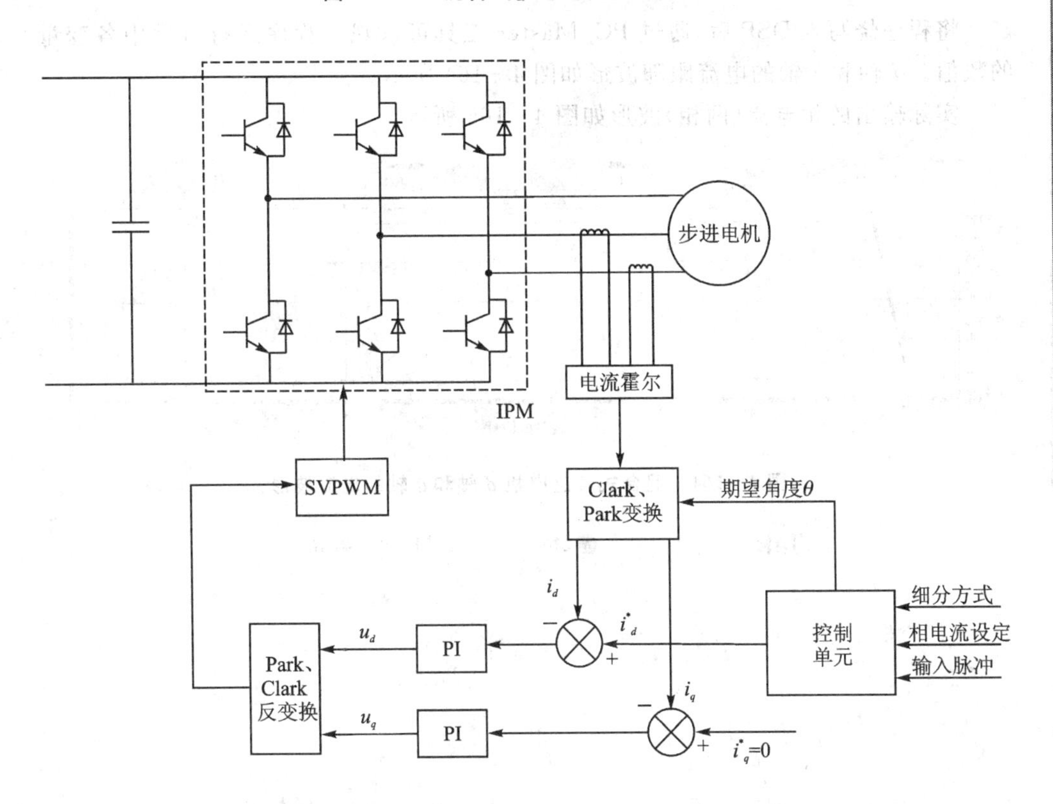

图 4-163　三相混合式步进电机控制电路原理图

程序的编写过程与四相步进电机程序的编写过程基本相同，其中 PWM 中断程序的代码如下所示。

```
AD1_GetChanValue(0,&I_W_pre);                    //电流采样
AD1_GetChanValue(1, &I_U_pre);                   //电流采样
I_U_pre - = I_U_Offset;                          //减去直流偏置
I_W_pre - = I_W_Offset;                          //减去直流偏置
```

```
SinCos_Value(ThetaRef, &sine, &cosine);                          //查表求正余弦值
__turn_on_sat();                                                 //打开数据饱和处理模式
Trans3S2S(I_U_pre, I_W_pre, &I_alpha, &I_beta);                  //3/2坐标变换
Trans2S2R(I_alpha, I_beta, &I_d_pre, &I_q_pre, cosine, sine);    //两相静止到旋转坐标变换
I_d = LP_Filter(I_d, I_d_pre, Filter_Factor);                    //一阶低通滤波
I_q = LP_Filter(I_q, I_q_pre, Filter_Factor);                    //一阶低通滤波
U_d = PI_regulator(I_d_Ref, I_d, PIparam_d);                     //d轴电流PI调节
U_q = PI_regulator(I_q_Ref, I_q, PIparam_q);                     //q轴电流PI调节
Trans2R2S(U_d, U_q, &U_alpha, &U_beta, cosine, sine);            //两相旋转到静止坐标变换
Trans2S3S(U_alpha, U_beta, &U_U, &U_V, &U_W);                    //2/3变换
Generate_PWM(U_U, U_V, U_W);                                     //发SVPWM
```

将程序烧写入DSP后，通过PC_Master工具可以观察程序运行过程中各变量的数值。d轴和q轴的电流跟随波形如图4-164所示。

实际输出的相电流（两相）波形如图4-165所示。

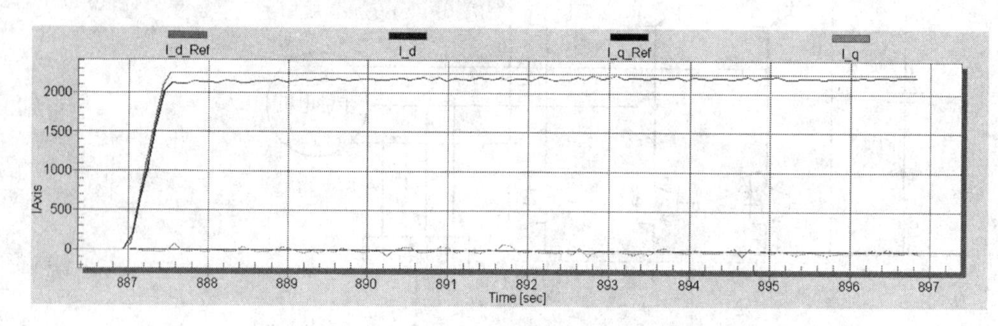

图4-164 混合式步进电机d轴和q轴的电流波形

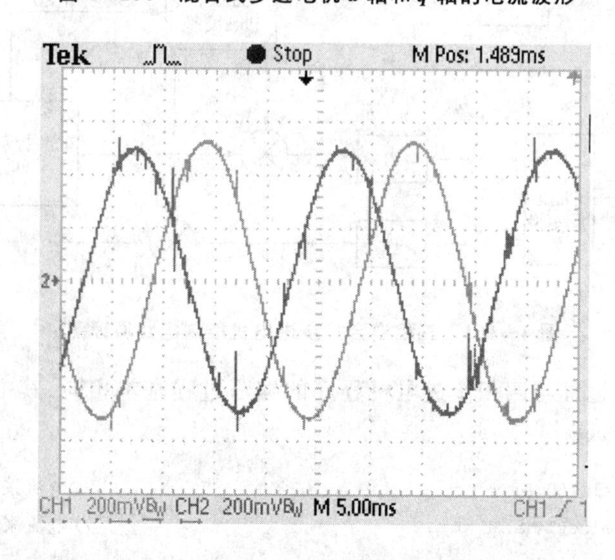

图4-165 混合式步进电机两相电流的波形

第5章 基于DSP的智能小车控制

在之前的内容中介绍了基于DSP的一些常用片上外设的使用方法。本章将介绍智能小车的组成和运行控制等内容，并利用DSP芯片控制小车行走，在给定的轨道中完成竞速、停止、转弯、抓取目标物等操作。这些应用与之前介绍的创新实验相比，属于更高一层的应用，然而通过对目标任务进行分解，其基本原理和实现方法仍然是基于之前介绍的DSP模块。

5.1 智能小车的机械架构

智能小车的机械架构是小车可以正常运行的基础，机械架构的好坏对小车的整体性能具有重要影响。其机械架构包括多方面：驱动方式、转向方式、悬挂方式和小车质心等。图5-1就是一种常见的智能小车外形。

图5-1 常见智能小车架构

5.1.1 智能小车的驱动形式

小车的驱动形式是指电机的布置方式以及驱动轮的数量和位置的形式。根据驱动轮的数量，可以将小车分为两轮驱动和四轮驱动；根据驱动形式的不同，可以将小车分为前轮驱动和后轮驱动。由于车模空间的限制，小车多采用两轮驱动。

1. 前轮驱动

前轮驱动是电机只驱动前轮的一种动力分配方式,现代轿车普遍采用这种传动方式。这种传动方式具有以下优点:

① 结构紧凑。在汽车应用中省去了通往后轮的驱动轴和后差动器。

② 前轮制动性能得到改善。由于小车的电机在车辆的前部,所以小车的质心靠前,加上制动时小车的质心前移,前轮的负荷增加,因此制动力增加,制动性能得到改善。

③ 转向性能得到改善。小车的前轮既是驱动轮,又是转向轮,使得转向时的行驶方向容易控制,不容易出现过度转向的问题。

2. 后轮驱动

后轮驱动是电机只驱动后轮的一种动力分配方式。当为后轮驱动时,前轮在行驶中不产生动力,只起到承重和转向的作用。这种传动方式具有以下优点:

① 驱动力好,加速、爬坡能力强。

② 平衡性好。随着一部分机械部件从汽车前部移到后部,汽车的平衡性大大提高。

因此在实际应用中,前轮驱动和后轮驱动各有其应用场合,应根据需求选择合理的驱动方案。对于智能小车来说,由于体积和质量均比较小,行驶速度也比较低,主要体现控制策略的竞争,因此前驱和后驱的差别不是非常明显,可以根据小车具体任务的不同进行选择。

5.1.2 智能小车的车轮分布

对于智能小车来说,除了其驱动形式之外,车轮的分布也对小车的正常行进有影响。在实际使用的智能小车中,前轮驱动和后轮驱动都有应用,而不同的驱动形式会与车轮的分布情况相互作用,最终决定了小车的性能。在实际设计中,也应该根据实际需求确定具体的驱动方式和车轮分布结构。常见的车轮分布结构有两种,即四轮小车和三轮小车。

四轮小车多采用后轮驱动形式。由于四轮小车车模相对较大,可以容纳更多器件,且为了获得较大的前瞻,传感器一般分布在车身的前半部分,小车的质心相对靠前。若采用前轮驱动,转向时可能存在稳定性和平衡性问题,不易控制。四轮小车一般采用舵机控制前轮转向,后轮用电机驱动作为动力轮,这样弥补了后轮驱动转向性能差的缺点。

三轮小车多采用前轮驱动形式。三轮小车一般采用两个驱动轮和一个万向轮作为转向轮。采用前轮驱动可以使小车结构更加紧凑,同时获得更好的转向性能,使小车更加灵活。

5.1.3 智能小车的转向形式

当小车转弯时，由于内侧车轮和外侧车轮驶过的路线长度不同，因此如果两车轮与地面仅存在滚动摩擦，则两车轮必定存在一个速度差。

小车的差速转向是指电机的驱动力经传动轴进入差速器，带动两边车轮上的轴承转动，使两边车轮获得不同的转速而灵活转向。当小车进入弯道时，两边车轮经过的距离不同，在差速器的作用下，两边车轮的转速会有所不同，以弥补距离上的差异。

若两个车轮分别由两个电机驱动，则在小车转弯时通过PWM控制两边的车轮产生不同的转速，这样的差速方式称为电子差速。要想实现电子差速，可以根据小车当前两轮的速度以及转弯角度等综合计算出两轮的控制量。

电子差速的工作原理可以通过图5-2进行描述。在电子差速控制下，小车的转向方式有如下几种：当两轮同时同速向前转动时，小车沿直线前进；当两轮同时同速向后转动时，小车沿直线后退；当左轮停止，右轮转动时，小车左转；当右轮停止，左轮转动时，小车右转；当两轮以相同速度不同转向转动时，小车则原地打转。

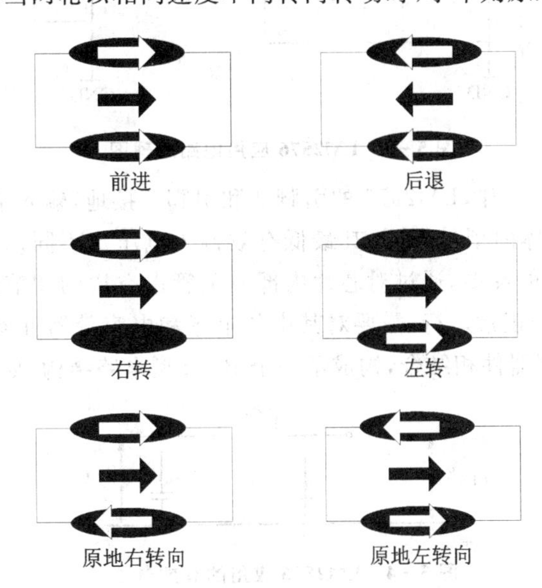

图5-2 小车转向示意图

5.2 智能小车中的供电系统

智能小车中有DSP、传感器、电机等多种设备，需要不同的供电电压。智能小车采用电池供电，其电源输出电压固定，为了保证智能小车各部分的正常工作，需要对供电电池进行电压调节，即将电池输出的电压进行升压或降压变换，以满足不同模块的工作需求，例如智能小车中的DSP控制模块需要3.3 V供电，而光电传感器、速度传感器等均需 5 V 电压供电。常用的电源管理电路有降压电路和升压电路等。

5.2.1　降压电路的设计(开关型)

LM2576 系列芯片是一种开关型降压电源芯片，其最大输出电流达 3 A。开关型电源与线性型电源相比具有以下特点：开关型电源工作在高频，功率器件工作在开关状态，由于工作频率高，因此电源具有体积小、质量轻等特点，与线性型电源相比输出的电压纹波较大。但是线性型电源损耗大，发热也较大。

使用芯片 LM2576 可实现对电池电压的降压调节，可稳定输出的电压有 3.3 V，5 V，12 V 和 15 V 等，取决于芯片的具体型号。其典型应用电路如图 5 - 3 所示。

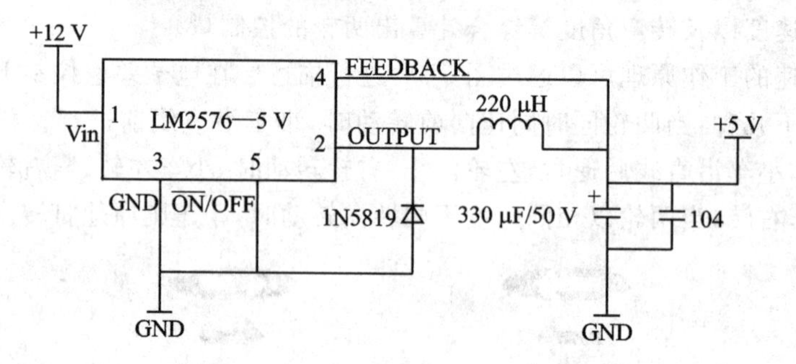

图 5 - 3　LM2576 应用电路原理图

为了使芯片正常工作，LM2576 的引脚 3 和引脚 5 接地，输入端电压的有效范围为 8～40 V(根据具体的型号不同，其最低有效输入电压也不同)。电压输出端与反馈端相连，实现电压的反馈，通过对芯片内部开关管占空比的调节来进行稳压输出。为了实现电源芯片的正常运行，需要对其中的电感和电容等器件参数进行设计和计算。LM2576 与外部器件相结合，构成了一个 Buck 型电路结构，如图 5 - 4 所示。

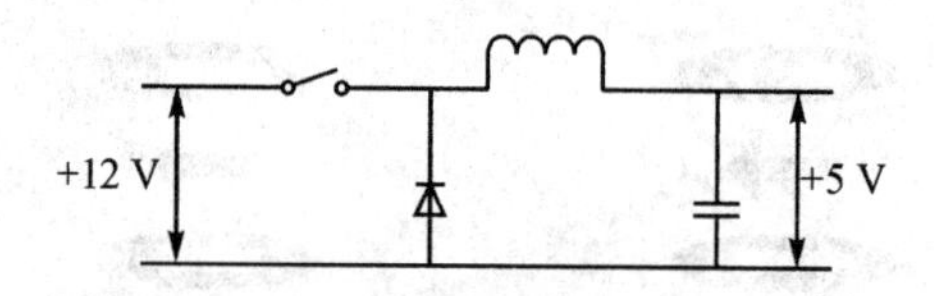

图 5 - 4　LM2576 应用的等效电路

当开关导通时，电感上的电流与电压的关系为：

$$L\frac{\mathrm{d}i}{\mathrm{d}t}=V_{\mathrm{in}}-V_{\mathrm{out}} \tag{5.1}$$

其中 L 表示电感值，i 表示电感电流，V_{in} 和 V_{out} 分别是输入侧和输出侧的电压。

由于输入电压高于输出电压，因此电流增加，即有：

$$\left.\begin{aligned}L\frac{\Delta i_{+}}{\Delta T}&=V_{\mathrm{in}}-V_{\mathrm{out}}\\ \Delta i_{+}&=\frac{V_{\mathrm{in}}-V_{\mathrm{out}}}{Lf_{\mathrm{s}}}=D\end{aligned}\right\} \tag{5.2}$$

其中 Δi_+ 为电流增加量，ΔT 为开关处于导通状态所经历的时间，D 为开关管的占空比，f_s为开关管的工作频率。

在智能小车中，电路设计功率 P_0 为 5 W，输入电压 V_{in} 为 12 V，输出电压 V_{out} 为 5 V。当输出功率为 P_B时，电感处于临界连续状态，临界电感为 L_B。一般选取当输出功率为额定输出功率的 1/3 时电感处于临界连续状态，则 P_B为 1.67 W。此时电感电流为：

$$\Delta i_+ = 2I_{avg} = 2\frac{P_B}{V_{out}} \tag{5.3}$$

由于 Buck 电路的输入电压与输出电压的关系为：

$$V_{out} = V_{in}D \tag{5.4}$$

由此可得临界电感的计算公式为：

$$L_B = \frac{V_{in}^2 \times (1-D) \times D^2}{2 \times P_B \times f_s} \tag{5.5}$$

其中 D 为芯片工作的占空比，则 $D=V_{out}/V_{in}=5/12=0.42$；$f_s$为芯片的工作频率，由芯片手册可知，$f_s=52$ kHz。由此可得：

$$L_B \frac{12^2 \times (1-0.42) \times 0.42^2}{2 \times 1.67 \times 52 \times 10^3} = 85(\mu\text{H}) \tag{5.6}$$

根据计算出的电感值可得电感的电流纹波大小为：

$$\Delta I_L = \frac{V_{in}}{L \times f_s} \times (1-D) \times D = \frac{12}{85 \times 10^{-6} \times 52 \times 10^3} \times 0.58 \times 0.42 = 0.66(\text{A}) \tag{5.7}$$

则滤波电容的大小为：

$$C_o = \frac{1}{2} \times \frac{1}{2} \times \Delta I_L \times \frac{1}{2} \times T_s/\Delta V = \frac{V_{in} \times (1-D) \times D}{8 \times \Delta V \times f_s^2 \times L_B} = \frac{12 \times 0.58 \times 0.42}{8 \times 0.5 \times (52 \times 100)^2 \times 85 \times 10^{-6}} = 3.18(\mu\text{F}) \tag{5.8}$$

其中 ΔV 为电压纹波，取其为额定电压值的 10%。

5.2.2 降压电路的设计(线性型)

线性稳压电源与开关型电源相比，芯片内部的功率器件工作在线性放大区。线性稳压电源具有输出电压纹波小、噪声小等优点，但也有发热量大等问题。

LM7805 芯片是线性稳压电源，可实现对电池电压的降压调节，稳定输出 5 V 电压。若输入、输出的压差较大，则要考虑散热和加装散热片等问题。在实际应用时，可根据输入、输出的电压差以及电流计算 LM7805 的耗散功率。其典型应用电路如图 5-5所示。

LM7805 的有效输入电压范围为 7～35 V，输出电压为 5 V，最大输出电流为 1.5 A，在设计电流时应留出裕量。

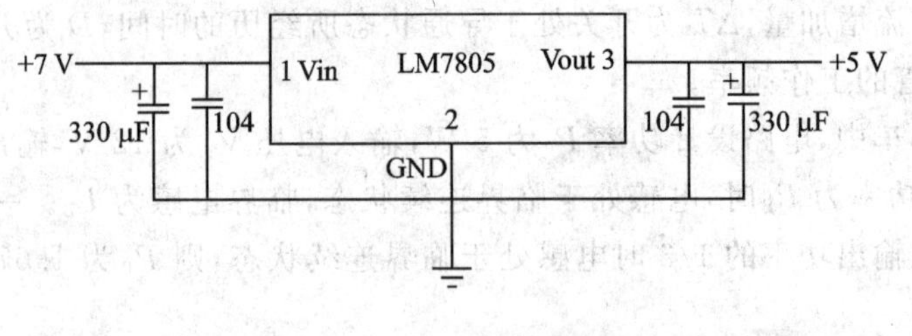

图 5-5 LM7805 电路原理图

LM7805 应用电路的外围器件很少，只需根据输入、输出的电压值来选择耐压值足够的滤波电容即可。若考虑散热问题，还需计算其功率。在图 5-5 中，LM7805 的输入电压为 7 V，输出电压为 5 V，设其输出电流为最大 1.5 A，则该 LM7805 耗散功率为(7－5)×1.5＝3 (W)，该功率即为 LM7805 的发热功率，据此可以选择合适的散热片。

5.2.3 升压电路的设计

在智能小车中，有一些器件和电路需要 12 V、15 V 等供电电压，这些供电电压均超过电池的输出电压，因此还需要在智能小车中设计升压电路。

LM2577 系列芯片是开关型升压稳压器，能驱动 3 A 负载。使用芯片 LM2577 可实现对电池电压的升压调节，可稳定输出的电压有 12 V、15 V 和可调电压等，这取决于具体的型号。其典型应用电路如图 5-6 所示。

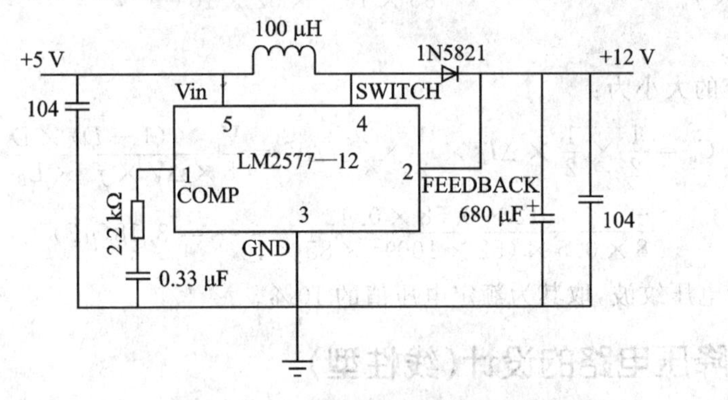

图 5-6 LM2577 电路原理图

芯片输入端的电压有效范围为 3.5～40V，内部集成了一个耐压值为 65 V 的 NPN 三极管和频率为 52 kHz 的晶振。通过反馈端的输出电压反馈，芯片内部可自动调节开关管的占空比，从而实现稳压输出。

LM2577 的内部结构基于 Boost 升压电路，其等效电路如图 5-7 所示。可以根据该等效电路图和实际需要计算各器件的参数。

当开关导通时，电感电流 i 与输入电压 V_{in} 的关系为：

$$L\frac{di}{dt}=V_{in} \tag{5.9}$$

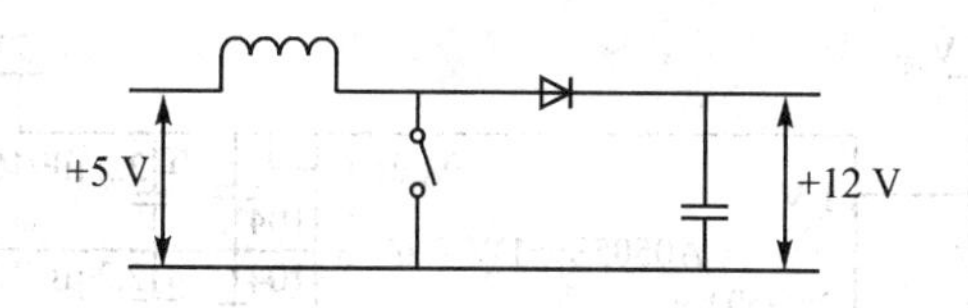

图 5-7 LM2577 应用的等效电路

由于 $V_{in}>0$，因此在开关导通时，电感电流 i 将线性增加，其增加的速率与电感值 L 和输入电压 V_{in} 有关。于是，可求得在开关导通时间内电流的增加量为：

$$\left.\begin{aligned} L\frac{\Delta i_+}{\Delta T} &= V_{in} \\ \Delta i_+ &= \frac{V_{in}}{Lf_s}D \end{aligned}\right\} \tag{5.10}$$

其中 Δi_+ 为电流增加量，ΔT 为开关处于导通状态所经历的时间，D 为开关管的占空比，f_s 为开关管的工作频率。

电路设计功率 P_0 为 12 W，输入电压 V_{in} 为 5 V，输出电压 V_{out} 为 12 V。当输出功率为 P_B 时电感处于临界连续状态，临界电感为 L_B。一般选取当输出功率为额定输出功率的 1/3 时电感处于临界连续状态，则 P_B 为 4 W。此时，电感电流为：

$$\Delta i_+ = 2I_{avg} = 2\frac{P_B}{V_{out}} \times \frac{1}{1-D} \tag{5.11}$$

于是可得：

$$L_B = \frac{V_{in}V_o D(1-D)}{2P_B f_s} \tag{5.12}$$

其中 D 为芯片工作的占空比，$D=(V_{out}-V_{in})/V_{out}=0.58$；$f_s$ 为工作频率，由芯片手册可知，$f_s=52$ kHz。由此可以计算出 L_B 为：

$$L_B = \frac{5\times 12\times 0.58\times 0.42}{2\times 4\times 52\times 10^3} = 35(\mu\text{H}) \tag{5.13}$$

滤波电容计算为：

$$C_o\frac{P_o}{V_o\Delta V f_s} = D\frac{12}{12\times 1.2\times 52\times 10^3}\times 0.58 = 9.29(\mu\text{F}) \tag{5.14}$$

其中 ΔV 为电压纹波，取其为额定电压值的 10%。

5.2.4 负电压电路的设计

在智能小车的控制电路中，需要用到负压电源供电，如运放芯片需要 +5 V 和 −5 V 的供电等。芯片 A0505S—1W 输入 5 V，产生两路输出，即 +5 V 和 −5 V，且输入与输出隔离，是一种简单的实现反压的电路结构。其典型应用电路如图 5-8 所示。

该芯片适用于输入电压为稳压输入（纹波小于 10%）且对输出电压纹波没有严格要求的电路，如数字电路。该芯片的最大输出功率为 1 W，所以每一路的最大输出

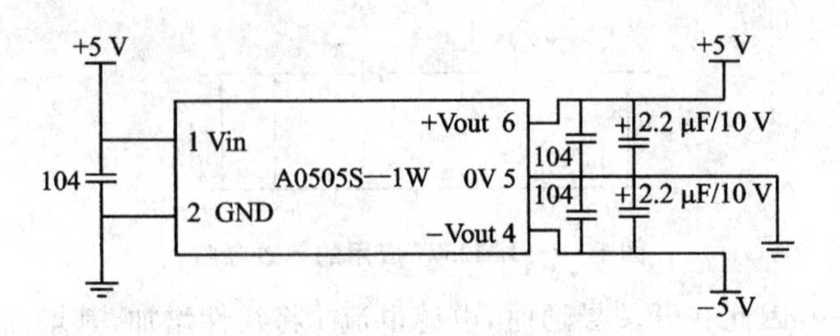

图 5-8 A0505S—1W 电路原理图

电流为100 mA。该芯片的外围器件参数应参考芯片使用手册,并注意确保所选择的电压耐压值满足实际需要。

5.3 智能小车的路径识别

智能小车在路面上行驶,需要有相应的轨道去导引,以实现智能小车的行走、停止和转弯等操作。目前通常在智能小车的运行场地上绘制出路径,智能小车识别出场地的路径,并沿着路径行驶。

利用红外线进行路径检测是一种成本低且结构简单的方案,其中对于红外线的发送和接收可采用红外线收/发对管实现,其实物图如图5-9所示,其中白色的(1~4号)为发射管,当通过电流时会发出红外线,是一种将电能直接转换成近红外光并能辐射出去的发光器件;而黑色的(5号)为接收管,接收管在接收和不接收红外线时电阻发生明显变化,利用外围电路可以输出产生明显高低变化的电平。

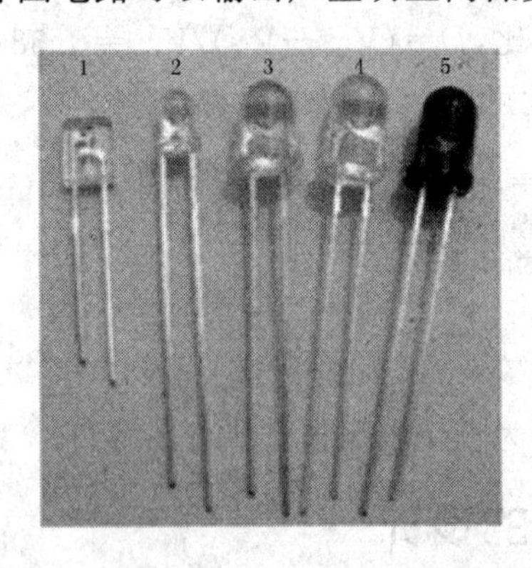

图 5-9 红外线收/发对管实物图

因此可以将红外线发射管与光敏接收管一起配合使用,当地面路径发生变化时,通过红外线对管采集路径信息,向DSP反馈高、低电平,然后经过DSP运算即可得出路径信息,这些信息对于控制小车的速度和转向等都十分重要。

当将红外线用于路径检测时,根据地面路径的颜色,有两种具体情况,如图5-10所示。在第一种情况下,发射管发出的红外线经目标物体反射并被接收管收到。在第二种情况下，发射管发出的红外线基本被目标物体吸收，因此接收管并不能收到红外线信号。在这两种情况下，接收管的导通状态不同，经特定处理电路后可产生不同的电平信号并送入DSP。

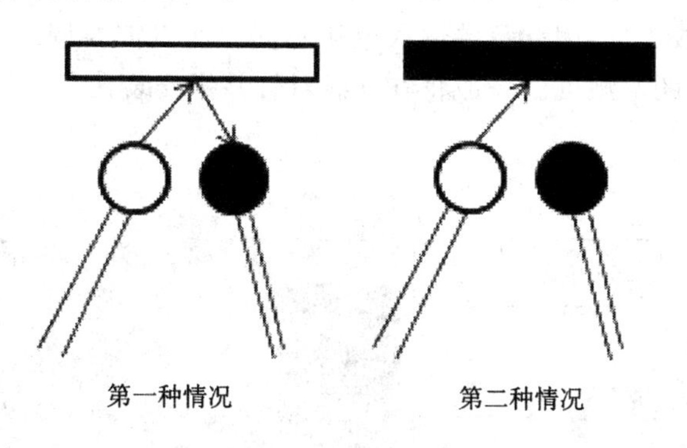

图5-10 红外线检测路径的原理

5.3.1 直线路径的检测

由之前的叙述可知，使用红外线对管对路径进行识别，主要是利用白色和黑色对于红外线反射和吸收的效果不同这一特点。当红外线照射在黑线上，黑线会吸收红外线，接收管无法接收红外线，仍然保持关断状态；当红外线发射管照在白线上，白线会反射红外线使接收管接收到红外线，变为导通状态。这样，利用外围电路可以输出变化明显的高、低电平。因此，利用DSP的GPIO口读取当前的检测状态，通过一定的算法可以识别当前路径。

在本小节示例中，通过DSP的GPIOA0口读取红外线对管的检测结果，以判断当前为黑线还是白线。若输入为高电平则为白线，若输入为低电平则为黑线。其电路原理图如图5-11所示。

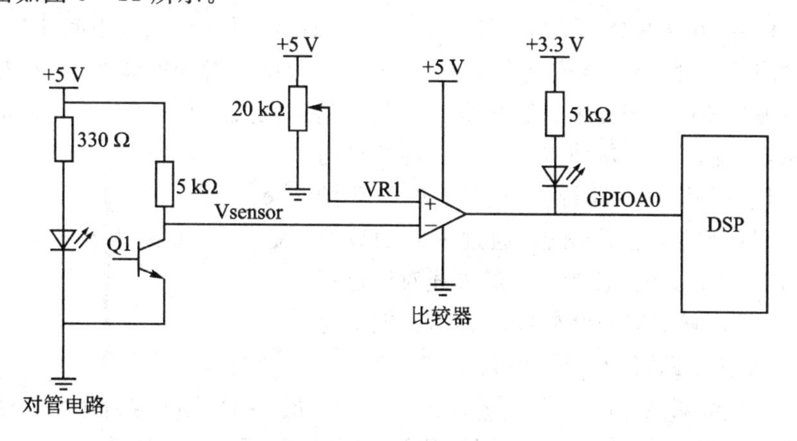

图5-11 红外线对管电路原理图

由图5-11可以得到输出结果:当检测到黑线时,Q1截止,输出高电平到比较器负端,比较器输出低电平,LED点亮;当检测到白色地带时,Q1导通,比较器负端输入电压减小,低于正端电压,比较器输出高电平,LED熄灭。由于黑色的强度不同,Q1有可能工作在放大区,因此负端输入电压不同。所以需要调节正端的基准电压,以便调整检测电路的灵敏度。一般将红外线对管并排安装在车体前方。实物连接示意图如图5-12所示。

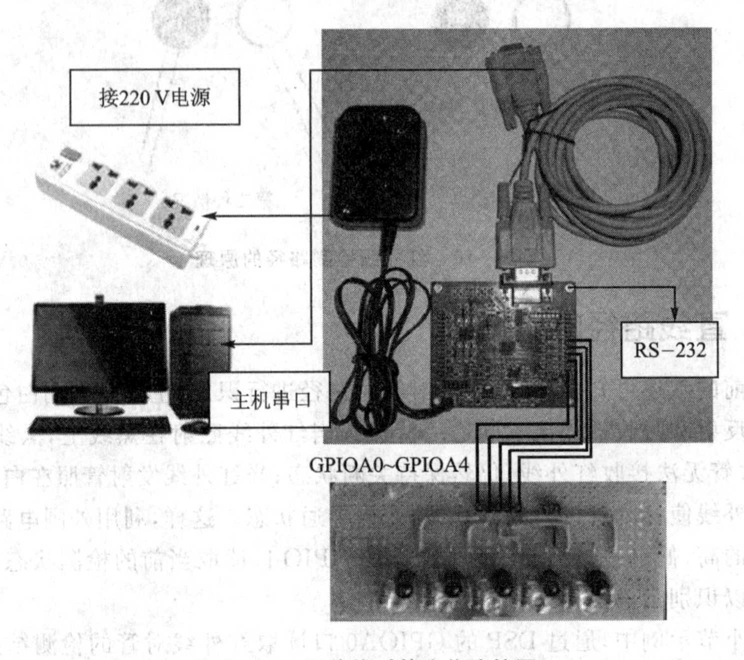

图5-12 红外线对管实物连接图

通过红外线对管检测黑线信息。对管安装在小车前方,这样可以使小车提前判断黑线的位置,并尽快做出决策。对管的安装最好是非均匀安放,中间比较密集,提高中央检测的精度,在边缘安装一对,以保证检测范围。对管安装的不同,对相同路径进行检测反馈的信息也不同。因此,在对管安装固定后,小车需要在不同的路径下进行测试,以确保其在各种路径下反馈的结果与预期的相同,否则需要进行调整。通过DSP的GPIO口读取当前的检测状态,通过一定的算法可以识别当前的路径。使用5个红外线对管进行路径检测,若只有中间的红外线对管的反馈信息为低电平,则认为路径为直线,如图5-13所示。

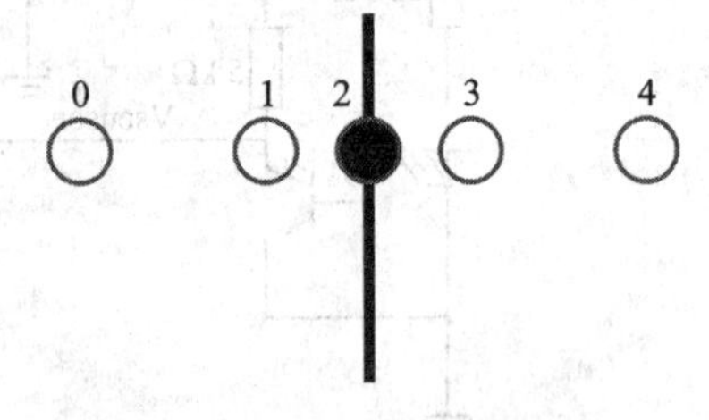

图5-13 红外线对管直线检测示意图

直线路径检测实验的具体步骤如下:

① 创建工程。打开CodeWarrior IDE,选择File→New菜单项。选择Processor Expert Stationery,并输入要建立工程的名称和路径,该工程命名为car。

② 添加组件。首先右击 Processor Expert 选项卡中的 Components，在弹出的快捷菜单中选择 Add Component(s)，添加5个普通I/O口组件(I/O口可采用BitIO或BitsIO组件，下面例程中使用的是5个BitIO组件)，如图5-14所示。

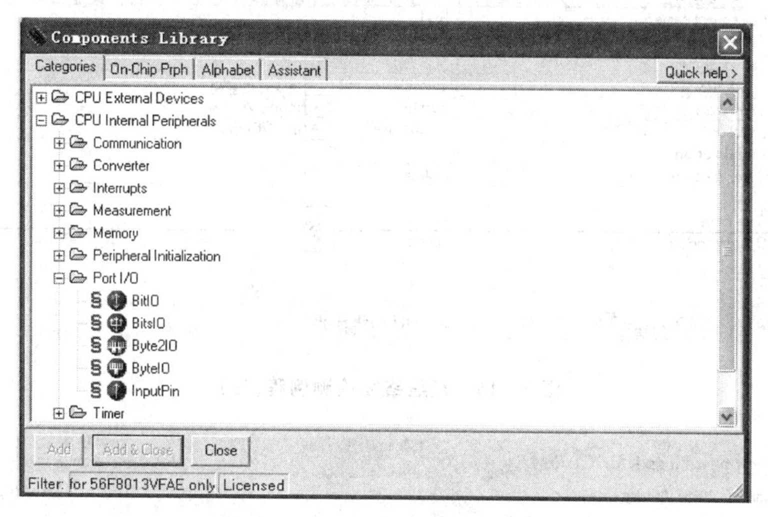

图5-14　直线路径检测例程(一)

添加一个定时器组件，如图5-15所示。

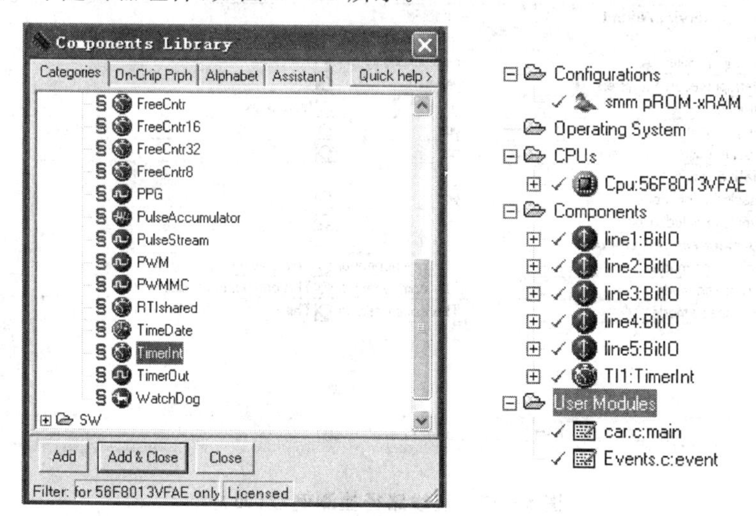

图5-15　直线路径检测例程(二)

③ 在组件监视器窗口中对 BitIO 组件进行设置，将 Component name 更改为 line1，任意选择程序中未使用的输入/输出引脚，如图5-16所示，其他引脚设置类似。

④ 在组件监视器窗口中对 TimerInt 组件进行设置，选择中断周期为5 ms，如图5-17所示。

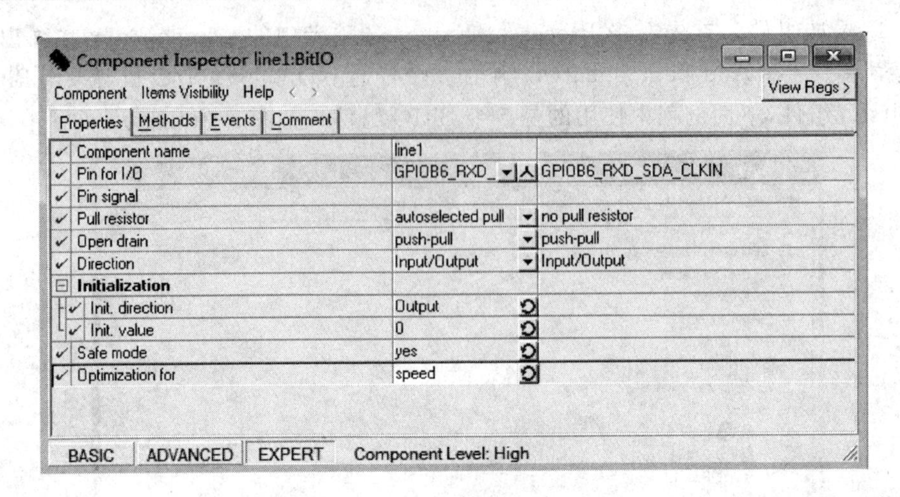

图 5-16 直线路径检测例程(三)

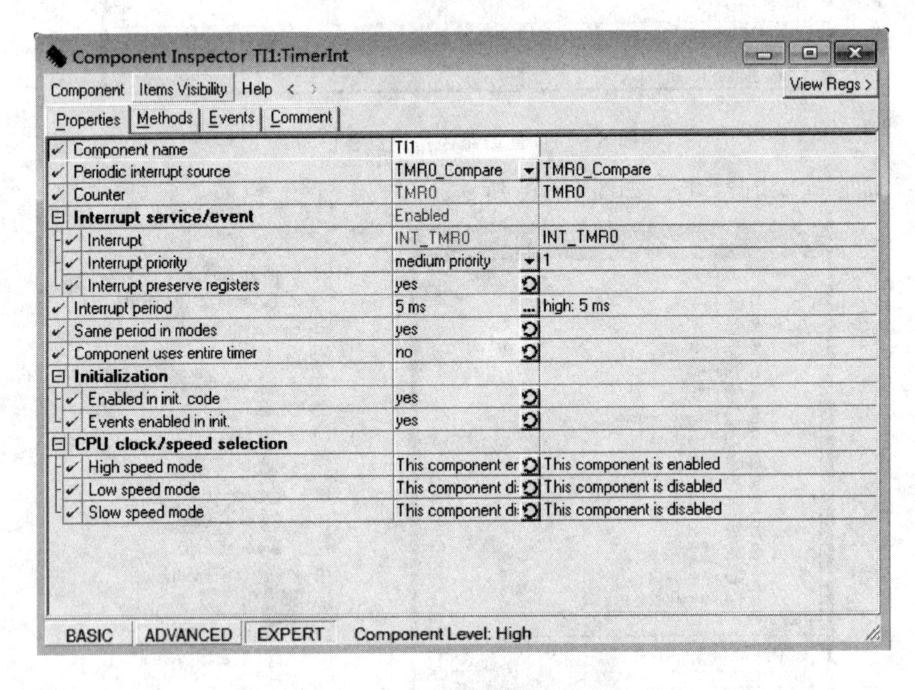

图 5-17 直线路径检测例程(四)

⑤ 编译后生成代码。在 Events.c 文件中编写定时器中断处理函数,如下所示。

```
int line_flag = 0;                 //line_flag,路径标志,为直线时标志置 1
int line[5];                       //line 数组,存放 5 个红外线对管采集信息
int line_signal = 0;               //line_signal,存放 5 路红外线对管采集信息
void TI1_OnInterrupt(void)         //定时器中断服务程序
{
    line[0] = Bit1_GetVal();       //把 5 路红外线对管采集信息存入数组
```

```
    line[1] = Bit2_GetVal();
    line[2] = Bit3_GetVal();
    line[3] = Bit4_GetVal();
    line[4] = Bit5_GetVal();
    line_signal = line[0] + line[1] * 2 + line[2] * 4 + line[3] * 8 + line[4] * 16;
    //把5路红外线对管采集信息放在line_signal中,用以判断路径
    if(line_signal == 0x1B)
    //当路径为直线,即line[2] = 0,line_signal = 0x1B时,把标志位line_flag置1
    {
        line_flag = 1;
    }
}
```

⑥ 运行程序,通过示波器或PC_Master工具观察每个I/O口的值,注意观察当检测到黑线后,I/O的值是否发生变化。

5.3.2 十字岔口的检测

在智能小车的轨道中,还存在十字岔口的情况。检测十字岔口比检测直线的步骤复杂一些,在理想情况下,红外线对管检测出的状态如图5-18所示。

但由于在小车实际运行时,车身不可能与黑线保持完全平行,所以几乎不可能五个红外线对管都对在黑线上。一般认为,只要中间三个或三个以上的红外线对管对在黑线上,就算是检测到了十字交叉位置。本小节示例将采用五个红外线对管来检测十字交叉位置,若检测到,则标志位赋值为2。

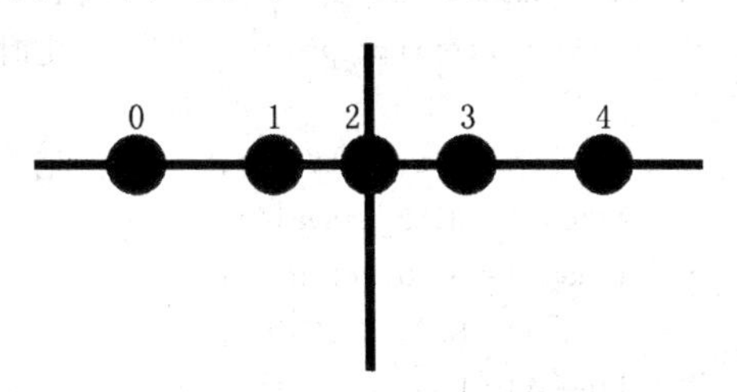

图5-18 红外线对管十字岔口检测示意图

十字岔口检测实验的具体步骤如下:

① 新建工程Get_line,添加5个组件Bit1~Bit5,具体设置如图5-19所示。

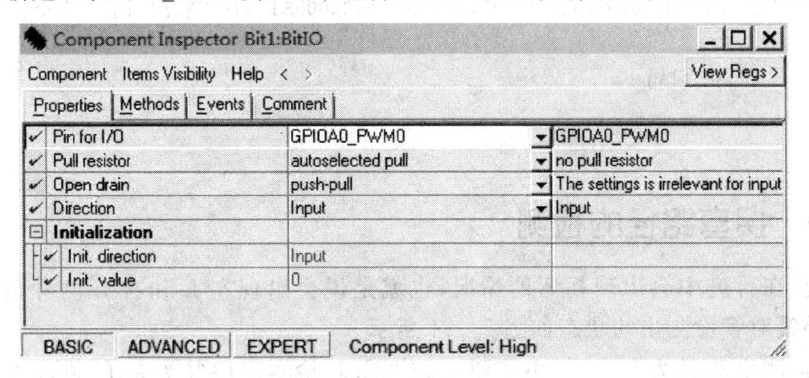

图5-19 十字岔口检测例程(一)

② 添加 TimerInt 组件，并进行设置，选择中断周期为 5 ms，具体设置如图 5－20 所示。

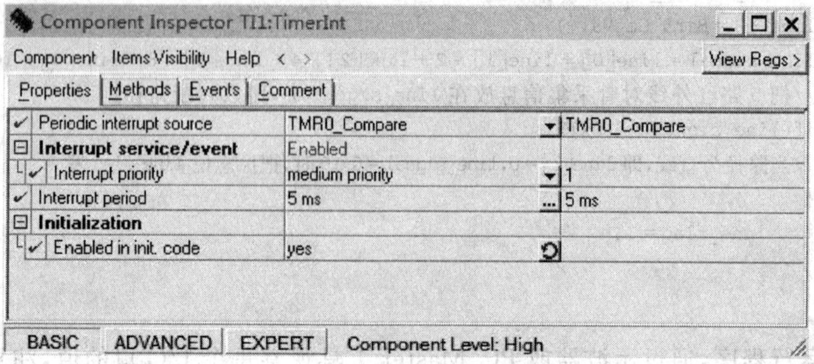

图 5－20　十字岔口检测例程（二）

③ 编译后，在 Events. c：event 文件中写入如下程序。

```
int line_flag = 0;                       //line_flag,路径标志,当为直线时标志置 1
int line[5];                             //line 数组,存放 5 个红外线对管采集信息
int line_signal = 0;                     //line_signal,存放 5 路红外线对管采集信息
void TI1_OnInterrupt(void)               //定时器中断服务程序
{
    line[0] = Bit1_GetVal();             //把 5 路红外线对管采集信息存入数组
    line[1] = Bit2_GetVal();
    line[2] = Bit3_GetVal();
    line[3] = Bit4_GetVal();
    line[4] = Bit5_GetVal();
    line_signal = line[0] + line[1] * 2 + line[2] * 4 + line[3] * 8 + line[4] * 16;
    //把 5 路红外线对管采集信息放在 line_signal 中,用以判断路径
    if((line_signal ==  0x11)||(line_signal == 0x01)||(line_signal ==  0x10)||(line_
signal == 0x00))
    //当 line_signal = 10001B,00001B,10000B,00000B 时,认为检测到了十字交叉位置
    {
        line_flag = 2;
    }
}
```

5.3.3　拐弯路径的检测

小车在行进中会出现拐弯的情况，也就是说会出现左 L 和右 L 两种情况的路径，红外线对管检测出的状态如图 5－21 所示。

若检测出路径为左 L，则小车要左转 90°；若检测出路径为右 L，则小车要右转 90°。本小节示例将用 5 个红外线对管检测 L 路径。若为左 L，则标志位赋值为 3；若

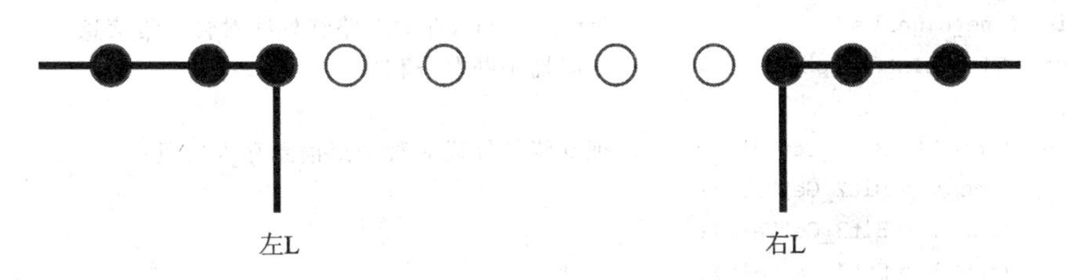

图 5-21　红外线对管拐弯路径检测示意图

为右 L，则标志位赋值为 4。

拐弯路径检测实验的具体步骤如下：

① 新建工程 Get_line，添加 5 个组件 Bit1～Bit5，具体设置如图 5-22 所示。

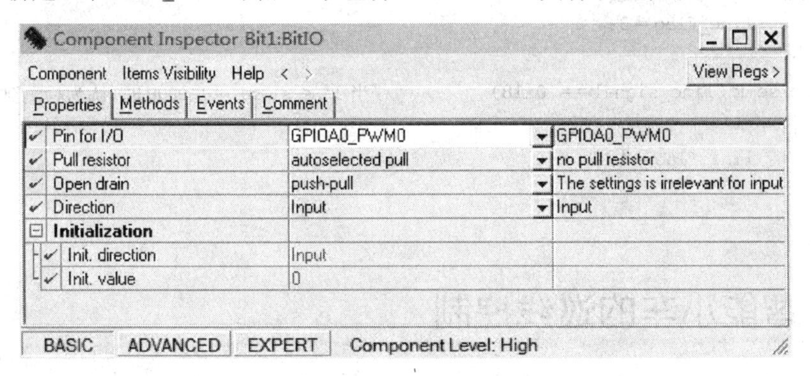

图 5-22　拐弯路径检测例程(一)

② 添加 TimerInt 组件，并进行设置，选择中断周期为 5 ms，具体设置如图 5-23 所示。

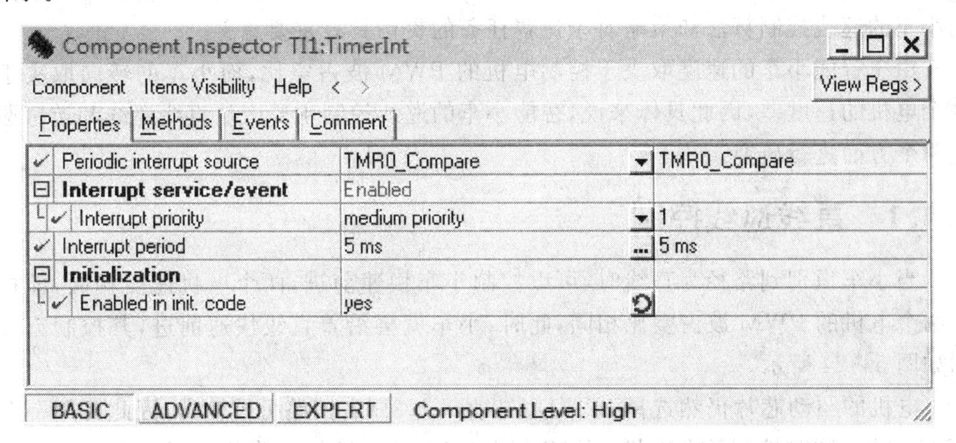

图 5-23　拐弯路径检测例程(二)

③ 编译后，在 Events. c：event 文件中写入如下程序。

```
int line_flag = 0;              //line_flag，路径标志，当为直线时标志置 1
int line[5];                    //line 数组，存放 5 个红外线对管采集信息
```

```
int line_signal = 0;                 //line_signal,存放5路红外线对管采集信息
void TI1_OnInterrupt(void)           //定时器中断服务程序
{
    line[0] = Bit1_GetVal();         //把5路红外线对管采集信息存入数组
    line[1] = Bit2_GetVal();
    line[2] = Bit3_GetVal();
    line[3] = Bit4_GetVal();
    line[4] = Bit5_GetVal();
    line_signal = line[0] + line[1] * 2 + line[2] * 4 + line[3] * 8 + line[4] * 16;
    //把5路红外线对管采集信息放在line_signal中,用以判断路径
    if(line_signal == 0x03)               //当line_signal = 00011B时,认为检测到了左L
    {
        line_flag = 3;
    }
    else if(line_signal == 0x18)          //当line_signal = 11000B时,认为检测到了右L
    {
        line_flag = 4;
    }
}
```

5.4 智能小车的巡线控制

在智能小车比赛中,小车需要沿着场地中绘制的轨迹行驶,这个过程称为巡线。在巡线过程中,智能小车具有直线行驶和转弯等运动形式,并且在该过程中,智能小车还需要根据任务和自身所处的位置进行决策,以控制小车的速度和转向。因此,智能小车的巡线控制算法和策略对于比赛任务的贯彻具有重要意义。

由于智能小车的速度取决于控制电机的PWM波占空比,而小车的转向取决于两个电机的速度差,因此具体来说,智能小车的巡线控制主要应从直线巡线和转弯巡线两个方面进行研究。

5.4.1 直线巡线控制

当小车识别到路径为直线时,可以控制小车快速前进,两个电机速度相同,即控制两个电机的PWM波占空比相同,此时,小车就会沿着直线快速前进,其控制流程图如图5-24所示。

电机的驱动芯片仍然选择L293D。芯片L293D有四路可控输出,因此可用一个L293D芯片同时控制两个电机。DSP与L293D及电机的电路原理图如图5-25所示。DSP的PWM0～PWM3送入L293D,L293D的输出分别为OUTPUT1～OUTPUT4,其中OUTPUT1和OUTPUT2用来控制第一个电机,OUTPUT3和OUTPUT4用来控制第二个电机。

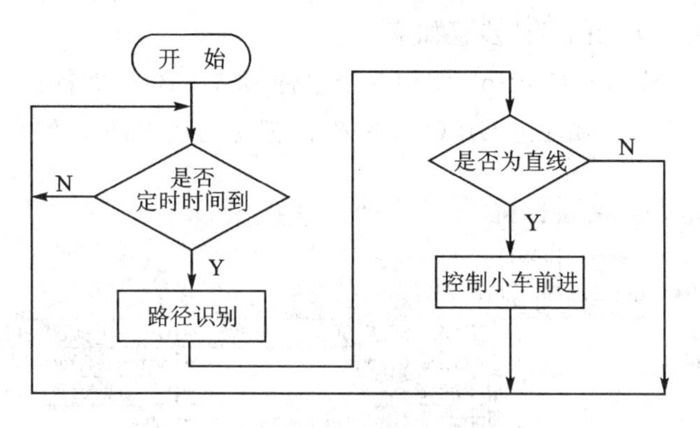

图 5-24　直线巡线控制流程图

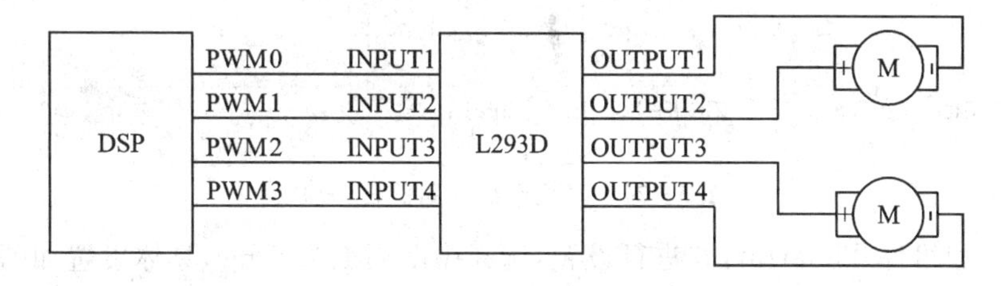

图 5-25　双电机控制及驱动电路原理图

双电机控制及驱动实物接线图如图 5-26 所示。

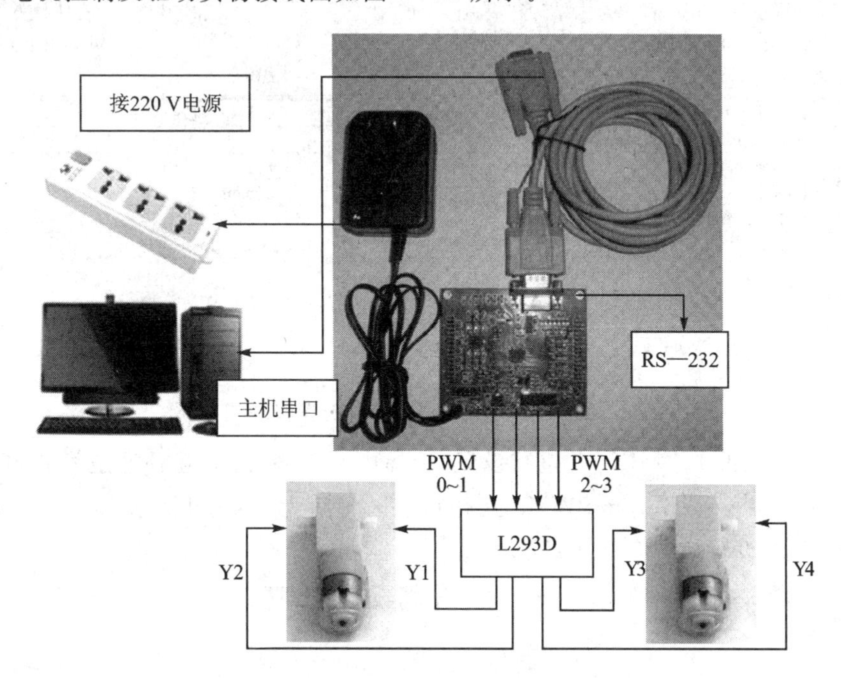

图 5-26　双电机控制及驱动实物接线图

直线巡线控制实验的具体步骤如下：

① 新建工程 Motor_Control，添加 5 个组件 Bit1～Bit5，并都设置为输入，具体设置如图 5-27 所示。要注意 GPIO 口的安排，避免占用 PWM 的输出引脚。

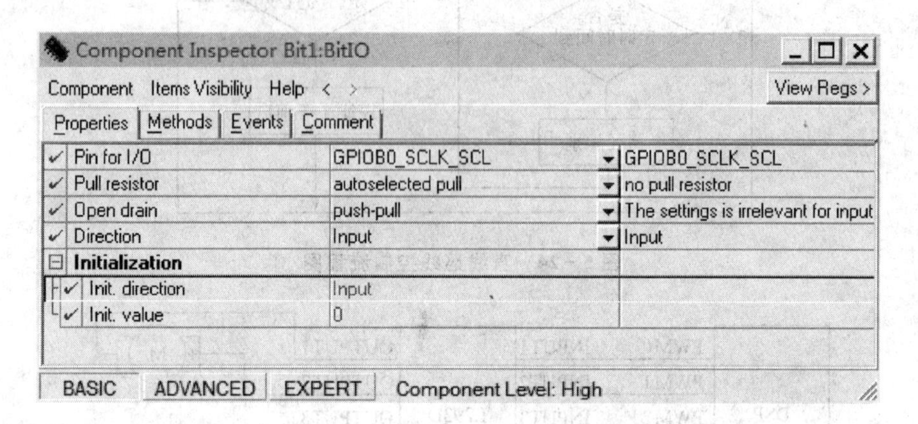

图 5-27　直线巡线控制例程(一)

② 添加组件 TimerInt，并进行设置，选择中断周期为 5 ms，具体设置如图 5-28 所示。

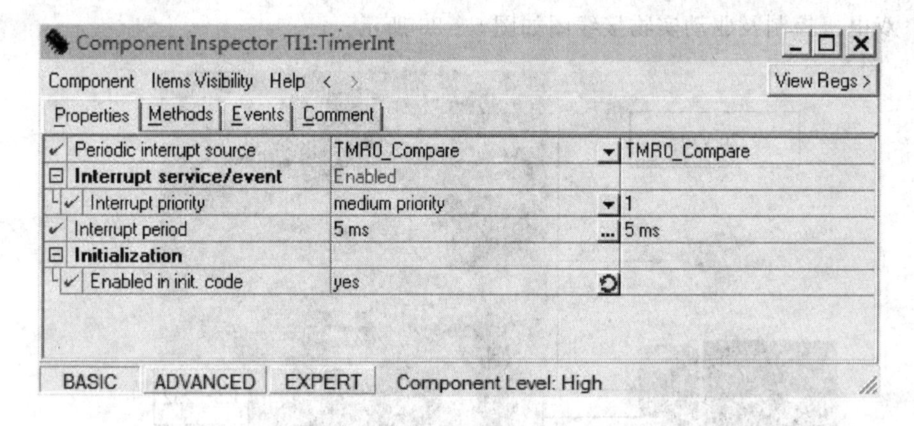

图 5-28　直线巡线控制例程(二)

③ 添加组件 PWMCC，并进行设置，选择中心对齐方式、互补通道模式(PWM0 与 PWM1 互补，PWM2 与 PWM3 互补)、死区时间为 3 μs、中断使能、开关频率为 10 kHz，具体设置如图 5-29 所示。

④ 编译后，在 Events. c：event 文件中编写如下程序。

Component Inspector PWMC1:PWMMC

Component　Items Visibility　Help　<　>　View Regs >

Properties | Methods | Events | Comment

Mode of PWM Pair 1	complementary	
Mode of PWM Pair 2	complementary	
Top-Side PWM Pair 0 Polarity	Positive	
Top-Side PWM Pair 1 Polarity	Positive	
Top-Side PWM Pair 2 Polarity	Positive	
Bottom-Side PWM Pair 0 Polarity	Positive	
Bottom-Side PWM Pair 1 Polarity	Positive	
Bottom-Side PWM Pair 2 Polarity	Positive	
Reload	1	
Half cycle reload	no	
PWM		
PWM prescaler	Auto select	1
Frequency/period	10 kHz	10 kHz
Output Frequency	5 kHz	
Dead-time	3祥	3祥
Dead-time 1	3祥	3祥
Interrupt service/event	Disabled	
Channel 0		
Channel	PWMod0	PWMod0
Duty	50 %	50祥
Channel 1	Enabled	
Channel	PWMod1	PWMod1
Duty	50 %	50祥
Channel 2	Enabled	
Channel	PWMod2	PWMod2
Duty	50 %	50祥
Channel 3	Enabled	
Channel	PWMod3	PWMod3
Duty	50 %	50祥
Channel 4	Disabled	
Channel 5	Disabled	
Initialization		
Enabled in init. code	yes	

BASIC　ADVANCED　EXPERT　Component Level: Low

图 5-29　直线巡线控制例程(三)

```
int line_flag = 0;                    //line_flag,路径标志位
int line[5];                          //line 数组,存放红外线对管采集信息
int line_signal = 0;                  //line_signal,路径信息
void Forward(void)                    //控制电机正转
{
    PWMC1_SetDutyPercent(0,85);
    PWMC1_SetDutyPercent(2,85);
}
void Stop(void)                       //控制电机停止
{
    PWMC1_SetDutyPercent(0,50);
    PWMC1_SetDutyPercent(2,50);
```

```
}
void Backward(void)                              //控制电机反转
{
    PWMC1_SetDutyPercent(0,15);
    PWMC1_SetDutyPercent(2,15);
}
void TI1_OnInterrupt(void)
{
    line[0] = Bit1_GetVal();                     //读取红外线对管采集信息
    line[1] = Bit2_GetVal();
    line[2] = Bit3_GetVal();
    line[3] = Bit4_GetVal();
    line[4] = Bit5_GetVal();
    line_signal = line[0] + line[1] * 2 + line[2] * 4 + line[3] * 8 + line[4] * 16;
    //把5路红外线对管采集信息存放在line_signal中
    if(line_signal == 0x1B)
    {
        line_flag = 1;                           //如果识别路径为直线,则路径标志位为1
    }
    else
    {
        if((line_signal == 0x11)||(line_signal == 0x01)||
           (line_signal == 0x10)||(line_signal == 0x00))
        {
            line_flag = 2;                       //如果识别路径为十字交叉,则路径标志位为2
        }
    }
    if(line_flag == 1)
    {
        Forward();                               //当路径为直线时,控制电机沿直线前进
        PWMC1_Load();
    }
}
```


5.4.2　转弯巡线控制

当小车检测到路径不是直线时,需要根据实际路径做出决策,以控制小车继续前进或转弯。若需要控制小车转弯,则还需判断出是左转弯还是右转弯。如果是左转弯,则根据差速可知,左边电机的转动速度应低于右边电机的转动速度;如果是右转弯则相反,右边电机的转速低于左边电机的转速。根据路径识别的情况做出决策后,就可以通过调整对应电机的PWM波占空比来实现小车转弯。

本示例将对检测到的十字交叉位置进行计数，每检测到10个十字交叉位置就右转一次。转弯巡线控制的电路原理图和实物图与直线巡线控制的图5-25和图5-26相同。在转弯巡线控制的程序中，需要重点检测十字岔口，其流程图如图5-30所示。

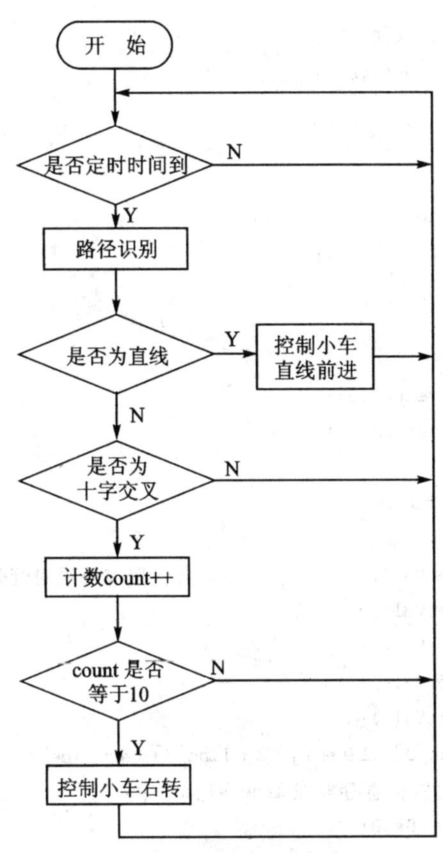

图5-30 转弯巡线控制流程图

转弯巡线控制实验的具体步骤如下：

① 新建工程 Motor_Control，添加各个组件并设置，步骤与直线巡线控制部分的第①～③步相同。

② 编译后，在 Events.c:event 文件中写入以下程序。

```
int line_flag = 0;                    //line_flag,路径标志位
int count = 0;                        //count,十字交叉计数
int line[5];                          //line数组,存放红外线对管采集信息
int line_signal = 0;                  //line_signal,路径信息
void delay(int t)                     //延时t*1000
{
    int i,j;
```

```
    for(i = 0;i<t;i++)
        for(j = 0;j<1000;j++);
}
void Forward(void)                              //前进
{
    PWMC1_SetDutyPercent(0,85);
    PWMC1_SetDutyPercent(2,85);
}
void Turn_Left(void)                            //左转
{
    PWMC1_SetDutyPercent(0,60);
    PWMC1_SetDutyPercent(2,85);
}
void Turn_Right(void)                           //右转
{
    PWMC1_SetDutyPercent(0,85);
    PWMC1_SetDutyPercent(2,60);
}
void TI1_OnInterrupt(void)
{
    line[0] = Bit1_GetVal();                    //读取红外线对管采集信息
    line[1] = Bit2_GetVal();
    line[2] = Bit3_GetVal();
    line[3] = Bit4_GetVal();
    line[4] = Bit5_GetVal();
    line_signal = line[0] + line[1] * 2 + line[2] * 4 + line[3] * 8 + line[4] * 16;
    //把5路红外线对管信息存放在line_signal中
    if(line_signal == 0x1B)
    {
        line_flag = 1;                          //如果识别路径为直线,则路径标志位为1
    }
    else
    {
        if((line_signal == 0x11)||(line_signal == 0x01)||
           (line_signal == 0x10)||(line_signal == 0x00))
        {
            line_flag = 2;                      //如果识别路径为十字交叉,则路径标志位为2
            count++;                            //检测到十字交叉,则count++
        }
    }
    if((line_flag == 2)&&(count == 10))        //检测到10个十字交叉
    {
```

```
        TI1_Disable();                     //关定时中断
        Turn_Right();                      //控制小车右转
        count = 0;                         //计数清零
        PWMC1_Load();                      //PWM 波占空比载入
        delay(5000);
        TI1_Enable();                      //开定时中断
    }
    else                                   //检测到直线或者没有检测到10个十字交叉
    {
        Forward();                         //控制小车前进
        PWMC1_Load();                      //PWM 波占空比载入
    }
}
```


5.5 智能小车的目标物识别

智能小车在行进过程中需要对目标物进行辨识，比如当智能小车进行推积木竞赛时，需要首先找到积木，然后完成抓取等操作。对目标物的辨识主要依靠小车上安装的微动开关。微动开关的触点间隔很小，通过杠杆压迫就能接通，当碰到目标物时，微动开关闭合，外围电路输出的电平发生跳变。DSP 通过对该输入电平的检测，可以辨识目标物。

微动开关的具体电路原理图如图 5-31 所示，当微动开关没有触碰到目标物时，微动开关断开，A 点为高电平。当微动开关触碰到目标物时，微动开关闭合，A 点为低电平。

微动开关的实物图如图 5-32 所示。

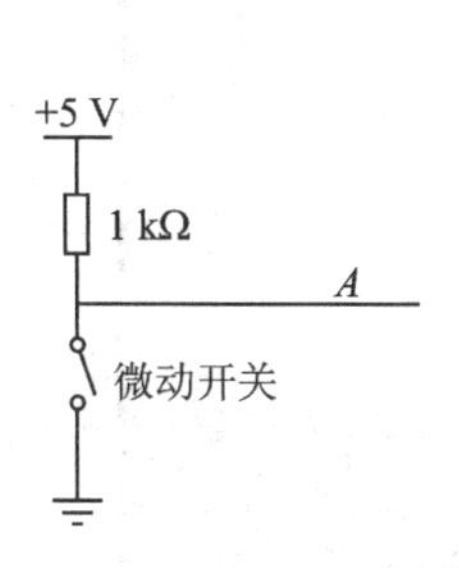

图 5-31 微动开关电路原理图

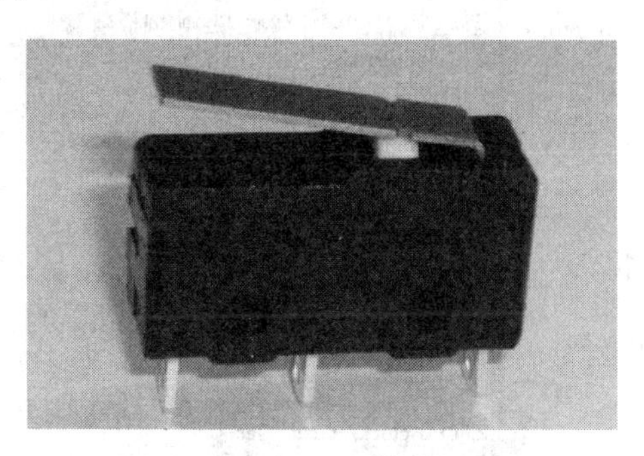

图 5-32 微动开关实物图

本示例每隔 1 ms 检测一次微动开关的状态，以判断是否有目标物。其硬件电路原理图如图 5-33 所示，DSP 通过读取 A 点的输入来对目标物进行识别。为了消除微动开关抖动对检测的影响，提高检测可靠性，可以采用多次采样检测再进行判断的方法。

目标物识别实物接线图如图5-34所示。

目标物识别实验的具步骤如下：

① 创建工程。打开CodeWarrior IDE，选择File→New菜单项。选择Processor Expert Stationery，并输入要建立工程的名称和路径，工程名称为Target Detection，保存的路径为E:\experimentation\Target Detection。

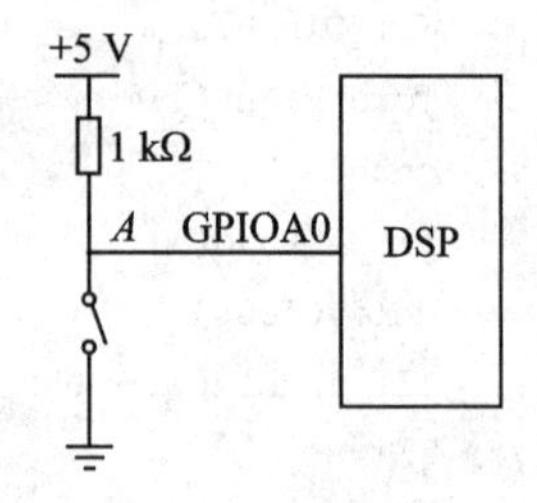

图5-33 目标物识别电路原理图

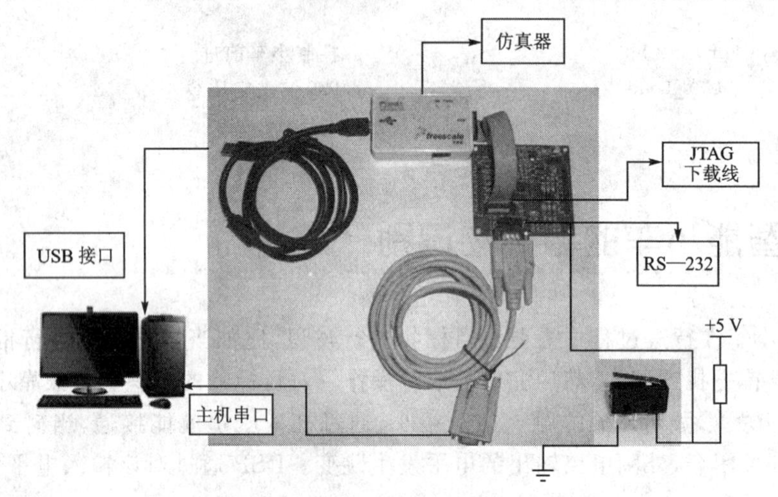

图5-34 目标物识别实物接线图

② 添加定时器组件，在组件监视器窗口中对TimerInt组件进行设置，包括设置中断使能和中断周期等，如图5-35所示。

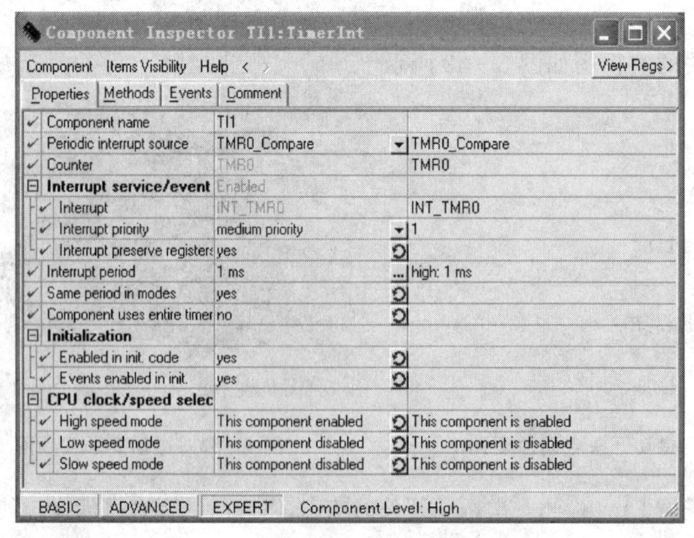

图5-35 目标物识别例程(一)

在组件监视器窗口中，在TimerInt组件的Methods选项卡中设置需要生成的模块子程序，如图 5－36 所示。

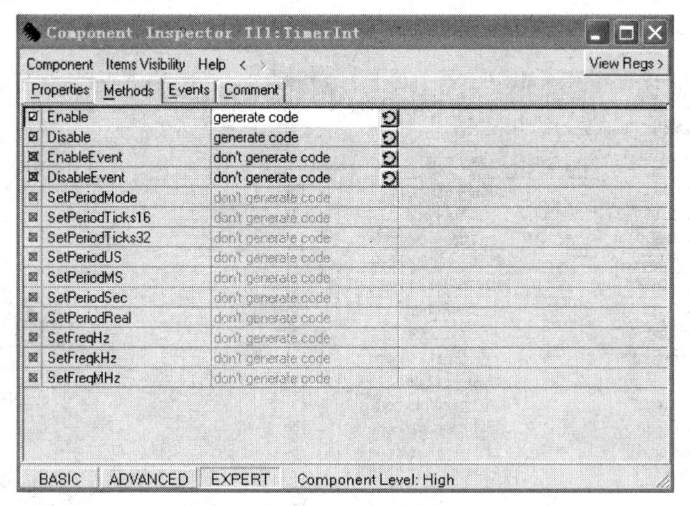

图 5－36　目标物识别例程(二)

③ 添加 PWMMC 组件，在组件监视器窗口中对 PWMMC 组件进行设置：选择中心对齐方式、独立通道模式、中断使能、开关频率为 1 kHz，并设置通道 0 的初始占空比为 0，如图 5－37 所示。

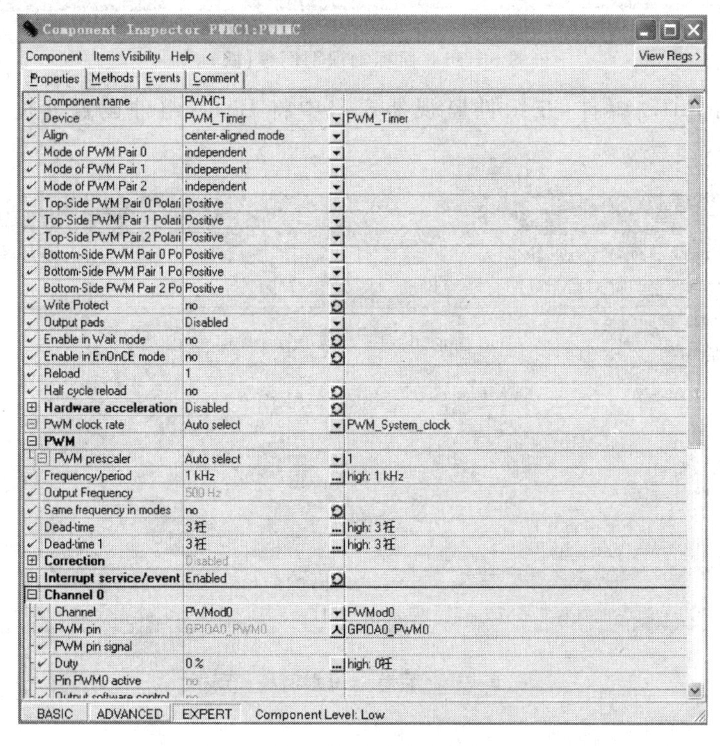

图 5－37　目标物识别例程(三)

在组件监视器窗口中，在PWMMC组件的Methods选项卡中设置需要生成的模块子程序，如图5-38所示。

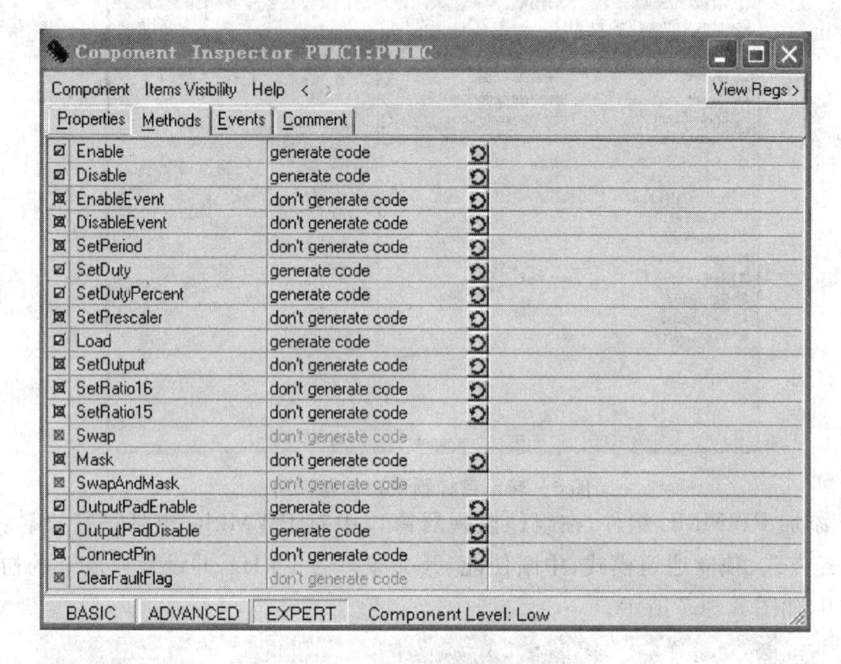

图5-38 目标物识别例程(四)

④ 添加BitIO组件，在组件监视器窗口中将BitIO组件设置为输入模式，如图5-39所示。

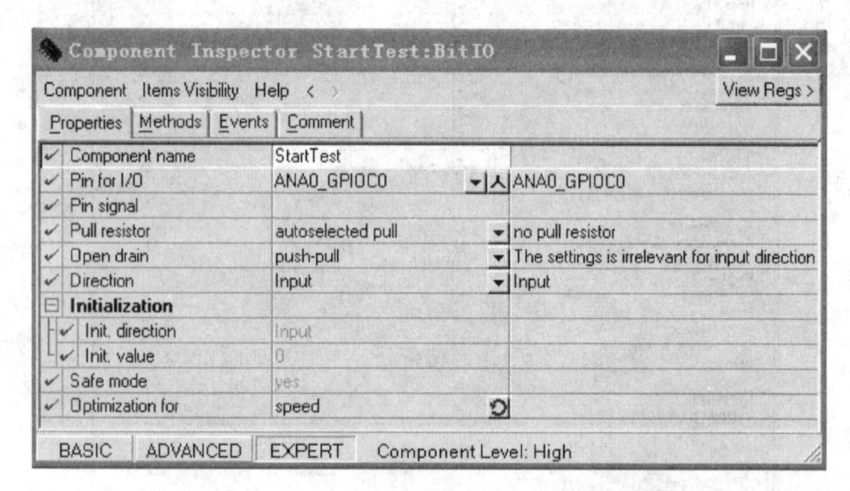

图5-39 目标物识别例程(五)

⑤ 编写主程序代码如下。

```
void main(void)
{
    PE_low_level_init();
    TI1_Enable();                    //定时器1中断使能
    PWMC1_Enable();                  //PWM模块使能
    PWMC1_OutputPadEnable();         //PWM输出使能
    for(;;)
    {
    }
}
```

⑥ 在Event.c文件中编写如下中断服务程序。

```
int Start = 0;                          //检测到目标物的指示变量
int flag_TI1 = 0;                       //定时器工作指示变量
void TI1_OnInterrupt(void)
{
    Start = StartTest_GetVal()?1:0;
    if (Start)
    {
        PWMC1_SetDutyPercent(0,100)
        PWMC1_Load();
        TI1_Disable();
        flag_TI1 = 1;
    }
}
```

⑦ 观察运行结果。目标物触动微动开关后,实验板上PWM0通道对应的LED灯由暗变亮,表示DSP已经收到微动开关的动作信号。

5.6　智能小车的路径规划策略

路径规划指按照一定的标准寻找一条从起始状态到目标状态的无碰撞路径。在智能小车控制中,路径规划指控制小车按照规定的路径前进。路径规划一般分为两层:第一层为总体规划层,根据路径信息做出决策,控制小车按照规定的路径前进;第二层为行为控制层,产生具体的速度控制信号,控制小车前进或转弯。本节主要介绍智能小车如何根据路径信息做出决策。

路径规划是根据规则及要求对小车的行车路线做出规划并给出控制方案。在控制小车的行车路线时，可按照坐标对起始点、目标点及小车进行定位，并根据坐标控制小车前进的方向。

本示例将以图5-40为研究对象，控制小车沿黑线从起始点出发到达目标点。

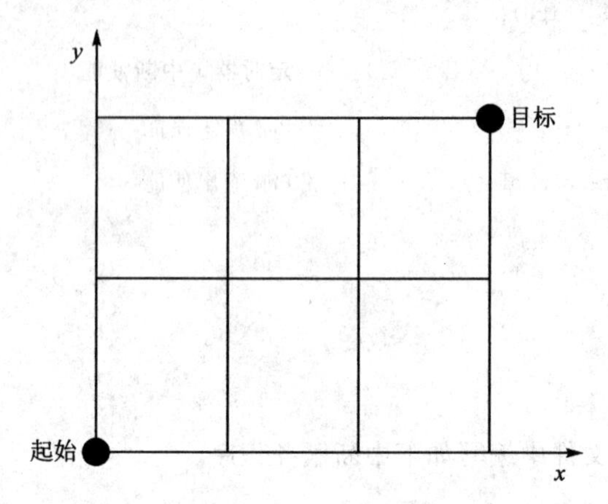

图5-40　小车行车路线

由路线图5-40可知，若以起始点为坐标原点，则目标点的坐标为(3,2)。小车要想到达目标点，可以先行至点(0,2)，再到达目标点，也可以先行至点(3,0)，再到达目标点。行走路线取决于出发时的方向。给定：y轴正方向为up，反方向为down；x轴正方向为right，反方向为left。智能小车路径规划控制流程图如图5-41所示，由图可见，路径识别、坐标更新和巡线控制共同构成了路径规划。

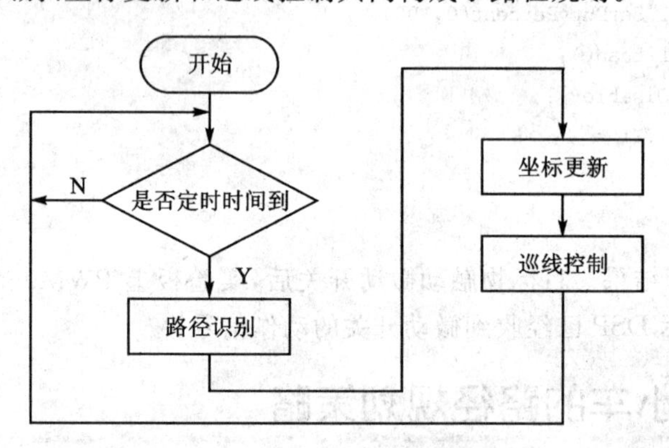

图5-41　智能小车路径规划控制流程图

在本节实验中，红外线对管及电机的电路原理图如图5-42所示。

智能小车路径规划实验的具体步骤如下：

① 新建工程Car_Control，添加5个组件Bit1～Bit5，并都设置为输入，具体设置如图5-43所示。要注意GPIO口的安排，不可以占用PWM的输出引脚。

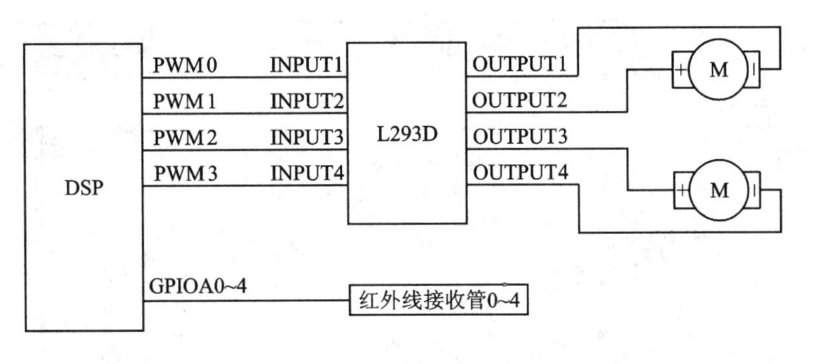

图5-42 红外线对管及电机电路原理图

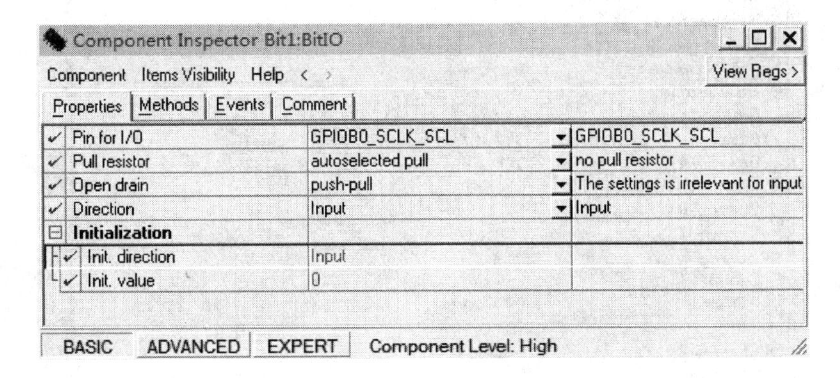

图5-43 智能小车路径规划例程(一)

② 添加组件TimerInt，并进行设置，选择中断周期为5 ms，具体设置如图5-44所示。

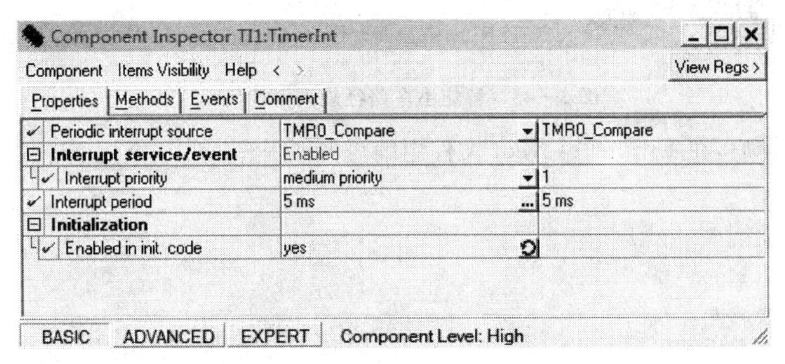

图5-44 智能小车路径规划例程(二)

③ 添加组件PWMMC，并进行设置：选择中心对齐方式、互补通道模式(PWM0与PWM1互补，PWM2与PWM3互补)、死区时间为3 μs、中断使能、开关频率为10 kHz，具体设置如图5-45所示。

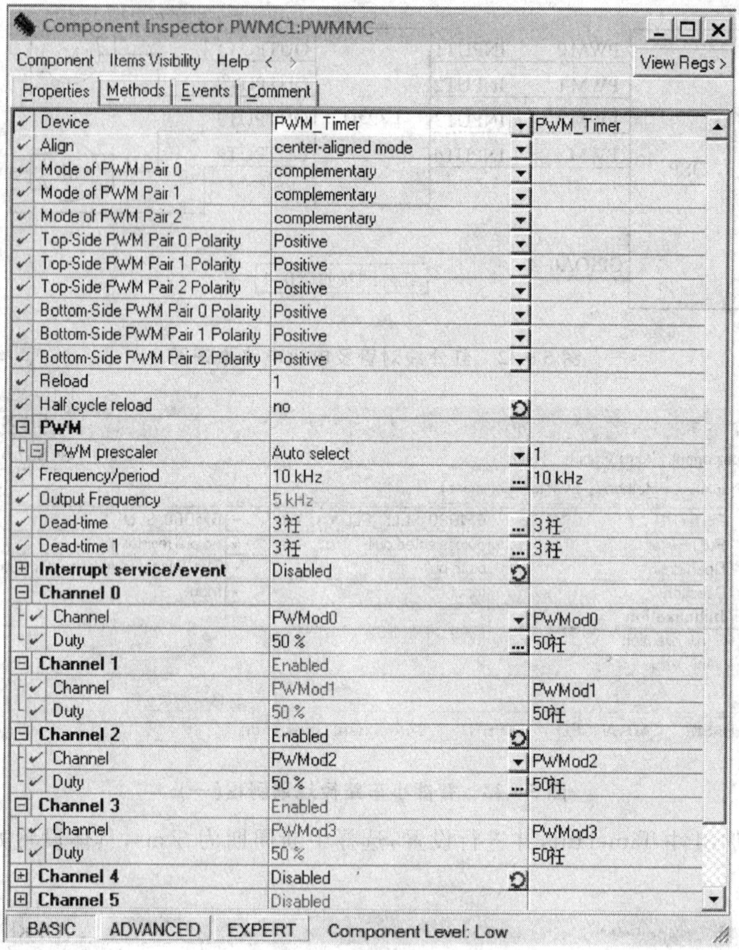

Component Inspector PWMC1:PWMMC

Component Items Visibility Help < > View Regs >

Properties | Methods | Events | Comment

Property	Value	Details
Device	PWM_Timer	PWM_Timer
Align	center-aligned mode	
Mode of PWM Pair 0	complementary	
Mode of PWM Pair 1	complementary	
Mode of PWM Pair 2	complementary	
Top-Side PWM Pair 0 Polarity	Positive	
Top-Side PWM Pair 1 Polarity	Positive	
Top-Side PWM Pair 2 Polarity	Positive	
Bottom-Side PWM Pair 0 Polarity	Positive	
Bottom-Side PWM Pair 1 Polarity	Positive	
Bottom-Side PWM Pair 2 Polarity	Positive	
Reload	1	
Half cycle reload	no	
PWM		
PWM prescaler	Auto select	1
Frequency/period	10 kHz	10 kHz
Output Frequency	5 kHz	
Dead-time	3衽	3衽
Dead-time 1	3衽	3衽
Interrupt service/event	Disabled	
Channel 0		
Channel	PWMod0	PWMod0
Duty	50 %	50衽
Channel 1	Enabled	
Channel	PWMod1	PWMod1
Duty	50 %	50衽
Channel 2	Enabled	
Channel	PWMod2	PWMod2
Duty	50 %	50衽
Channel 3	Enabled	
Channel	PWMod3	PWMod3
Duty	50 %	50衽
Channel 4	Disabled	
Channel 5	Disabled	

BASIC ADVANCED EXPERT Component Level: Low

图 5-45 智能小车路径规划例程(三)

④ 编译后,在 Events. c:event 文件中编写如下程序。

```
#define up      1
#define left    2
#define right   3
#define down    4
int line_flag = 0;                    //line_flag,路径标志位
int line[5];                          //line 数组,存放红外线对管采集信息
int line_signal = 0;                  //line_signal,路径信息
int car_dir = 1;                      //car_dir,小车行进方向,初始方向为上
int car_x;                            //car_x,小车位置横坐标
int car_y;                            //car_y,小车位置纵坐标
void delay(int t)                     //延时 t * 1000
{
```

```
    int i,j;
    for(i = 0;i<t;i++)
        for(j = 0;j<1000;j++);
}
void Forward(void)                        //小车前进
{
    PWMC1_SetDutyPercent(0,85);
    PWMC1_SetDutyPercent(2,85);
}
void Stop(void)                           //小车停止
{
    PWMC1_SetDutyPercent(0,50);
    PWMC1_SetDutyPercent(2,50);
}
void Turn_Left(void)                      //小车左转
{
    PWMC1_SetDutyPercent(0,60);
    PWMC1_SetDutyPercent(2,85);
    switch(car_dir)                       //更新当前运行方向
    {
        case up:car_dir = left;break;
        case left:car_dir = down;break;
        case right:car_dir = up;break;
        case down:car_dir = right;break;
    }
}
void Turn_Right(void)
{
    PWMC1_SetDutyPercent(0,85);
    PWMC1_SetDutyPercent(2,60);
    switch(car_dir)                       //更新当前运行方向
    {
        case up:car_dir = right;break;
        case left:car_dir = up;break;
        case right:car_dir = down;break;
        case down:car_dir = left;break;
    }
}
#pragma interrupt called
void TI1_OnInterrupt(void)
{
    line[0] = Bit1_GetVal();              //读取红外线对管采集信息
    line[1] = Bit2_GetVal();
    line[2] = Bit3_GetVal();
    line[3] = Bit4_GetVal();
```

```
line[4] = Bit5_GetVal();
line_signal = line[0] + line[1] * 2 + line[2] * 4 + line[3] * 8 + line[4] * 16;
//把5路红外线对管信息存放在line_signa中
if(line_signal == 0x1B)
{
    line_flag = 1;                          //直线
    Forward();                              //巡线控制
}
else
{
    if(line_signal == 0x18)
    {
        line_flag = 2;                      //右L
        switch(car_dir)                     //更新当前小车坐标
        {
            case up:car_y++;break;
            case left:car_x--;break;
            case right:car_x++;break;
            case down:car_y--;break;
        }
        if(car_y != 2)                      //巡线控制
        {                                   //坐标(0,0)到坐标(0,2),小车沿直线走
            TI1_Disable();
            Forward();
            PWMC1_Load();
            delay(5000);
            TI1_Enable();
        }
        else
        {
            if((car_x != 0)&&(car_x != 3))//坐标(0,2)到坐标(3,2),小车沿直线走
            {
                TI1_Disable();
                Forward();
                PWMC1_Load();
                delay(5000);
                TI1_Enable();
            }
            else
            {
                if(car_x == 0)              //坐标(0,2),小车右转
                {
                    TI1_Disable();
                    Turn_Right();
                    PWMC1_Load();
```

```
                delay(5000);
                TI1_Enable();
            }
            else
            {
                if(car_x == 3)          //坐标(3,2),小车停车
                {
                    Stop();
                    PWMC1_Load();
                }
            }
        }
    }
  }
 }
}
```

5.7 智能小车的速度控制策略

为了使小车快速、准确地到达目标点，在路径规划的基础上还要对小车的速度进行控制。没有速度反馈的控制称为开环控制。引入速度反馈，将反馈值与期望值做比较，并根据它们的误差进行速度控制称为闭环控制。与开环控制相比，闭环控制有响应快、精度高等优点。

5.7.1 速度的 PID 控制算法

常用的闭环控制算法有 PID 控制算法等。PID 控制即比例、积分、微分控制。比例(P)控制指系统输出信号与输入误差信号成正比关系，当系统只有比例控制时，系统输出存在稳态误差。积分(I)控制指系统输出信号与输入误差信号的积分成正比关系。当一个系统存在稳态误差时，为了消除稳态误差，必须引入积分项。积分项取决于误差对时间的积分，随着时间的增加，积分项会增大。这样，即便误差很小，积分项也会随着时间的增加而加大，使稳态误差进一步减小，直至趋于零。因此，比例积分(PI)控制器可以使系统在进入稳态后不存在稳态误差。微分(D)控制指系统输出信号与输入误差信号的微分(即误差的变化率)成正比关系。在系统中引入微分项能够预测误差变化的趋势，使抑制误差的作用超前。因此，比例微分(PD)控制器能够改善系统在调节过程中的动态特性。根据被控对象的特性不同，可以引入不同的控制器。

在连续系统中，PID 控制器的表达式为：

$$u(t) = K_P \cdot e(t) + K_I \cdot \int_0^t e(\tau)\mathrm{d}\tau + K_D \cdot \frac{\mathrm{d}e(t)}{\mathrm{d}t} \tag{5.15}$$

其中 t 为时间，$u(t)$ 为控制器的输出，$e(t)$ 为误差，K_P 为比例项系数，K_I 为积分项系

数，K_D为微分项系数。

由于DSP中的所有控制量为离散变量，所以在DSP控制中常采用离散型PID控制器，其表达式为：

$$u(k)=K_P\cdot e(k)+K_I\cdot\sum_{i=1}^{k}e(i)+K_D\cdot[e(k)-e(k-1)] \tag{5.16}$$

由此可得：

$$u(k-1)=K_P\cdot e(k-1)+K_I\cdot\sum_{i=1}^{k-1}e(i)+K_D\cdot[e(k-1)-e(k-2)] \tag{5.17}$$

于是可求得$u(k)$与$u(k-1)$之差为：

$$u(k)-u(k-1)=K_P\cdot[e(k)-e(k-1)]+K_I\cdot e(k)+K_D\cdot[e(k)-2e(k-1)+e(k-2)] \tag{5.18}$$

这就是在DSP控制中常用的增量式PID控制算法。其中：

$$\left.\begin{aligned}u(k)&=u(k-1)+\Delta u(k)\\ \Delta u(k)&=K_0\cdot e(k)+K_1\cdot e(k-1)+K_2\cdot e(k-2)\end{aligned}\right\} \tag{5.19}$$

本示例将通过编码器测得电机的转速，用PID算法对电机转速进行闭环控制。其程序流程图如图5-46所示。

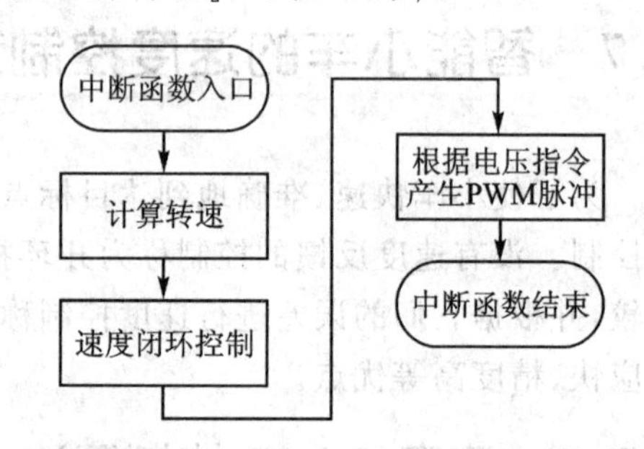

图5-46 速度控制程序流程图

速度控制电路原理图如图5-47所示。

速度控制实验的具体步骤如下：

① 新建工程PID，添加组件PulseAccumulator，并进行设置，主要设置定时器的工作模式、输入信号引脚和计数方向等，具体设置如图5-48所示。

② 添加组件PWMMC，并进行设置：选择中心对齐方式、互补通道模式（PWM0与PWM1互补，PWM2与PWM3互补）、死区时间为3 μs、中断使能、开关频率为10 kHz，具体设置如图5-49所示。

③ 添加组件TimerInt，具体设置如图5-50所示。

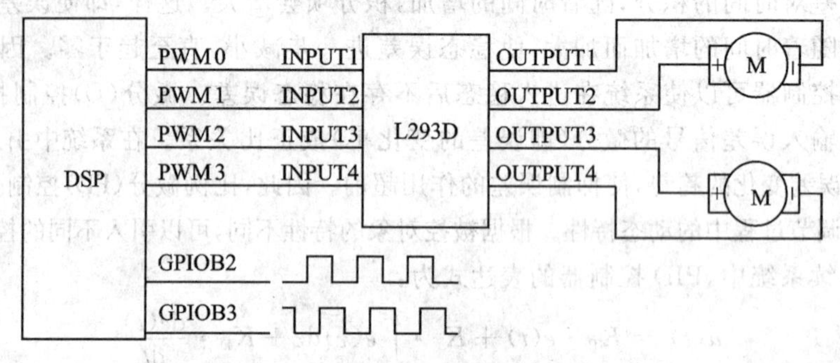

图5-47 速度控制电路原理图

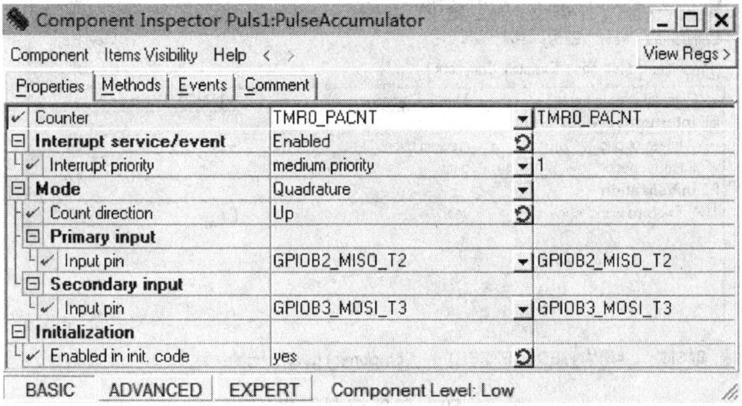

Component Inspector Puls1:PulseAccumulator

Component　Items Visibility　Help　<　>　View Regs >

Properties | Methods | Events | Comment

Counter	TMR0_PACNT	TMR0_PACNT
Interrupt service/event	Enabled	
Interrupt priority	medium priority	1
Mode	Quadrature	
Count direction	Up	
Primary input		
Input pin	GPIOB2_MISO_T2	GPIOB2_MISO_T2
Secondary input		
Input pin	GPIOB3_MOSI_T3	GPIOB3_MOSI_T3
Initialization		
Enabled in init. code	yes	

BASIC　ADVANCED　EXPERT　Component Level: Low

图 5-48　速度控制例程(一)

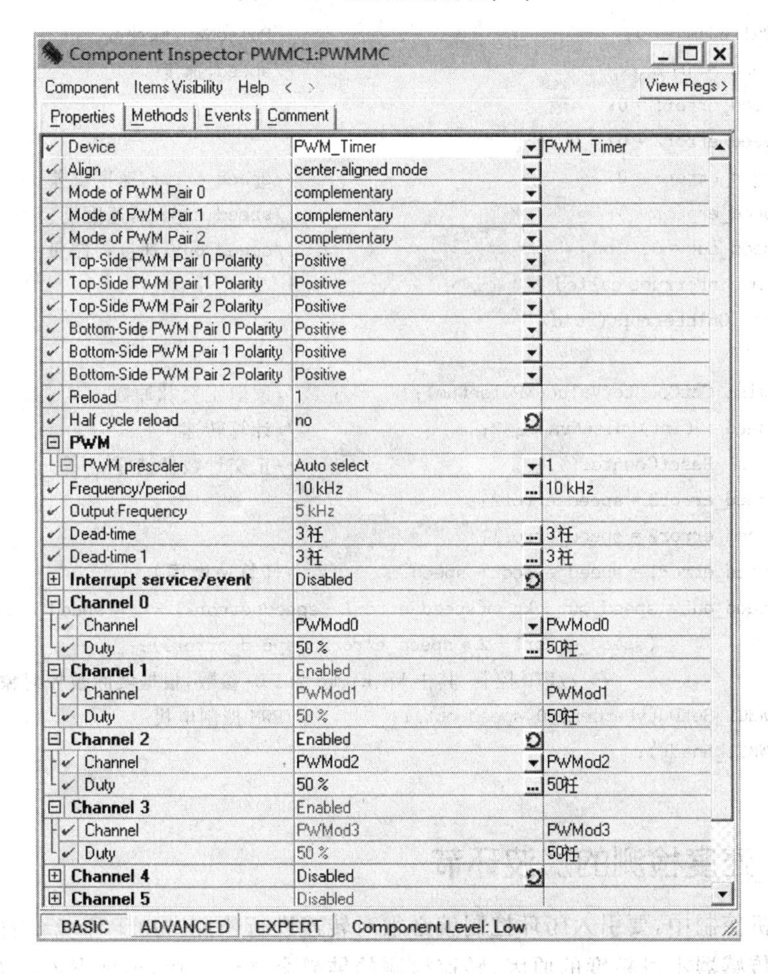

图 5-49　速度控制例程(二)

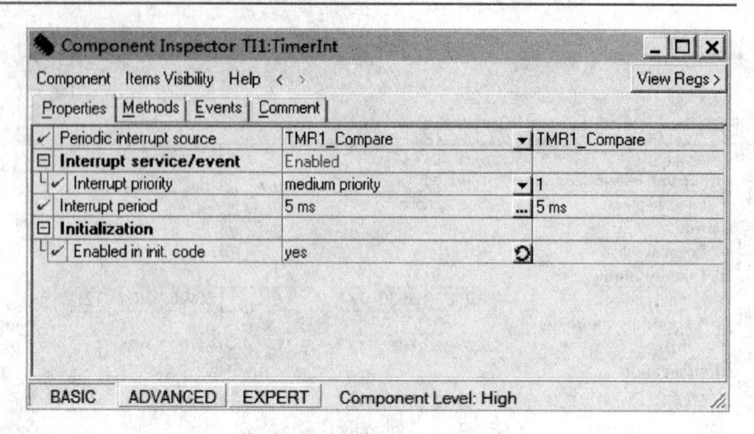

图 5-50 速度控制例程(三)

④ 编译后,在 Events. c:event 文件中编写如下程序。

```
word PulseNum = 0;                                   //PulseNum,脉冲数
int speed = 0;                                       //speed,速度
int speed_error1 = 0;
int speed_error2 = 0;
int speed_error3 = 0;                                //speed_error,速度误差
int speed_expect = 0;                                //speed_expect,速度期望值
int speed_out = 0;                                   //speed_out,速度控制量
#pragma interrupt called
void TI1_OnInterrupt(void)
{
    Puls1_GetCounterValue(&PulseNum);                //读取正交脉冲数
    speed = (int)PulseNum * 3/2;                     //计算转速
    Puls1_ResetCounter();                            //正交计数器清零
    speed_error3 = speed_error2;
    speed_error2 = speed_error1;
    speed_error1 = speed_expect - speed;             //计算速度误差
    speed_out = speed_out + kp * (speed_error1 - speed_error2) + ki * speed_error1 + kd *
            (speed_error1 - 2 * speed_error2 + speed_error3);
                    //PID 控制,其中 kp、ki、kd 为 PID 参数,根据实际被控对象调试所得
    PWMC1_SetDutyPercent(0,speed_out);               //PWM 控制电机
    PWMC1_Load();
}
```


5.7.2 速度检测的滤波环节

在电机控制中,要引入闭环控制就必须对转速进行检测。由于环境影响、小车振动及速度传感器本身精度的原因,转速检测的结果会受到干扰,出现误差。尤其在引入微分项控制时,转速检测中的误差会被放大。因此,为了减小干扰因素对转速检测

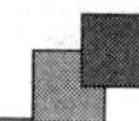

的影响，需要对转速检测结果进行滤波。一阶惯性滤波可以有效抑制干扰因素对转速检测的影响。

一阶惯性滤波通过引入系数 α，对新的检测结果 $e(k)$ 和已有检测结果 $e(k-1)$ 进行加权，即

$$e(k) = \alpha \cdot e(k) + (1-\alpha) \cdot e(k-1) \tag{5.20}$$

当 α 选取得较大时，检测结果较灵敏，但滤波结果较不稳定；当 α 选取得较小时，检测结果存在滞后，但检测结果较平滑。

本示例将采用编码器测量电机的转速，并对结果进行一阶惯性滤波。

系统的电路原理图如图 5－51 所示。

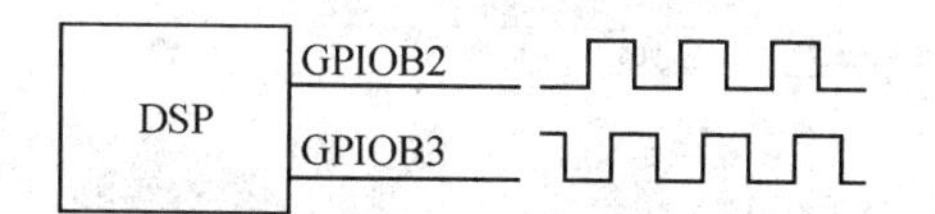

图 5－51　速度检测滤波环节电路原理图

速度检测滤波环节实验的具体步骤如下：

① 新建工程 Get_speed，添加组件 PulseAccumulator，并进行设置，主要设置定时器的工作模式、输入信号引脚和计数方向等，具体设置如图 5－52 所示。

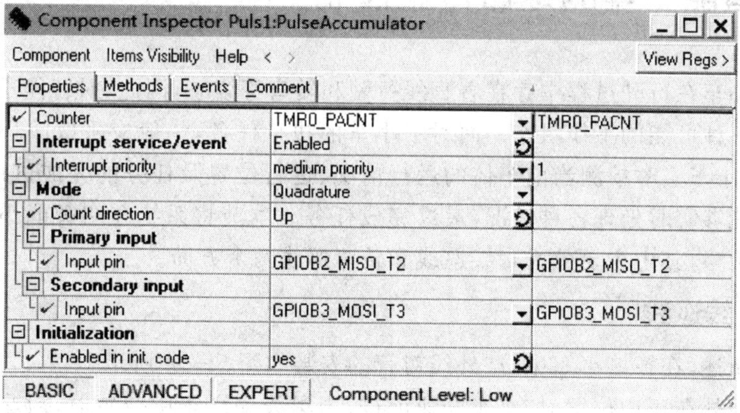

Component Inspector Puls1:PulseAccumulator

Component　Items Visibility　Help　<　>　View Regs >

Properties | Methods | Events | Comment

✓ Counter	TMR0_PACNT	TMR0_PACNT
⊟ **Interrupt service/event**	Enabled	
✓ Interrupt priority	medium priority	1
⊟ **Mode**	Quadrature	
✓ Count direction	Up	
⊟ **Primary input**		
✓ Input pin	GPIOB2_MISO_T2	GPIOB2_MISO_T2
⊟ **Secondary input**		
✓ Input pin	GPIOB3_MOSI_T3	GPIOB3_MOSI_T3
⊟ **Initialization**		
✓ Enabled in init. code	yes	

BASIC　ADVANCED　EXPERT　Component Level: Low

图 5－52　速度检测滤波环节例程(一)

② 添加组件 TimerInt，具体设置如图 5－53 所示。

③ 编译后，在 Events. c：event 文件中编写如下中断服务程序。

```
word PulseNum = 0;                          //PulseNum,脉冲数
int Speed = 0;                              //Speed,速度
#pragma interrupt called
void TI1_OnInterrupt(void)
{
    Puls1_GetCounterValue(&PulseNum);       //读取正交脉冲数
```

```
    Speed = (Speed + 5 * Speed)/ 6;            //一阶惯性滤波
    Speed = (int)PulseNum * 3/2;               //计算转速
    Puls1_ResetCounter();                      //正交计数器清零
}
```

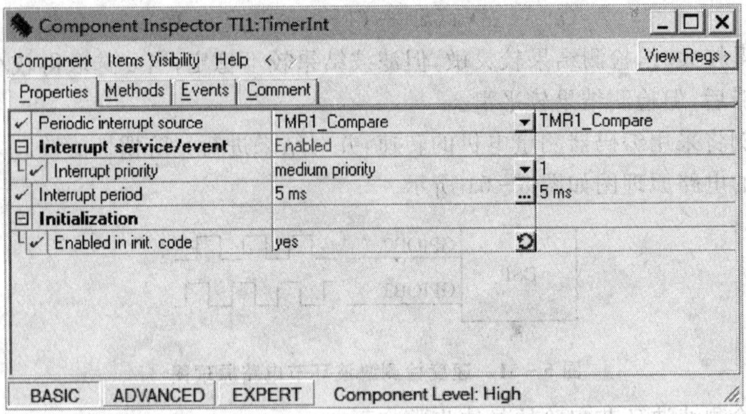

Component Inspector TI1:TimerInt		
Periodic interrupt source	TMR1_Compare	TMR1_Compare
Interrupt service/event	Enabled	
Interrupt priority	medium priority	1
Interrupt period	5 ms	5 ms
Initialization		
Enabled in init. code	yes	

Component　Items Visibility　Help　View Regs
Properties　Methods　Events　Comment
BASIC　ADVANCED　EXPERT　Component Level: High

图 5-53　速度检测滤波环节例程(二)

5.8　智能小车的综合行驶控制

智能小车在行驶过程中存在着直线行驶和转弯等姿态，因此，对智能小车的控制必须涵盖各种可能的工作状态。而对于小车的执行任务，一般应采取闭环控制的思想，令智能小车实时检测当前车体的运行情况、运行位置及任务的完成进度情况，以确保小车能够实时处理各种情况，最终完成任务。本节将系统介绍智能小车的综合形式控制策略，其中主要分为直线巡线和转弯巡线两个方面。

1. 直线巡线

如前所述，在智能小车中，红外线对管的安装如图 5-54 所示。

当黑线处在正中位置时，小车全速前进；当黑线偏离正中位置时，对小车姿态进行调整。例如，若对管检测出黑线处于偏左位置，则实际小车偏右，需降低左侧车轮的速度，而且黑线偏离中心位置越远，左侧车轮速度降低得越大。

黑线位置检测是小车正常运行的核心，检测程序中要能够根据当前采集的对管信息筛选出正确的黑线位置，并对所得数据进行分析，最终得出控制策略。

黑线位置信息有很多，可给每个位置信息编号，图 5-54 中的黑线位于中心，可以设为 5，图 5-55 中的位置信息编号为 4 和 3，以此类推可以得到全部姿态信息。

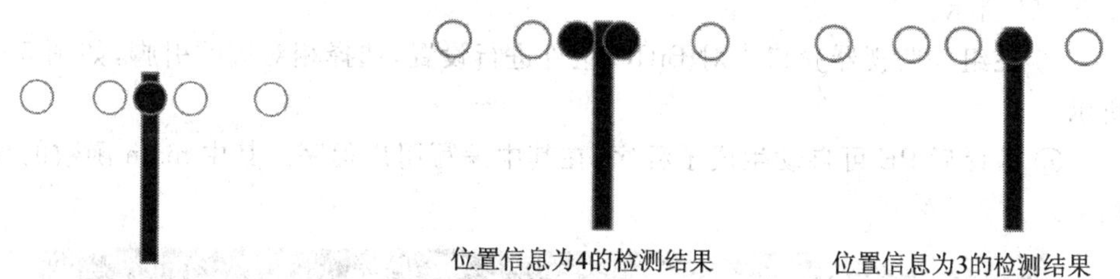

图 5-54 红外线对管安装示意图

图 5-55 红外线对管的检测结果示例

由于红外线对管受干扰较严重,有时会出现误检测,因此必须屏蔽掉当前信息。如果没有检测到黑线,则保持上一个姿态继续运行。

2. 转弯巡线

在遇到十字交叉位置时,应对当前小车位置进行标定。小车在棋盘跑道上运行,主要靠的是当前坐标。为小车设计一个结构体,报告当前坐标 X,Y 和小车的运行方向。

如图 5-56 所示,当检测到十字交叉位置时,表明小车所处的位置是一个十字岔口。

图 5-56 的状态是完美状态,但是小车运行是晃动的,几乎不可能五个对管全部打在黑线上,所以,只要有三个及以上的对管打到黑线就可判断是十字。同时屏蔽一段对管的检测时间,因为会多次检测到黑线,从而影响程序的判断。

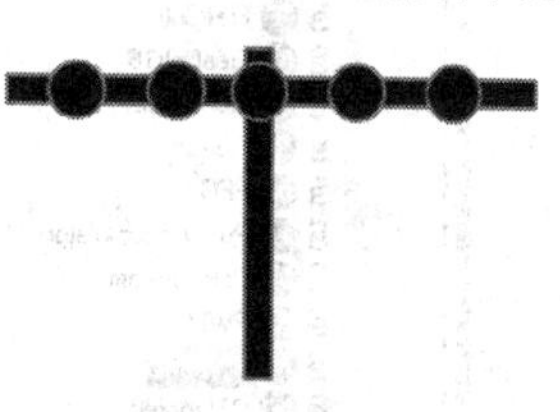

图 5-56 红外线对管十字岔口检测示意图

十字岔口检测程序是一个决策程序,它是整体操作的核心。首先根据小车的运行方向进行坐标更新;之后根据当前坐标,并按照预先的方案,进行下一步操作,左转或右转;进入转弯程序后,如果是左转,为了稳定起见,可以使右车轮减慢一些速度,而左轮反方向转动,这样可以实现原地转弯。转弯过程不需要对黑线进行检测,延迟一段时间后,再开启黑线检测程序,这时靠对管去寻找黑线,以保证当前的位置。转弯之后就应对小车的运行方向进行更新。

除了十字形弯道外,还有 L 形和 T 形弯道,它们的实现方法与十字形弯道基本相同,当在一条跑道上有多个不同弯道时,应注意区别,不能互相干扰。

智能小车综合行驶控制实验的具体步骤如下:

① 打开 CodeWarrior IDE,选择 File→New 菜单项,输入要建立工程的名称和路径,工程名称为 CAR。

② 添加组件。首先右击 Processor Expert 选项卡中的 Components,在弹出的快捷菜单中选择 Add Component(s),选择 PWM、时间中断和普通 I/O 口等,双击 Add 按钮分别添加组件,如图 5-57 所示。

③ 在组件监视器窗口中对 PWM 组件进行设置:选择中心对齐方式、互补通道模式、开关周期为 10 kHz,死区时间为 3 μs,如图 5-58 所示。

④ 在组件监视器窗口中对 TimerInt 组件进行设置,选择中断周期为 5 ms,如

图5-59所示。

⑤ 在组件监视器窗口中对BitIO组件进行设置,选择相对应的引脚,如图5-60所示。

⑥ 编译后PE可自动生成子程序,在其中编写用户程序。其中main函数的程序如下。

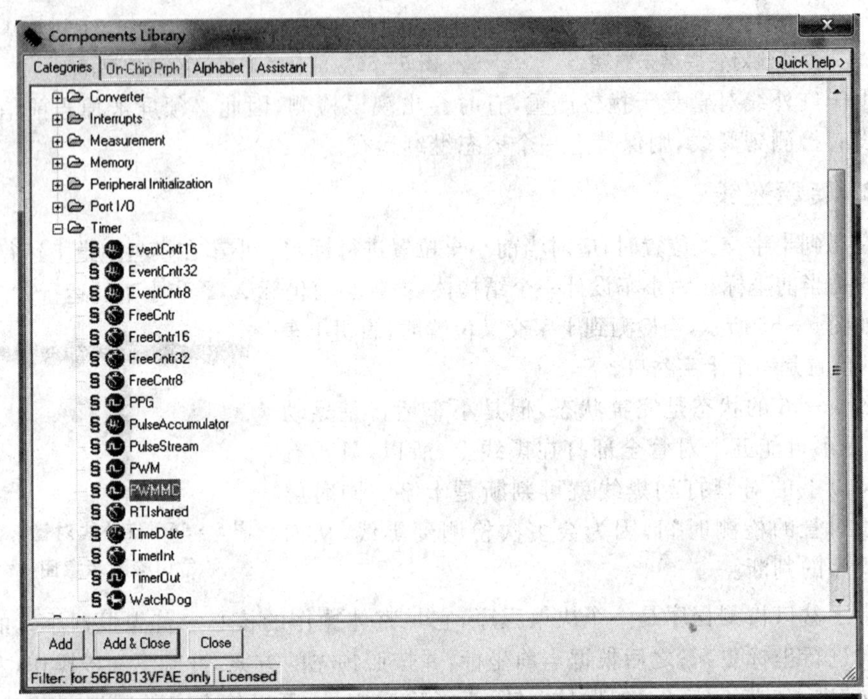

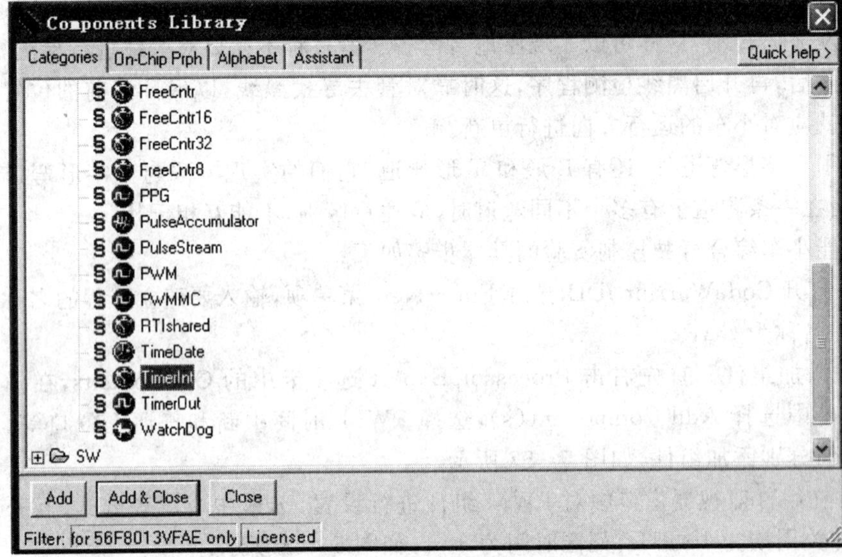

图5-57 智能小车综合行驶控制例程(一)

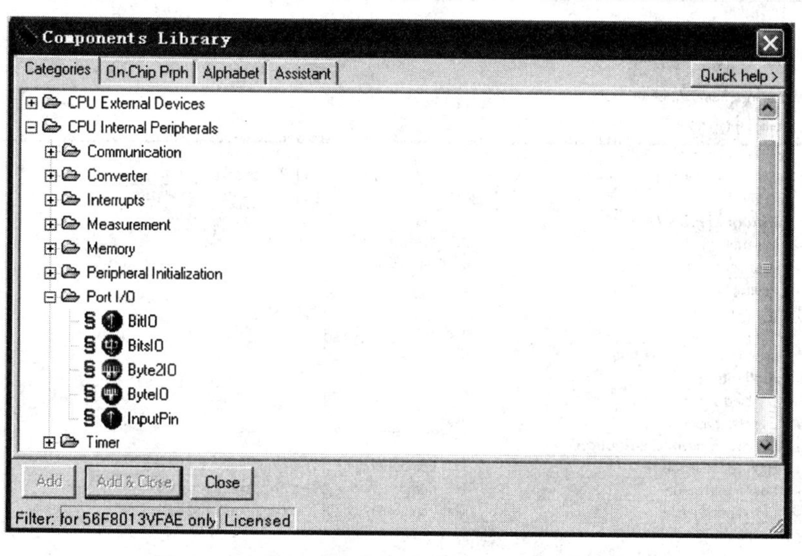

图 5-57　智能小车综合行驶控制例程(一)(续)

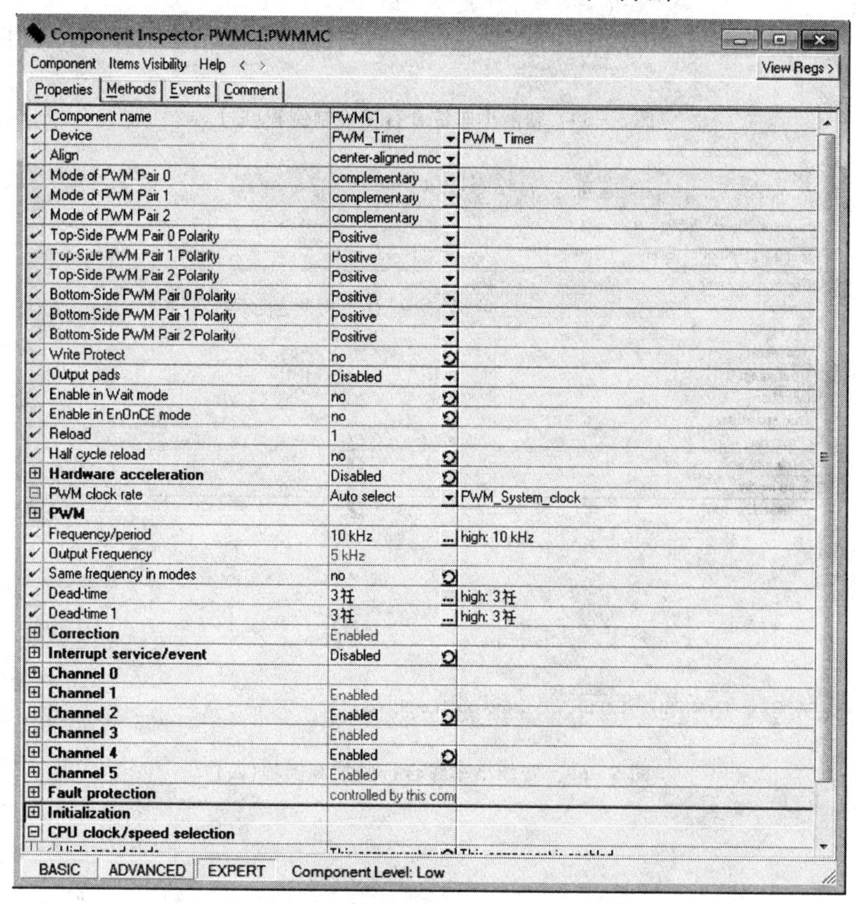

图 5-58　智能小车综合行驶控制例程(二)

Component Inspector TI1:TimerInt

Component Items Visibility Help < >   View Regs >

Properties | Methods | Events | Comment

Property	Value	Details
✓ Component name	TI1	
✓ Periodic interrupt source	TMR0_Compare	TMR0_Compare
✓ Counter	TMR0	TMR0
⊟ **Interrupt service/event**	Enabled	
✓ Interrupt	INT_TMR0	INT_TMR0
✓ Interrupt priority	medium priority	1
✓ Interrupt preserve registers	yes	
✓ Interrupt period	5 ms	high: 5 ms
✓ Same period in modes	yes	
✓ Component uses entire timer	no	
⊟ **Initialization**		
✓ Enabled in init. code	yes	
✓ Events enabled in init.	yes	
⊟ **CPU clock/speed selection**		
✓ High speed mode	This component er	This component is enabled
✓ Low speed mode	This component di:	This component is disabled
✓ Slow speed mode	This component di:	This component is disabled

BASIC | ADVANCED | EXPERT   Component Level: High

图 5-59 智能小车综合行驶控制例程(三)

Component Inspector line1:BitIO

Component Items Visibility Help < >   View Regs >

Properties | Methods | Events | Comment

Property	Value	Details
✓ Component name	line1	
✓ Pin for I/O	GPIOB6_RXD_	GPIOB6_RXD_SDA_CLKIN
✓ Pin signal		
✓ Pull resistor	autoselected pull	no pull resistor
✓ Open drain	push-pull	push-pull
✓ Direction	Input/Output	Input/Output
⊟ **Initialization**		
✓ Init. direction	Output	
✓ Init. value	0	
✓ Safe mode	yes	
✓ Optimization for	speed	

BASIC | ADVANCED | EXPERT   Component Level: High

图 5-60 智能小车综合行驶控制例程(四)

```
void main(void)
{
    PE_low_level_init();
    car.direction = up;                          //小车姿态的初始化
    car.x = 0;
    car.y = 0;
    PWMC1_Enable();                              //模块初始化
    PWMC1_OutputPadEnable();
    ball_Disable();
    period_Enable();
    for(;;)
    {
    }
}
```

⑦ 修改 car.c 中的程序如下所示。

```
#define up      1
#define left    2
#define right   3
#define down    4
struct direct                                    //小车坐标和运行方向
{
    int x;
    int y;
    int direction;
}car;
int i = 0;
int posnew;                                      //当前位置
int posold = 5;
int delay1 = 200;
void delay(int t)                                //延时 t * 1000
{
    int i,j;
    for(i = 0;i<t;i++)
        for(j = 0;j<1000;j++);
}
void GoStright(void)                             //全速前行
{
    PWMC1_SetRatio15(0,1100);
    PWMC1_SetRatio15(2,1000);
    PWMC1_Load();
}
void turnleft_1(void)                            //向左调整等级 1(低)
{
```

```
    PWMC1_SetRatio15(0,1100);
    PWMC1_SetRatio15(2,4000);
    PWMC1_Load();
}
void turnleft_2(void)                              //向左调整等级 2
{
    PWMC1_SetRatio15(0,1100);
    PWMC1_SetRatio15(2,5500);
    PWMC1_Load();
}
void turnleft_3(void)                              //向左调整等级 3
{
    PWMC1_SetRatio15(0,1100);
    PWMC1_SetRatio15(2,6800);
    PWMC1_Load();
}
void turnleft_4(void)                              //向左调整等级 4(高)
{
    PWMC1_SetRatio15(0,1100);
    PWMC1_SetRatio15(2,8000);
    PWMC1_Load();
}
void turnright_1(void)                             //向右调整等级 1(低)
{
    PWMC1_SetRatio15(0,4000);
    PWMC1_SetRatio15(2,1000);
    PWMC1_Load();
}
void turnright_2(void)                             //向右调整等级 2
{
    PWMC1_SetRatio15(0,5500);
    PWMC1_SetRatio15(2,1000);
    PWMC1_Load();
}
void turnright_3(void)                             //向右调整等级 3
{
    PWMC1_SetRatio15(0,6800);
    PWMC1_SetRatio15(2,1000);
    PWMC1_Load();
}
void turnright_4(void)                             //向右调整等级 4(高)
{
    PWMC1_SetRatio15(0,8000);
    PWMC1_SetRatio15(2,1000);
```

```
    PWMC1_Load();
}
void turnright(void)                                    //原地右转
{
    period_Disable();                                   //关定时中断
    PWMC1_SetRatio15(0,27000);
    PWMC1_SetRatio15(2,2000);
    PWMC1_Load();
    delay(5000);
    switch(car.direction)                               //更新当前运行方向
    {
        case up:car.direction = right;break;
        case left:car.direction = up;break;
        case right:car.direction = down;break;
        case down:car.direction = left;break;
    }
    period_Enable();
}
void turnleft(void)                                     //原地左转
{
    period_Disable();                                   //关定时中断
    PWMC1_SetRatio15(2,27000);
    PWMC1_SetRatio15(0,2000);
    PWMC1_Load();
    delay(5000);
    switch(car.direction)                               //更新当前运行方向
    {
        case up:car.direction = left;break;
        case left:car.direction = down;break;
        case right:car.direction = up;break;
        case down:car.direction = right;break;
    }
    period_Enable();
}
void decision(void)
{
    delay1 = 0;
    switch(car.direction)                               //更新当前坐标
    {
        case up:car.y++;break;
        case left:car.x--;break;
        case right:car.x++;break;
        case down:car.y--;break;
    }
```

```
    if(car.x == 0 && car.y == 2) turnright();       //按照预先设计进行操作
    if(car.x == 3 && car.y == 2) turnleft();
    if(car.x == 3 && car.y == 4) turnleft();
}
```

⑧ 修改 Events.c 中的程序如下。

```
#pragma interrupt called
void period_OnInterrupt(void)
{
    extern posnew,posold,delay1;
    int infrared;
    if(delay1<200)                                  //延时标记位
        delay1++;
    infrared = b01234_GetVal();                     //读取对管的值
    infrared& = 0x1f;
    switch(infrared)                                //判断当前黑线信息
    {
        case 0x00:posnew = posold;break;
        case 0x01:posnew = 1;posold = posnew;break;
        case 0x03:posnew = 2;posold = posnew;break;
        case 0x02:posnew = 3;posold = posnew;break;
        case 0x06:posnew = 4;posold = posnew;break;
        case 0x04:posnew = 5;posold = posnew;break;
        case 0x0c:posnew = 6;posold = posnew;break;
        case 0x08:posnew = 7;posold = posnew;break;
        case 0x18:posnew = 8;posold = posnew;break;
        case 0x10:posnew = 9;posold = posnew;break;
        default:posnew = 10;
    }
    if(posnew == 5) GoStright();                    //根据当前信息做出决策
    else if(posnew == 4) turnleft_1();
    else if(posnew == 6) turnright_1();
    else if(posnew == 3) turnleft_2();
    else if(posnew == 7) turnright_2();
    else if(posnew == 2) turnleft_3();
    else if(posnew == 8) turnright_3();
    else if(posnew == 1) turnleft_4();
    else if(posnew == 9) turnright_4();
    else if(posnew == 10)
    {
        if(delay1 == 200)
            decision();
    }
}
```

第6章 智能控制比赛赛例与分析

基于飞思卡尔 DSP 芯片实现对智能小车的控制，编写智能控制算法，设计小车的动力系统和转向系统等各方面的硬件结构，是一项复杂的工作。组织智能控制比赛，并鼓励和培养学生参与其中，能够增强学生的创新能力、动手能力和协作精神。在准备竞赛过程中，通过不断解决各个工程问题，有助于提高学生的工程实践素质，提高学生针对实际问题进行设计制作的能力及对应用系统的理解和设计能力。同时，学生利用这种机会可以接触、学习和掌握 DSP 的开发技术，了解业界最新的电子元器件、DSP 产品及电子产品的设计理念和发展趋势，有利于今后从事相关领域的科技研发工作，为培养更多、更好的工程人才提供较好的条件。

智能控制比赛以 DSP 课程为依托，旨在为学生提供一个把知识应用于实践的舞台。在这里，学生可以随心所欲地发挥自己的才能，发展自己的创新能力和实践能力。参赛选手须自主构思控制方案及系统设计，包括 DSP 系统设计、传感器信号采集处理、控制算法及执行、动力电机驱动和转向控制等，完成智能车的制作及调试，并于指定日期提交报告和参加比赛。通过比赛可以使参赛选手有机会对本科阶段所学的所有专业课程进行应用实践，从系统和控制的视角来了解科研和系统开发的整个过程，为将来的学习和工作打下良好的基础。比赛尽量减少对设计要求的限制，在公平的基础上仅对电池电压、CPU 的类型和车辆尺寸提出要求，除此之外则不加任何限制。比赛提供最基本的器件，参赛选手可以根据自己的设计充分发挥想象力，采用任何元器件和材料。比赛筹备处将邀请独立公证人监督现场赛事及评判过程。

智能控制大赛的形式多样，一般采用智能车在赛场内按设定路线行走的比赛方式，题目要求多样，可以充分发挥学生的创造力及锻炼学生的动手实践能力。本章介绍了一些有趣的智能车比赛，以及相关的比赛攻略。

6.1 赛例1:绕障打靶

6.1.1 比赛规则

比赛规则包括：

① 要求参赛人员组队参赛，每队由三名队员构成，组长负责与比赛组织者联系，

有 15～20 个队参加比赛，比赛分为预赛和复赛两个阶段。

② 参赛队伍的作品要求使用指定的 DSP56F8013 作为控制芯片，制作可以自主行走的小车，完成预定目标。

③ 参赛作品要求构思新颖和设计简洁。

④ 本赛例场地尺寸为 2.4 m×2.4 m 的正方形，四周有挡板，在手工控制时操作员可以进入场地。网格线粗 2 cm，相邻的同向网格线相距 40 cm，用黑色胶带贴在白色泡沫板上成为智能车的路径。障碍物是尺寸为 30 cm×30 cm×50 cm 的立方体，使用硬质木材做成，固定在地面上。靶纸固定在木板上，并将木板固定在地面上。靶纸的直径为 50 cm，正中为 10 环，向外依次为 9、8、7、6、5、4、3、2、1 环，靶心离地面高 30 cm。绕障打靶比赛场地示意图如图 6－1 所示。

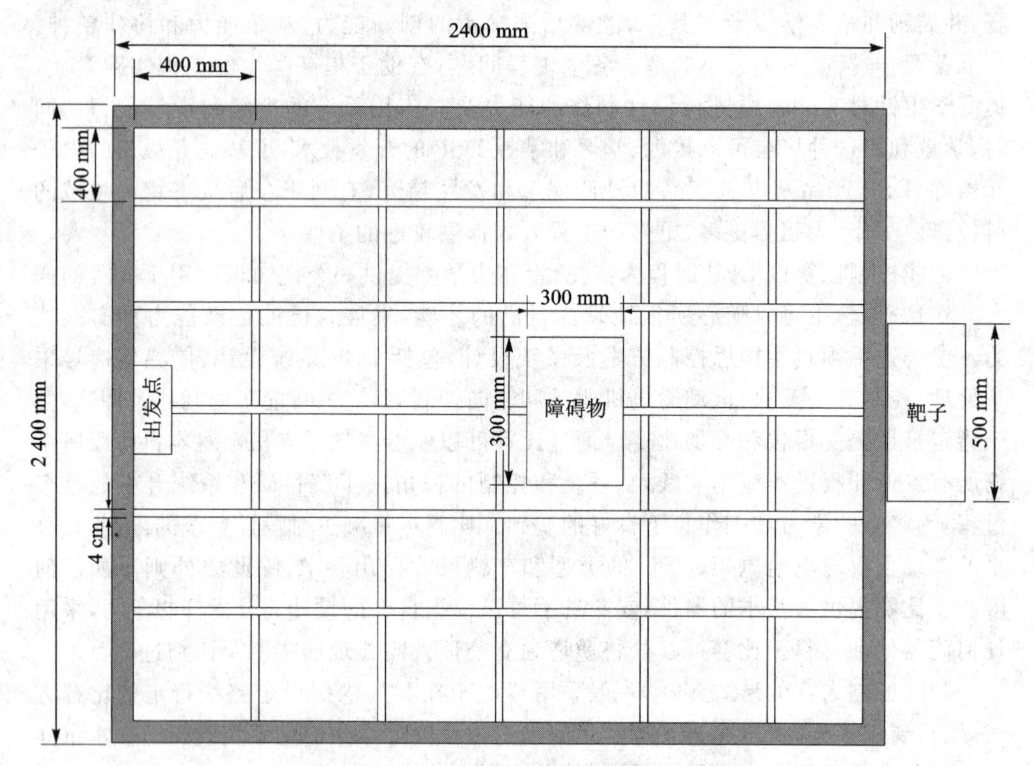

图 6－1　绕障打靶比赛场地示意图

⑤ 智能小车的创意、设计、制作和程序设计必须由学生独立完成，并鼓励其进行创新设计。智能小车的运行必须是完全自主的，开机启动可用遥控等方式。智能小车各部件之间的衔接可使用胶水、螺丝钉等材料进行固定。允许在车身印刷或绘制队伍标志。

⑥ 智能小车的底面最大面积为 20 cm×20 cm，高度不限。

⑦ 智能小车中所使用的传感器数量不能超过 15 个，电机不能超过 4 个。

⑧ 智能小车的电池设备为 4 节 5 号电池。

6.1.2　预赛任务

预赛任务的要求是采用手动控制方式，完成智能小车在场地内的行走。智能小车从出发点出发，不论以何种方式，在出发后3分钟内使用车载的笔在靶子上打一个点，最后比较靶纸上的得分。地面上的路径指示线和光电传感器不是必须使用的，可以将作品设计为沿路径行走，也可以将作品设计为依靠电机的精度行走。小车出发后，用手工控制，有线无线皆可。一次失败后可以进行调整，重新开始，比分重新计算。

6.1.3　复赛任务

复赛中，小车应采用自动控制方式运行，禁止进行人工干预，智能小车需完成与手动控制相同的任务。

6.1.4　比赛攻略

本赛例属于单车竞赛，在规定时间内完成相应动作即可。在车身设计方面可以采用三轮结构，前面两个轮由电机直接驱动，后面一个轮为万向轮，这样可以使车身灵活转动。制作时可选用万用板作为底盘，上面固定好电机及车轮，在前端安置传感器用以识别路线，后端放置驱动芯片及相应的接线端口，控制器置于底盘之上。车载的笔安装到合适高度即可。

在程序设计方面，需要编写线路识别程序和电机控制程序等，在控制小车转弯时需注意对传感器读入数据的识别，用以判断何时停车。如果需要提高速度，则提高PWM的占空比即可。

6.2　赛例2:定向越野

6.2.1　比赛规则

比赛规则包括：

① 要求参赛人员组队参赛，每队由三名队员构成，组长负责与比赛组织者联系，有15～20个队参加比赛，比赛分为预赛和复赛两个阶段。

② 参赛队伍的作品要求使用指定的DSP56F8013作为控制芯片，制作可以自主行走的小车，完成预定目标。

③ 参赛作品要求构思新颖和设计简洁。

④ 定向越野预赛场地示意图如图6-2所示。

⑤ 定向越野复赛场地示意图如图6-3所示。

⑥ 智能小车的创意、设计、制作和程序设计必须由学生独立完成，并鼓励其进行创新设计。智能小车的运行必须是完全自主的，开机启动可用遥控等方式。智能小

车各部件之间的衔接可使用胶水、螺丝钉等材料进行固定。允许在车身印刷或绘制队伍标志。

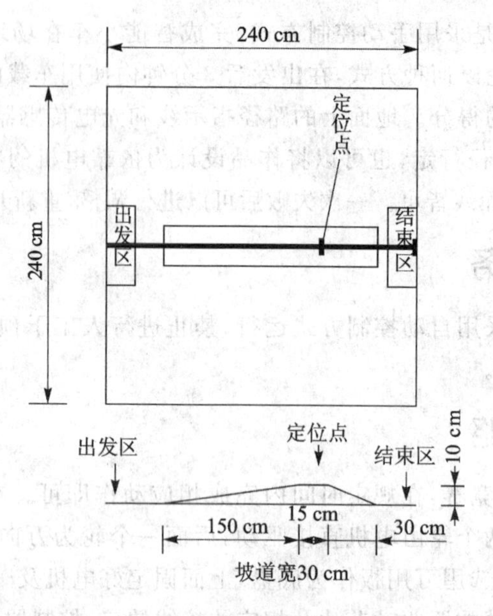

图6-2　定向越野预赛场地示意图

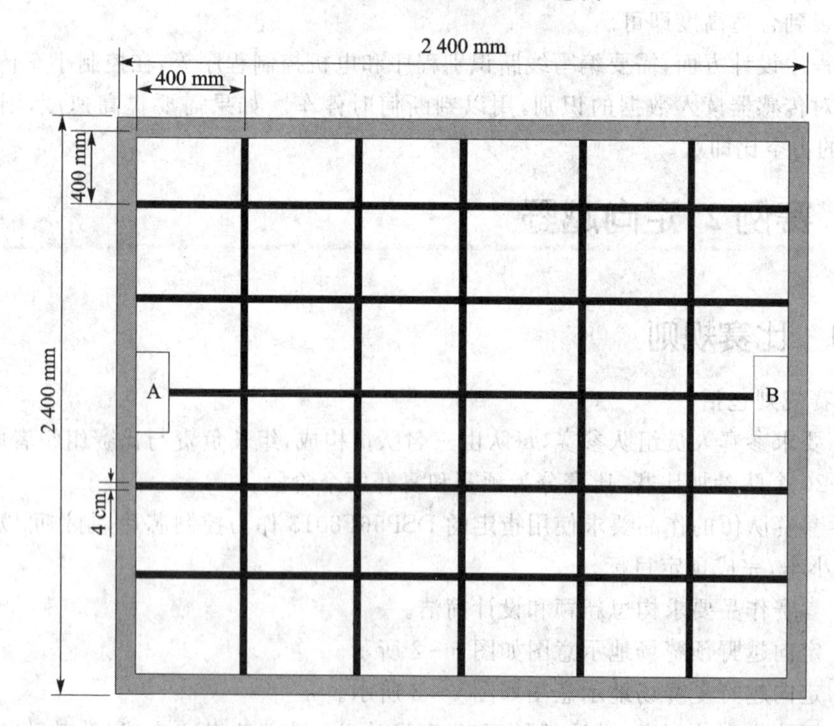

图6-3　定向越野复赛场地示意图

⑦ 智能小车的底面最大面积为 20 cm×20 cm,高度不限。

⑧ 智能小车中所使用的传感器数量不能超过 15 个,电机不能超过 4 个。

⑨ 智能小车的电池设备为 4 节 5 号电池。

6.2.2　预赛任务

比赛时,智能小车从出发区出发,沿着一个坡道走上 10 cm 高的坡顶定位点,停留 1～2 min,然后走下至结束区,并计时。每队可以跑两次,取最好成绩。停留时间不足 1 分钟或超过 2 分钟的为失败。智能小车上的标志点与定位点每相差 1 cm 记 1 分,从出发区到结束区的总时间每 10 s 记 1 分,总成绩为 2 个分数之和,按分数排名,成功完成预赛的队伍晋级。

6.2.3　复赛任务

比赛时两个队分别从 A、B 两个区出发,先到对方出发区的队为胜,进行单循环赛。

6.2.4　比赛攻略

在车身设计方面可以采用三轮结构,前面两个轮由电机直接驱动,后面一个轮为万向轮,这样可使车身灵活转动。制作时可选用万用板作为底盘,上面固定好电机及车轮,在前端安置传感器用以识别路线,后端放置驱动芯片及相应的接线端口,控制器置于底盘之上。

对于预赛,程序设计较简单,只需按照场地上的线路行走,走到坡顶的停车位标识处停车即可,该程序的难点在于停车以后加入计时程序,要求控制准确才能赢得比赛。

在复赛阶段,两车对抗,所以速度很重要,但速度的提高会带来车辆不稳定,如果程序不够精细,则会导致计数出错以至于无法完成比赛,由于场地内部没有任何障碍物,因此选择好合适的行走路线也很重要,如果直线行走,则有可能与对方的车辆相撞,这时可在车上加装传感器,以检测前方是否出现对手的车辆,并根据对手的情况选择适当的行走路线。

6.3　赛例 3:快速收获

6.3.1　比赛规则

比赛规则包括:

① 要求参赛人员组队参赛,每队由三名队员构成,组长负责与比赛组织者联系,有 15～20 个队参加比赛。

② 参赛队伍的作品要求使用指定的 DSP56F8013 作为控制芯片,制作可以自主

行走的小车,完成预定目标。

③ 参赛作品要求构思新颖和设计简洁。

④ 快速收获比赛场地示意图如图6-4所示。场地为一块长240 cm、宽240 cm的正方形。以白色为底板,底板上绘有黑色坐标线,线宽1.5 cm。比赛出发区域为20 cm×20 cm的正方形。场地上设置有5个圆饼形物体(暂定为棋子),置于坐标线交点,其具体位置见场地示意图6-4。

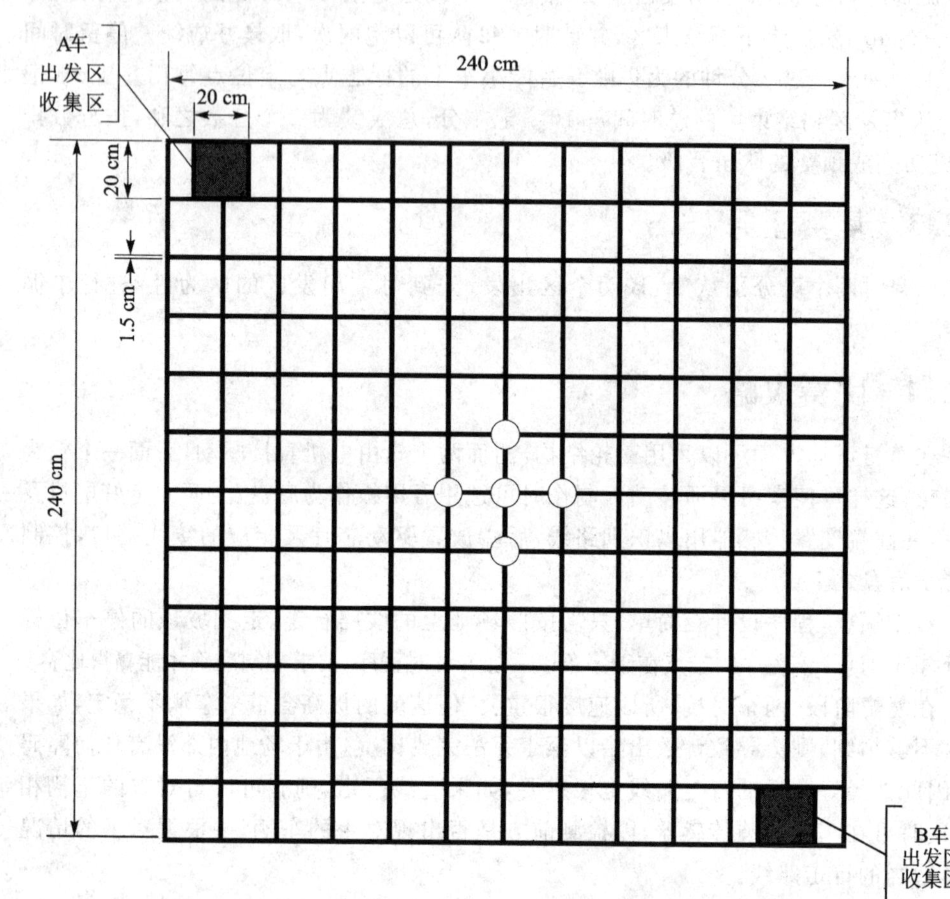

图6-4　快速收获比赛场地示意图

⑤ 智能小车的创意、设计、制作和程序设计必须由学生独立完成,并鼓励其进行创新设计。智能小车的运行必须是完全自主的,开机启动可用遥控等方式。智能小车各部件之间的衔接可使用胶水、螺丝钉等材料进行固定。允许在车身印刷或绘制队伍标志。

⑥ 智能小车的底面最大面积为20 cm×20 cm,高度不限。

⑦ 智能小车中所使用的传感器数量不能超过15个,电机不能超过4个。

⑧ 智能小车的电池设备为4节5号电池。

6.3.2 比赛任务

设计、制作一个智能车，从出发区域(红色)出发，通过赛场上的黑线坐标进行定位，拾取赛场中央的5枚目标物体并运至自身收集区。每次只能运送1枚目标物体。智能车在起始区域摆放处，应保证其身体的任何一部分不超过起始线。在比赛规定的5分钟之内，智能车可在场地区域内自由活动。若智能车因为自身原因离开比赛场地，则自身判负；若因为对方车辆蓄意攻击导致离开比赛场地，则攻击方判负。比赛中，除不得使用直接攻击对方车辆、不得对场地造成永久性破坏等方式外，其他方式不限。

6.3.3 比赛攻略

在车身设计方面可以采用三轮结构，前面两个轮由电机直接驱动，后面一个轮为万向轮，这样可使车身灵活转动。制作时可选用万用板作为底盘，上面固定好电机及车轮，在前端安置传感器用以识别路线，后端放置电池、驱动芯片及相应的接线端口等，控制器置于底盘之上。

本赛例属于对抗赛，速度是关键因素，在程序设计时改变PWM的占空比可调节直流电机的转速，在直线行走时加速可快速收集到棋子，率先完成比赛。一般的策略是先收集距离己方较近的一枚棋子，但如果策略得当，并配合较快的行车速度，也可先收集离对方最近的棋子用来打乱对手的计划。这需要选手在比赛时临场应变，方能取得良好效果。

6.4 赛例4:精准放置

6.4.1 比赛规则

比赛规则包括：

① 要求参赛人员组队参赛，每队由三名队员构成，组长负责与比赛组织者联系，有15～20个队参加比赛，比赛分为预赛和复赛两个阶段。

② 参赛队伍的作品要求使用指定的DSP56F8013作为控制芯片，制作可以自主行走的小车，完成预定目标。

③ 参赛作品要求构思新颖和设计简洁。

④ 精准放置预赛场地示意图如图6-5所示，大赛场地为一块长240 cm、宽240 cm的正方形。以白色为底板，底板上绘有黑色坐标线，线宽1.5 cm。比赛出发区域为20 cm×20 cm。场地上放置1个圆饼形物体(棋子)，置于坐标线交点处，其具体位置见图6-5。

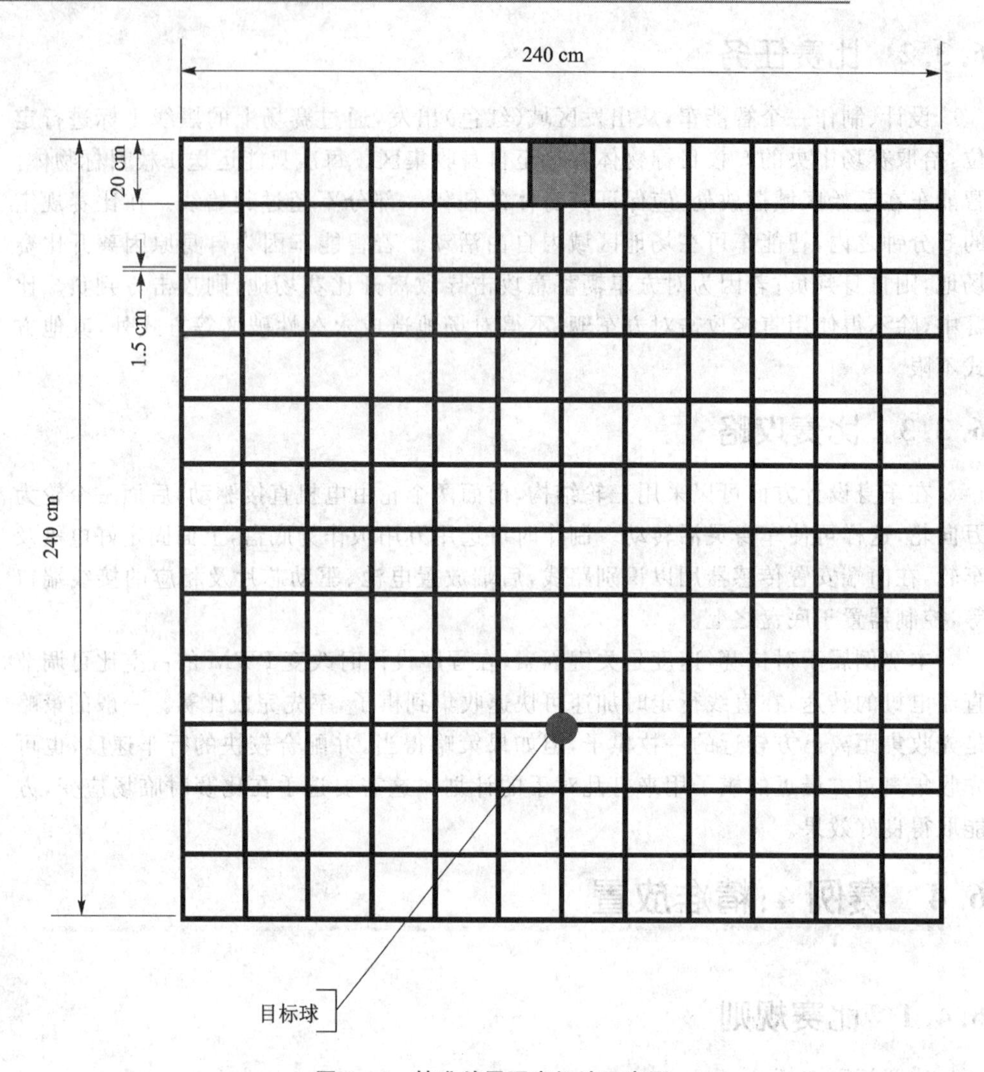

图 6-5 精准放置预赛场地示意图

⑤ 精准放置复赛场地示意图如图 6-6 所示，大赛场地为一块长 240 cm、宽 240 cm的正方形。以白色为底板，底板上绘有黑色坐标线，线宽 1.5 cm。比赛出发区域为 20 cm×20 cm。场地上放置 3 个圆饼形物体（棋子），置于坐标线交点处，其具体位置见图 6-6。

⑥ 智能小车的创意、设计、制作和程序设计必须由学生独立完成，并鼓励其进行创新设计。智能小车的运行必须是完全自主的，开机启动可用遥控等方式。智能小车各部件之间的衔接可使用胶水、螺丝钉等材料进行固定。允许在车身印刷或绘制队伍标志。

⑦ 智能小车的底面最大面积为 20 cm×20 cm，高度不限。

⑧ 智能小车中所使用的传感器数量不能超过 15 个，电机不能超过 4 个。

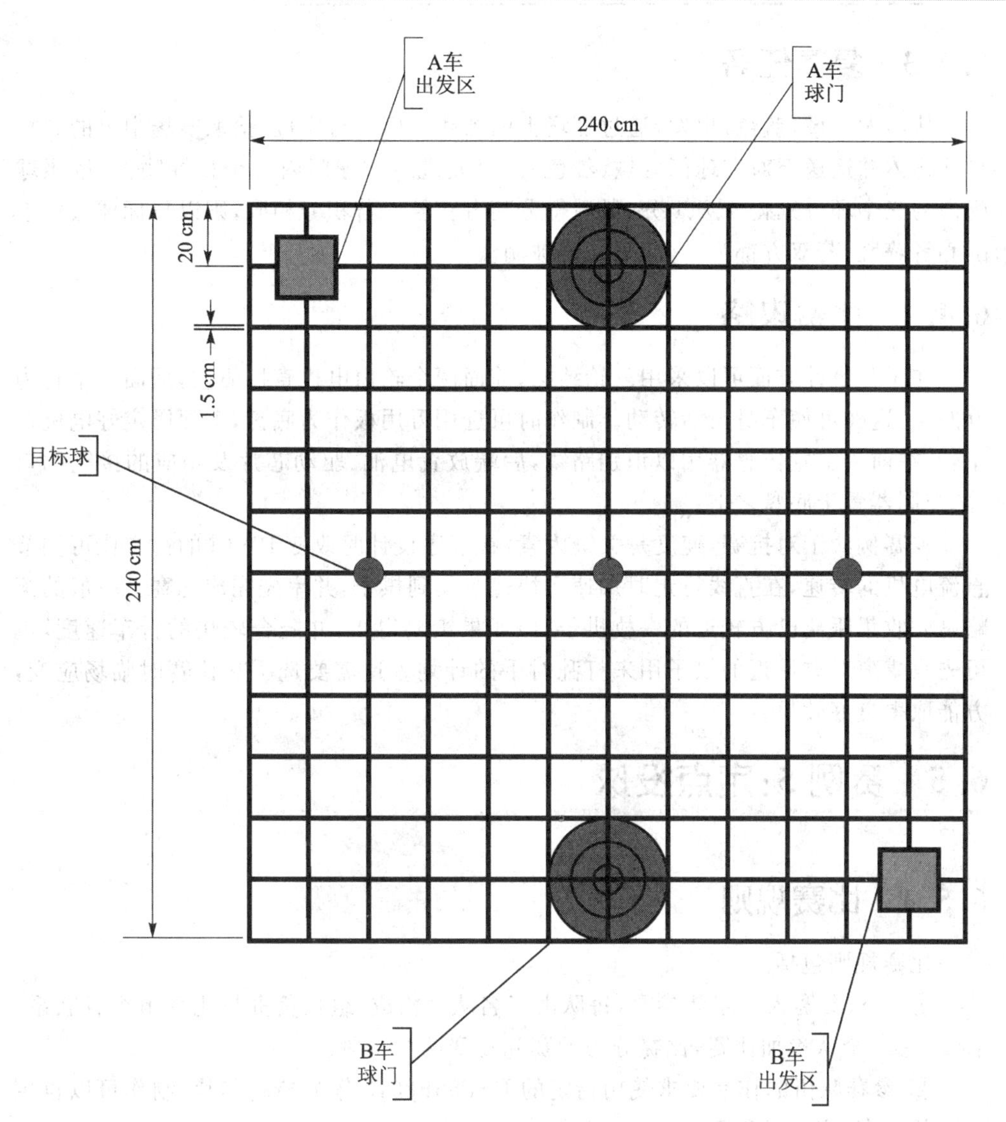

图 6-6　精准放置复赛场地示意图

⑨ 智能小车的电池设备为 4 节 5 号电池。

6.4.2　预赛任务

在比赛场地中间线上的任意一个节点处放置一枚棋子(比赛前确定),参赛智能车需能检测到指定棋子并将其取回发车区,以所用时间长短对智能车的成绩排序,从而指定复赛对战的次序;对于不能完成任务者,不能进入复赛。

6.4.3 复赛任务

从出发区域(蓝色)出发,通过赛场上的黑线坐标进行定位,拾取赛场中央的3枚目标物体并运送至对方球门区域(红色)。每放进对方球门内一个目标物体,按照球门内的三个环分别得4、2、1分,最后得分高者获胜。若积分相同,则以目标球最接近圆心者获胜;若双方都为0分,则同时被淘汰。

6.4.4 比赛攻略

在车身设计方面可以采用三轮结构,前面两个轮由电机直接驱动,后面一个轮为万向轮,这样可使车身灵活转动。制作时可选用万用板作为底盘,上面固定好电机及车轮,在前端安置传感器用以识别路线,后端放置电池、驱动芯片及相应的接线端口等,控制器置于底盘之上。

本赛例属于对抗赛,速度是关键因素,在程序设计时改变PWM的占空比可调节直流电机的转速,在直线行走时加速可快速收集到棋子,并率先完成比赛。一般的策略是先收集距离己方较近的一枚棋子,但如果策略得当,并配合较快的行车速度,也可先收集离对方最近的棋子用来打乱对手的计划。这需要选手在比赛时临场应变,方能取得良好效果。

6.5 赛例5:定点投球

6.5.1 比赛规则

比赛规则包括:

① 要求参赛人员组队参赛,每队由三名队员构成,组长负责与比赛组织者联系,有15~20个队参加比赛,比赛分为预赛和复赛两个阶段。

② 参赛队伍的作品要求使用指定的DSP56F8013作为控制芯片,制作可以自主行走的小车,完成预定目标。

③ 参赛作品要求构思新颖和设计简洁。

④ 定点投球比赛场地示意图如图6-7所示,场地为一块长240 cm、宽240 cm的正方形。以白色为底板,底板上绘有黑色坐标线,线宽1.5 cm。比赛出发区域为30 cm×30 cm的正方形。开启区的长、宽各8 cm,球门的长、宽、高各6 cm。沿场地中线放有5个圆饼形物体(棋子),置于坐标线交点处,其具体位置见图6-7。在中线两端设有A、B两个开启区,场地的上、下半场各有三个球门(A1,A2,A3;B1,B2,B3),球门为一面开口的盒子(开口朝向场地),其具体位置见图6-7。

⑤ 智能小车的创意、设计、制作和程序设计必须由学生独立完成,并鼓励其进行创新设计。智能小车的运行必须是完全自主的,开机启动可用遥控等方式。智能小

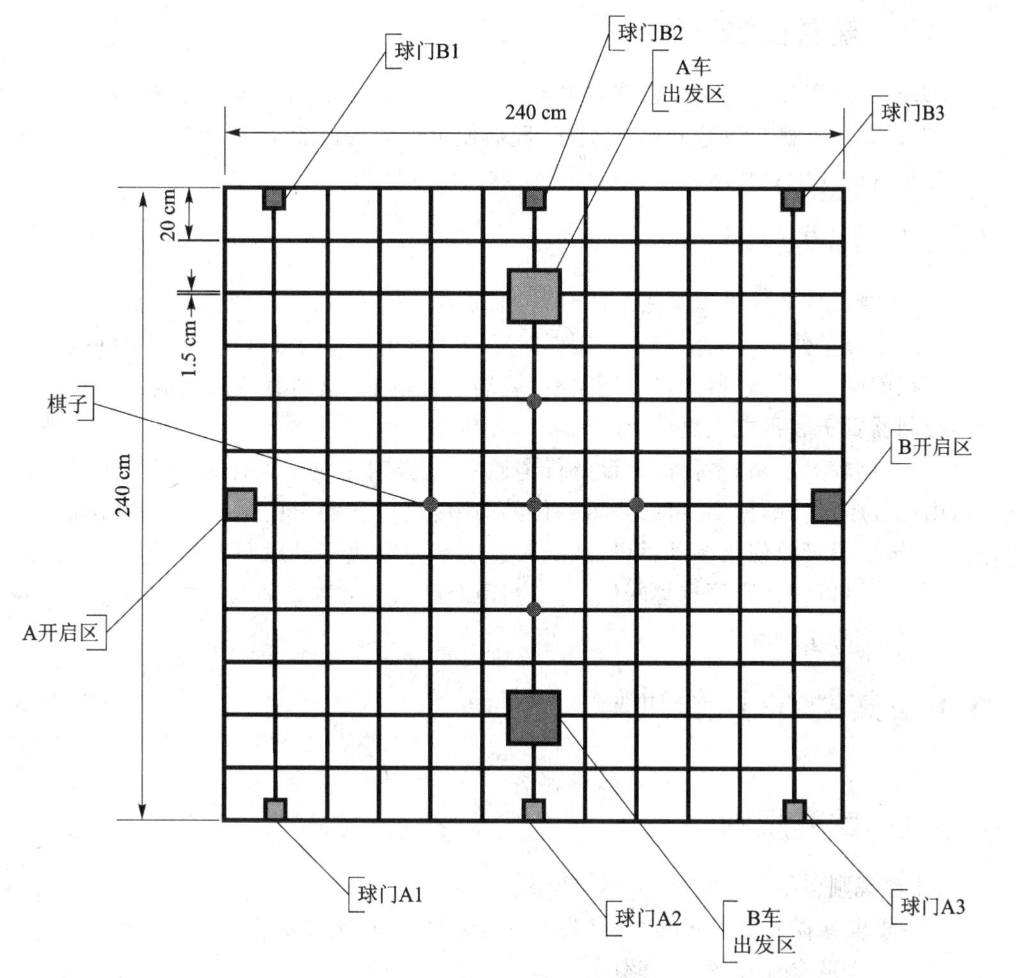

图6-7 定点投球比赛场地示意图

车各部件之间的衔接可使用胶水、螺丝钉等材料进行固定。允许在车身印刷或绘制队伍标志。

⑥ 智能小车的底面最大面积为20 cm×20 cm,高度不限。

⑦ 智能小车中所使用的传感器数量不能超过15个,电机不能超过4个。

⑧ 智能小车的电池设备为4节5号电池。

6.5.2 预赛任务

参赛智能车出发前事先装载3个乒乓球,从出发区出发后,首先将场地内的任意一个棋子放置到开启区内,随后将车上的任意一个乒乓球推射至场地的任意一个球门内,以所用时间长短对智能车的成绩排序,从而指定复赛对战的次序,完成上述任务者可进入复赛。

6.5.3　复赛任务

参赛智能车(A车)出发前事先装载3个乒乓球，从A出发区出发后，首先将场地内的任意一个棋子放置到A开启区，随后便可以向A1,A2,A3三个球门推射乒乓球，将车载的3个乒乓球分别推射到三个球门内则胜出。

6.5.4　比赛攻略

在车身设计方面可以采用三轮结构，前面两个轮由电机直接驱动，后面一个轮为万向轮，这样可使车身灵活转动。制作时可选用万用板作为底盘，上面固定好电机及车轮，在前端安置传感器用以识别路线，后端放置电池、驱动芯片及相应的接线端口等，控制器置于底盘之上。

本赛例较为复杂，不仅需要设计行走程序，还要对小车上载有的投球装置进行设置，因此程序设计的稳定、可靠是第一位的，速度可以在稳定的基础上渐渐提高。在复赛对抗阶段可以使用多种手段，如果靠速度率先完成了进球则更好；但是，如果加上防守，则可以使比赛更有趣味性，可以利用取回场地上剩余的棋子挡在自家球门的门口来防止对手进球。

6.6　赛例6:竞速过障

6.6.1　比赛规则

比赛规则包括：

① 要求参赛人员组队参赛，每队由三名队员构成，组长负责与比赛组织者联系，有15～20个队参加比赛，比赛分为预赛和复赛两个阶段。

② 参赛队伍的作品要求使用指定的DSP56F8013作为控制芯片，制作可以自主行走的小车，完成预定目标。

③ 参赛作品要求构思新颖和设计简洁。

④ 竞速过障比赛场地示意图如图6-8所示，场地为一块长240 cm、宽240 cm的正方形。以白色为底板，底板上绘有黑色坐标线，线宽1.5 cm。比赛出发区域为20 cm×20 cm的正方形。启动开关标志线距场地边线8 cm，横杆检测停止线距横杆8 cm。沿场地中线放有4个圆饼形物体(棋子)，置于坐标线交点处，其具体位置见图6-8。在场地两侧设有A横杆和B横杆的启动开关。场地中央放有A、B两个横杆，横杆长28 cm，当横杆置于水平位置时，黑色路径位于横杆中点的正下方。

⑤ 智能小车的创意、设计、制作和程序设计必须由学生独立完成，并鼓励其进行创新设计。智能小车的运行必须是完全自主的，开机启动可用遥控等方式。智能小车各部件之间的衔接可使用胶水、螺丝钉等材料进行固定。允许在车身印刷或绘制

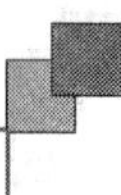

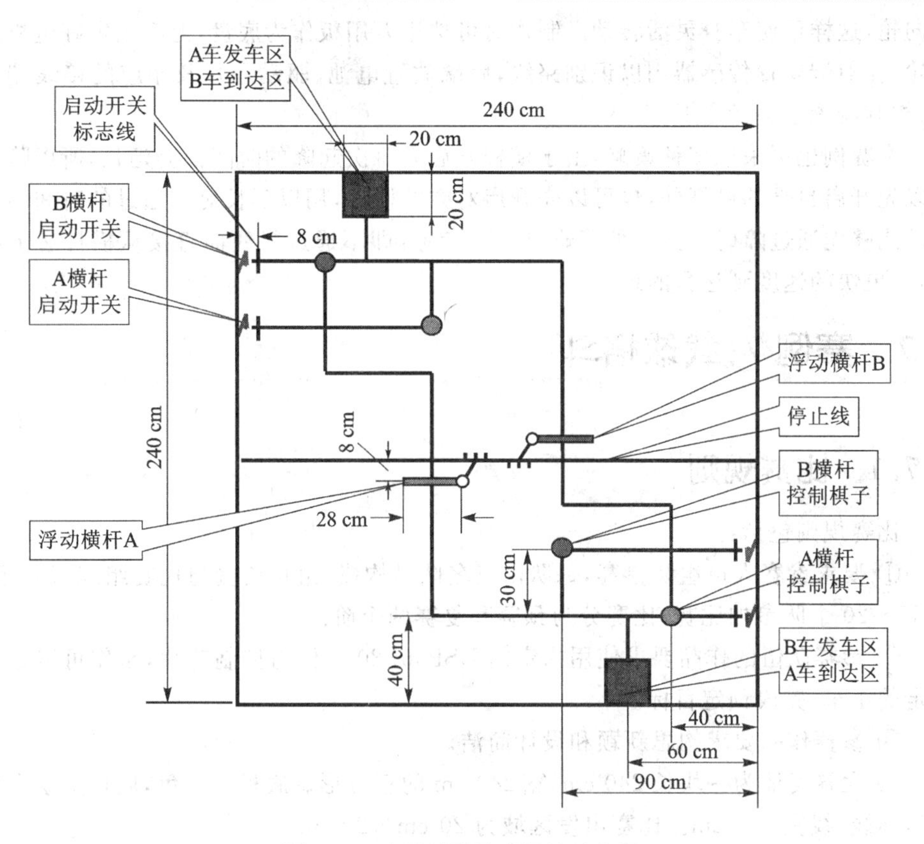

图 6-8　竞速过障比赛场地示意图

队伍标志。

⑥ 智能小车的底面最大面积为 20 cm×20 cm,高度不限。

⑦ 智能小车中所使用的传感器数量不能超过 15 个,电机不能超过 4 个。

⑧ 智能小车的电池设备为 4 节 5 号电池。

6.6.2　预赛任务

参赛智能车出发后沿黑线行驶,将己方横杆的控制棋子推至横杆启动区,使横杆开始上、下运动。完成此任务者即可进入复赛。

6.6.3　复赛任务

复赛采取淘汰赛制。参赛智能车 A 和智能车 B 从场地两侧的相对位置出发,启动己方横杆后,通过浮动横杆的障碍后到达场地另一侧的到达区,用时短者胜出。

6.6.4　比赛攻略

在车身设计方面可以采用三轮结构,前面两个轮由电机直接驱动,后面一个轮为万向轮，这样可使车身灵活转动。制作时可选用万用板作为底盘，上面固定好电机及车轮，在前端安置传感器用以识别路线，后端放置电池、驱动芯片及相应的接线端口等，控制器置于底盘之上。

本赛例也可采取多种策略，由于横杆开启后每次起降的时间都会延长，所以除了可以先开启自己的横杆外，也可以先开启对方的横杆，用以延长对方通过的时间而使自己能够先通过障碍。另一种策略也可以参考：即不通过寻线而直接从横杆边上绕过，以更快的速度到达目的地。

6.7　赛例7：载球格斗

6.7.1　比赛规则

比赛规则包括：

① 要求参赛人员组队参赛，每队由三名队员构成，组长负责与比赛组织者联系，有15～20个队参加比赛，比赛分为预赛和复赛两个阶段。

② 参赛队伍的作品要求使用指定的DSP56F8013作为控制芯片，制作可以自主行走的小车，完成预定目标。

③ 参赛作品要求构思新颖和设计简洁。

④ 大赛场地为一块长240 cm、宽240 cm的正方形。底板为白色，底板上绘有黑色坐标线，线宽1.5 cm。比赛出发区域为20 cm×20 cm。

⑤ 在场地的固定位置放有气球，置于坐标线交点处，其具体位置参见图6-9和图6-10。

载球格斗复赛场地示意图如图6-10所示。

⑥ 智能小车的创意、设计、制作和程序设计必须由学生独立完成，并鼓励其进行创新设计。智能小车的运行必须是完全自主的，开机启动可用遥控等方式。智能小车各部件之间的衔接可使用胶水、螺丝钉等材料进行固定。允许在车身印刷或绘制队伍标志。

⑦ 智能小车的底面最大面积为20 cm×20 cm(不包括前方支杆)，高度不限。

⑧ 智能小车中所使用的传感器数量不能超过15个，电机不能超过4个。

⑨ 智能小车的电池设备为4节5号电池。

⑩ 只能用大头针作为扎气球工具，车身前端装设大头针，方式不限，但大头针针头超出车身的长度不能大于10 cm。

⑪ 智能小车在起始区域摆放处，应保证其身体的任何一部分不超过起始线。

⑫ 初赛限时3 min，复赛限时5 min，智能车可在场地区域内自由活动。若智能车因为自身原因离开了比赛场地，或者因其他原因不能继续行进，则可以拿回出发区重新出发，但是至少要等待10 s。

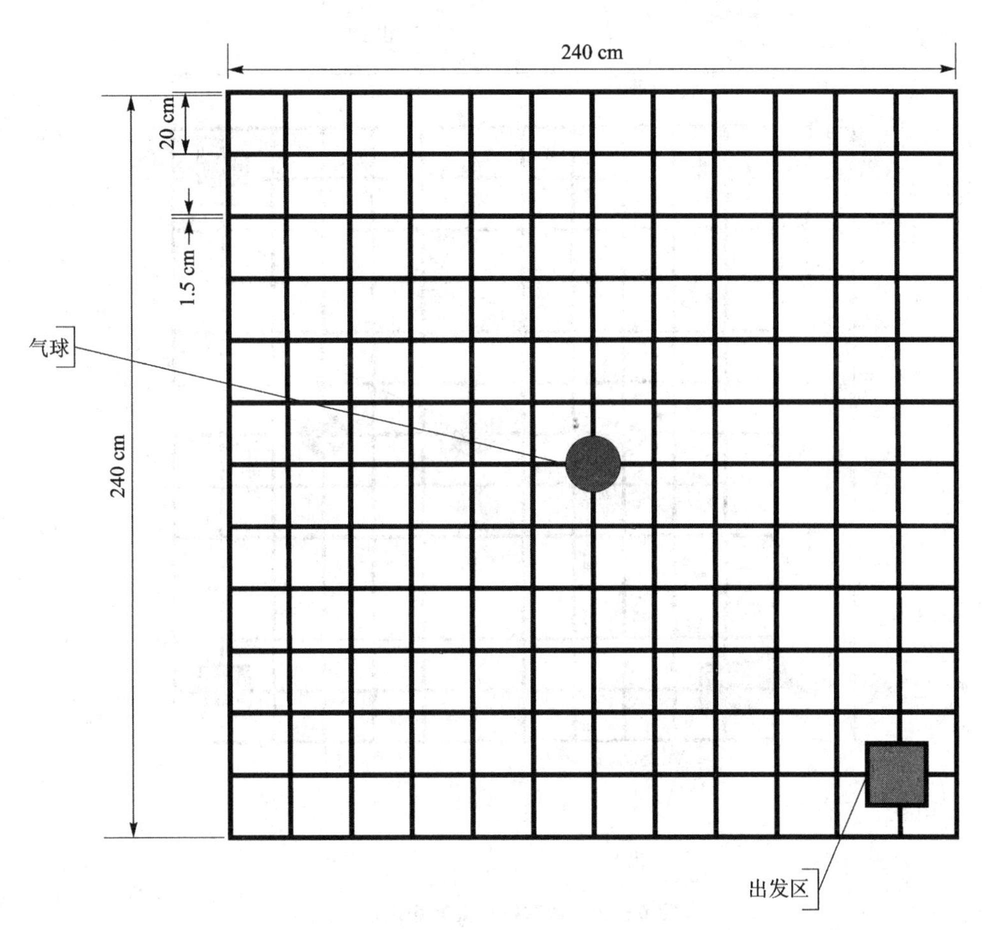

图6-9　载球格斗预赛场地示意图

⑬ 复赛过程中，若车辆相遇造成"堵车"超过10 s，则判回出发区等待10 s后，带满3个气球重新出发，出发的方向与第一次的必须相同，已被扎破的气球扣分有效。

⑭ 复赛过程中，若车身的气球因未绑牢而脱离车体，则己队扣1分，并判回出发区且带满3个气球后立即重新出发。

⑮ 比赛中，不得采取对场地造成永久性破坏等方式，其他方式不限。

⑯ 当一方在比赛过程中离开比赛场地或程序失控，则须在场地外停留10s后方可重新回到初始区域启动，期间可以对程序进行更改或跳线。

⑰ 一场比赛结束，参赛队员将智能车放回指定地点。

⑱ 由预赛获得排名，然后进入淘汰赛，具体赛制在比赛前一周发布。

⑲ 赛程开始后，先进行赛车展示环节。

⑳ 每次比赛开始前，每队队长需陈述设计过程和特点，接受评委的提问。

㉑ 对战开始后，观众须离开比赛场地2 m进行观看，不得影响比赛的正常进行。

㉒ 每轮比赛结束后，经过一段时间产生新的对战表，进行下一轮比赛。

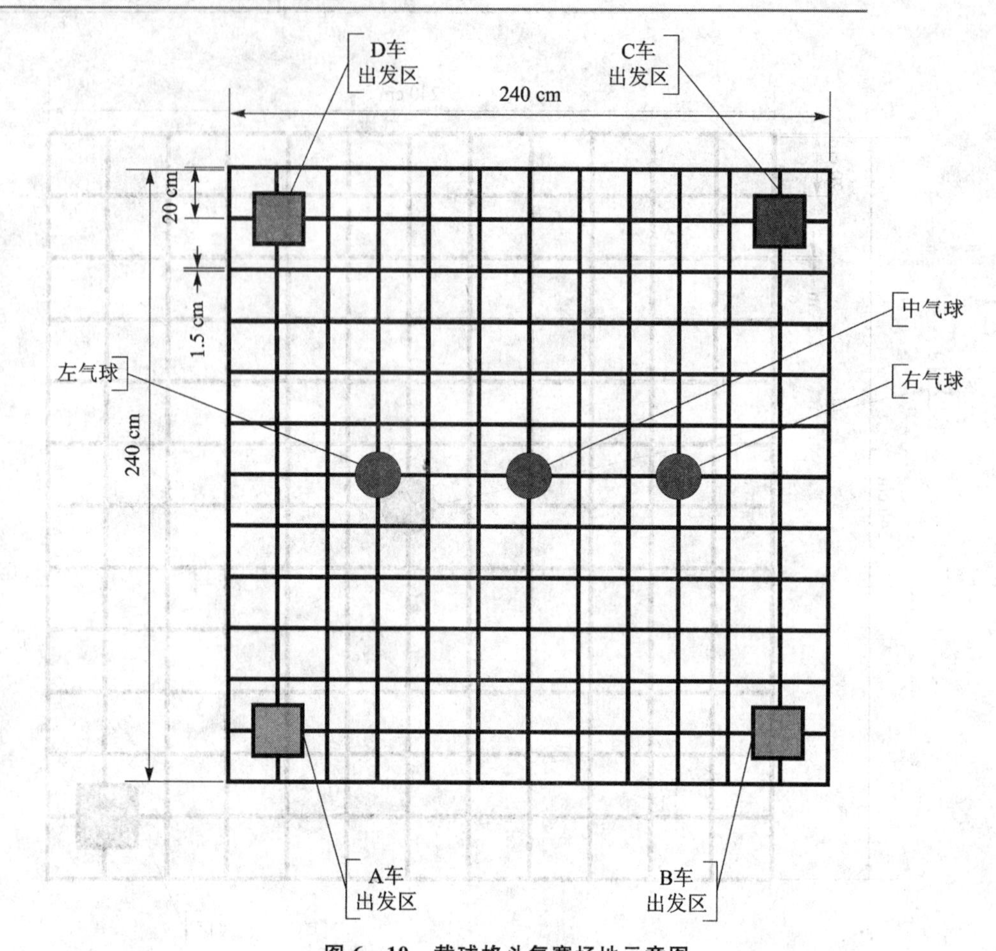

图6-10　载球格斗复赛场地示意图

㉓ 比赛过程中有作弊行为的，取消比赛成绩。

㉔ 所有参赛队伍在比赛之前必须上交机器人设计制作说明书一份（包括书面和电子档），否则不能参加比赛。机器人设计制作说明书内容包括机器人设计出发点、设计原理、主体结构尺寸与重量、功能、创新点等。

㉕ 不允许在赛道周围安装辅助照明设备及其他辅助传感器等。

㉖ 选手进入赛场后，除了可以更换电池外，禁止进行任何软件方面的修改。

㉗ 不允许其他影响赛车运动的行为。

㉘ 最终解释权归裁判组所有。

6.7.2　预赛任务

参赛智能车从出发区出发，到达指定地点将气球扎破，再返回出发区停住，车身不得超过出发区相邻的一个方格。完成者进入复赛。以所用时间长短对智能车的成绩排序，从而指定复赛对战的次序。

6.7.3　复赛任务

参赛智能车(A车)出发前事先在车身左、右及尾部用夹子各固定一个气球(共3个),从(A)出发区出发,历时5 min,四车混战。扎破对方车体携带气球1个则记1分,扎破左气球或右气球记2分,扎破中气球记3分。最后得分高者获胜。若积分相同,则依次遵从小分规则。

小分规则是:

① 扎破中气球者获胜;

② 扎破左(右)气球者获胜;

③ 平分,但双方自身气球损失少(包括自然破损和被扎破等)者获胜。

④ 若以上三点都相同,则按照初赛成绩评选。

6.7.4　比赛攻略

在车身设计方面可以采用三轮结构,前面两个轮由电机直接驱动,后面一个轮为万向轮,这样可使车身灵活转动。制作时可选用万用板作为底盘,上面固定好电机及车轮,在前端安置传感器用以识别路线,后端放置电池、驱动芯片及相应的接线端口等,控制器置于底盘之上。

本赛例属于多方对抗,对机械结构和程序设计均要求较高。在多方对抗过程中,合理的机械结构设计可使小车更具有攻击性,能够快速扎破对方的气球获得加分。在程序设计方面,既要考虑如何快速扎破比赛场地内固定的气球而获取得分,又要考虑行车路线以躲开对方的攻击,减少己方气球被扎破的次数。

参考文献

[1] 冬雷. DSP 原理及开发技术. 北京:清华大学出版社,2007.

[2] 邵贝贝,龚光华,薛涛,等. Motorola DSP 型 16 位单片机原理与实践. 北京:北京航空航天大学出版社,2003.

[3] 苏涛,蔡建隆,何学辉. DSP 接口电路设计与编程. 西安:西安电子科技大学出版社,2003.

[4] 蔡述庭."飞思卡尔"杯智能汽车竞赛设计与实践:基于 S12XS 和 KinentisK10. 北京:北京航空航天大学出版社,2012.

[5] 卓晴,黄开胜,邵贝贝,等. 学做智能车:挑战"飞思卡尔"杯. 北京:北京航空航天大学出版社,2007.

[6] 潘峰,冯占英,沈允中,等. 全国大学生飞思卡尔智能车大赛应用技能详解. 北京:中国铁道出版社,2013.

[7] 葛伟亮. 自动控制元件. 北京:北京理工大学出版社,2004.

[8] Freescale Semiconductor, Inc. 56F801X Peripheral Reference Manual, Rev. 5, 2007.

[9] Freescale Semiconductor, Inc. 56F8013 Technical Data, Rev. 2,2005.

[10] Freescale Semiconductor, Inc. DSP56800x Embedded Systems Assembler Manual,2006.